Das einzig Gewisse ist das Ungewisse

John Allen Paulos ist Professor für Mathematik an der Temple University, Philadelphia. Bei Campus erschienen von ihm bereits *Von Algebra bis Zufall. Streifzüge durch die Mathematik* und *Ich lache, also bin ich. Einladung zur Philosophie.*

John Allen Paulos

Das einzig Gewisse ist das Ungewisse

Streifzüge durch die unberechenbare Welt der Mathematik

Aus dem Englischen von Jan W. Haas

Campus Verlag
Frankfurt/New York

Die Originalausgabe erschien 2003 unter dem Titel »A Mathematician Plays the Stock Market« bei Basic Books, New York, A Subsidiary of Perseus Books L.L.C.

Bibliografische Information der Deutschen Bibliothek
Die Deutsche Bibliothek verzeichnet diese Publikation in der Deutschen Nationalbibliografie. Detaillierte bibliografische Daten sind im Internet über http://dnb.ddb.de abrufbar.
ISBN 3-593-37423-4

Umschlaggestaltung: Büro Hamburg
Foto/Agentur: © Robin Lynne Gibson/Getty Images
Satz: TypoForum GmbH, Seelbach
Druck und Bindung: Freiburger Graphische Betriebe
Gedruckt auf säurefreiem und chlorfrei gebleichtem Papier.
Printed in Germany

Meinem Vater,
der sich nie an der Börse engagierte und nur wenig von Wahrscheinlichkeitsrechnung verstand, der aber dennoch eine der wichtigsten Regeln beider Welten begriffen hatte. »Das einzig Gewisse ist das Ungewisse«, pflegte er zu sagen, »und Sicherheit erwächst allein aus der Fähigkeit, mit der Unsicherheit zu leben.«

Inhalt

1 Die Erwartungen der anderen – wie Allgemeinwissen entsteht

Es war im Frühjahr 2000. Die Aktienmärkte boomten, und mein Portfolio aus verschiedenen Indexfonds entwickelte sich ordentlich, ohne jedoch für viel Aufregung zu sorgen. Warum Finanzanlagen überhaupt aufregend sein sollten, ist eine andere Frage, jedenfalls schien es damals, als fänden viele Menschen Gefallen an dem aktiven Management ihres Portfolios. Als mir daher völlig unerwartet ein kleinerer Geldbetrag zufiel, deponierte ich ihn auf einem gesonderten gedanklichen Konto – ein von dem Verhaltensökonomen Richard Thaler, der uns später noch beschäftigen soll, geprägter Begriff. In meinen Augen war es schlicht »Spinnergeld«.

Abgesehen von dieser höchsteigenen Bezeichnung unterschied sich dieses Geld in nichts von meinen sonstigen Vermögenswerten. Doch genau jenes Etikett sorgte dafür, dass mein bescheidener, unverhoffter Reichtum in weit stärkerem Maße meinen Launen ausgesetzt war. Genauer gesagt fiel er einer Reihe von unglücklichen Anlageentscheidungen zum Opfer, an die ich mich auch heute nur unter Schmerzen erinnere. Die psychologisch bedingte Leichtigkeit, mit der man derartige Gelder gemeinhin ausgibt, war zweifellos im Spiel, als ich mit diesem mir zugefallenen Betrag einige Aktien von WorldCom – an den US-Börsen unter dem Kürzel WCOM bekannt – zum Kurs von je 47 US-Dollar erwarb.

Natürlich ist der Name WorldCom – ein Unternehmen, das sich seinerzeit als das »weltweit führende Kommunikationsunternehmen für die digitale Generation« anpries – heute ein Synonym für betrügerische Bilanzfälschungen. In der glücklichen Zeit der späten neunziger Jahre jedoch präsentierte sich die Firma als ungeheuer erfolgreicher Aufkäufer von Hightech-Telekommunikationsunternehmen. Bernie Ebbers, der Gründer und langjährige CEO von WorldCom, gilt nun weithin als Pirat, doch seinerzeit erschien er vielen als erfolgreicher Draufgänger. Ich hatte einiges über das Unternehmen gelesen und wusste, dass der Hightech-Guru George Gilder es seit langem über den grünen Klee lobte. Ebenso war mir bekannt, dass zum Portfolio des Unternehmens die mächtige, auf Ferngespräche spezialisierte Telefongesellschaft MCI sowie UUNet, das Rückgrad des Internets, gehörten. Ich surfe gern und häufig, und so wirkten Gilders lyrische Ovationen im »Telekosmos« sowie die Herrlichkeit unbeschränkter Bandbreite auf mich besonders verlockend.

Ich wusste auch, dass WorldCom im Gegensatz zu den meisten Dotcom-Unternehmen, denen es sowohl an Einnahmen als auch an Kunden mangelte, Erträge von mehr als 25 Milliarden US-Dollar und nahezu 25 Millionen Kunden vorweisen konnte. Als ich daher von mehreren Bekannten den Hinweis erhielt, WorldCom sei ein »starker Kauf«, stieß diese Empfehlung bei mir auf offene Ohren. Obwohl der Kurs der Aktie zuletzt leicht gefallen war, versicherte man mir, dass der Anlauf zu neuen Höchstkursen über 64 US-Dollar allem Anschein nach kurz bevorstehe.

Wenn es dabei geblieben wäre, hätte ich kaum finanziellen Schaden genommen und würde hier vermutlich nicht über dieses Investment berichten. Doch leider ließ ich es keineswegs damit bewenden – es folgte vielmehr eine ganze Serie weiterer Schritte. Nachdem ich die Papiere gekauft hatte, begann ich mich in meiner Untätigkeit bald zu fragen, was eigentlich dagegen spräche, Nachkäufe zu tätigen. Ich halte mich gewöhnlich nicht für eine Spielernatur, doch ich verbat mir das Denken, zwang mich dazu, gedankenlos zu handeln, gedankenlos weitere WorldCom-Aktien zu erwerben – Aktien, die inzwischen deutlich mehr kosteten als beim Kauf meiner ersten kleinen Position. Obwohl ich gemeinhin als hartherzig gelte, hatte ich begonnen, mich unsterblich zu verlieben.

Wenngleich meine persönliche Flamme auf den Namen WorldCom hörte, lässt sich mein Bericht leider auf eine Vielzahl anderer Aktien und Investoren übertragen. Wo immer dieser Name hier zu lesen ist, dürfen

Sie ihn in Gedanken ruhig durch Lucent, Tyco, Intel, Yahoo, AOL-Time Warner, Enron oder Intershop ersetzen. Der zeitgeschichtliche Hintergrund dieses Buches – der Zusammenbruch der Aktienmärkte nach einer knapp zehn Jahre andauernden kräftigen Hausse – mag darüber hinaus als willkürlicher gewählt und weniger aussagekräftig erscheinen, als er tatsächlich ist: Fast alle Aussagen dieses Buches sind entweder allgemeiner Natur oder lassen sich mit ein wenig gesundem Menschenverstand verallgemeinern.

Verliebt in WorldCom

John Maynard Keynes, der womöglich bedeutendste Ökonom des 20. Jahrhunderts, verglich die Situation eines kurzfristig orientierten Börsenspekulanten mit der eines Zeitungslesers, der sich an einem der (seinerzeit beliebten) Schönheitswettbewerbe – ausgetragen in Zeitungen – beteiligte. Der Leser war dabei scheinbar aufgefordert, fünf Schönheiten aus einer Zahl von beispielsweise 100 Teilnehmerinnen auszuwählen, doch seine tatsächliche Aufgabe stellte sich weitaus komplizierter dar. Einen Preis gewinnen konnte er nämlich nur, wenn er genau diejenigen fünf Teilnehmerinnen auswählte, die insgesamt die meisten Stimmen auf sich vereinigten. Er musste somit für jene Teilnehmerinnen stimmen, von denen er vermutete, dass sie die Stimmen der anderen Leser erhalten würden. Diese anderen Leser wiederum mussten sich genauso verhalten – sie durften sich also nicht von einer der Damen betören lassen oder in anderer Weise ihrem eigenen Geschmack folgen. Vielmehr mussten sie, wie Keynes schrieb, voraussehen, »welche Erwartung die Durchschnittsmeinung bezüglich der Durchschnittsmeinung hegt« (oder schlimmer noch: voraussehen, welche Erwartung die Durchschnittsmeinung bezüglich der Durchschnittsmeinung bezüglich der Durchschnittsmeinung hegt).

So erklärt sich, dass man an der Börse (wie in der Politik) oft dann zu den Gewinnern zählt, wenn man im Strom der breiten Masse mitschwimmt. Das Gerücht, ein Unternehmen sei vom Enron- oder WorldCom-Syndrom befallen, kann von seinen Aktionäre nur so lange als unbegründet abgetan und ignoriert werden, wie sie nicht davon ausgehen müssen, dass andere es ernst nehmen.

In der guten alten Zeit (vor WorldCom) interessierten mich derlei soziale Gedankenspiele kaum. Das Börsenparkett erschien mir wenig anregend, geschweige denn aufregend: Es diente in meinen Augen dem Handel mit Unternehmensanteilen – Punktum. Die Beobachtung von Kursbewegungen weckte in mir weit weniger Begeisterung als die Mathematik, die Philosophie oder auch nur eine gute Fernsehkomödie. Da ich Keynes beim Wort nahm und meinen Fähigkeiten, den Durchschnittsgeschmack richtig einzuschätzen, nicht traute, entschied ich mich gegen eine Anlage in Einzelaktien. Darüber hinaus glaubte ich, Kursbewegungen seien völlig willkürlich und jeder Versuch, den Würfel zu überlisten, ein dummes und nutzloses Unterfangen. Der Großteil meines Kapitals wanderte daher in breit gestreute Aktienindexfonds.

In der neuen Zeit (mit WorldCom) begann ich von diesem grundsätzlich vernünftigen Weg abzuschweifen. Plötzlich wurde es mir zum wichtigen Anliegen, die Börse so weit wie möglich zu ergründen und – sofern das überhaupt möglich war – ihre Entwicklung zu prognostizieren. Zuvor hatte ich das seichte Geschwätz, das einer Sportreportage ähnelnde Gehabe und die inhaltsleeren Prognosen der Börsensendungen abfällig belächelt. Nun aber begann ich nach dem Gehalt hinter den vielen Börsennachrichten zu forschen, und allmählich änderte sich meine Sichtweise auf bestimmte Dinge. Gleichzeitig versuchte ich, die Ursachen für mein gelegentlich törichtes Handeln, von dem im Verlauf dieses Buches wiederholt die Rede sein wird, zu ergründen, und dieses Handeln mit den mathematischen Regeln, denen das Börsengeschehen nach meinem Dafürhalten folgte, zu versöhnen.

Für den Fall, dass Sie jetzt mit einem bedrückend persönlichen Bericht darüber rechnen, wie ich mein letztes (oder zumindest vorletztes) Hemd an der Börse verlor, sollte ich betonen, dass es mir in erster Linie um etwas anderes geht: Ich möchte die mathematischen Grundkonzepte hinsichtlich des Geschehens an den Aktienmärkten vorstellen, erläutern und ergründen. Wir werden – zumeist anhand von Skizzen und Anekdoten anstatt von Formeln und Gleichungen – verschiedene Herangehensweisen an die Aktienanlage untersuchen, ebenso wie einer Reihe von Problemen, Paradoxen und Rätseln (einige davon altbekannt, andere neu) nachgehen, die einzelne Aspekte der Aktienmärkte auf den Punkt bringen. Sind sie effizient? Vom Zufall bestimmt? Taugen die Fundamental- oder die technische Analyse in irgendeiner Weise? Wie lässt sich Risiko messen? Welche Rolle spielen kognitive Illusionen? Oder Allgemeinwissen? Welche betrügerischen Methoden sind besonders beliebt? Was versteht man unter Optionen, der Portfoliotheorie, Leerverkäufen oder der Theorie effizienter Kapitalmärkte? Erklärt die gewöhnliche Glockenkurve, warum die Märkte gelegentlich von starken Schwankungen (im Börsenjargon: von hoher Volatilität) geprägt sind? Wie verhält es sich mit Fraktalen, Chaos und anderen ungewöhnlichen Analyseinstrumenten? Verzichten werden wir dagegen auf konkrete Anlageempfehlungen und ganz sicher auf Abschnitte, in denen es um die zehn besten Aktien für das neue Jahrtausend, die fünf intelligentesten Wege, Ihre private Altersversicherung auf Trab zu bringen, oder die drei cleversten Maßnahmen für die nächsten Wochen geht, kurz: auf Investment-Pornographie jeder Art.

Oft untrennbar mit den genannten mathematischen Fragen verknüpft ist hingegen das Gebiet der Psychologie. Beginnen wir unsere Erkundung daher mit einigen Betrachtungen über das Niemandsland zwischen dieser Disziplin und der Mathematik.

Recht haben und Recht haben sind zwei Paar Schuhe

Die Börse hat etwas sehr Reduzierendes an sich. Man kann im Leben aus den falschen Gründen richtig oder aus den richtigen Gründen falsch liegen, doch aus Sicht der Börse liegt man einfach nur richtig oder falsch. Denken Sie an die Geschichte von dem Lehrer, der seine Schüler bittet, ihm zwei Pronomen zu nennen. Als niemand sich freiwillig meldet, ruft er Tommy auf, der zurückgibt: »Wer, ich?« Aus Sicht der Börse ist Tommys Antwort zutreffend, und obwohl er im Deutschunterricht wohl kaum mit der Note eins rechnen darf, ist er damit reich.

Wer die Börsenentwicklung richtig eingeschätzt hat, verfällt oft in Schadenfreude. Als mich im Juni 2002 ein Radiosender in Philadelphia zu einem Interview einlud, erwähnte ich – während ich auf den Beginn meiner Sendung wartete – gegenüber einem Sicherheitsmann, dass ich an diesem Buch schreibe. Dies veranlasste ihn zu einem längeren Monolog über die Börse, in dessen Verlauf er mir mitteilte, er habe vor einigen Jahren zwei aufeinander folgende Kontoauszüge seiner fondsgebundenen Rentenversicherung erhalten, die jeweils einen Rückgang seines Depotwerts anzeigten. (Er wertete dies als »technisches Verkaufsignal«, ein Begriff, den wir in Kapitel 3 besprechen werden.) »Beim ersten Kontoauszug glaubte ich noch an einen möglichen Ausrutscher, doch zwei hintereinander? Nein. Glauben Sie mir, ich musste mich sogar mit meiner Versicherungsberaterin anlegen, um sie dazu zu bewegen, meine Aktien in festverzinsliche Papiere umzutauschen. Ich solle mir keine Sorgen machen, hieß es, schließlich würde ich mich doch erst in vielen Jahren zur Ruhe setzen. Doch ich bestand auf einem sofortigen Ausstieg. Und darüber bin ich heilfroh.« Dann erzählte er mir von »all den hohen Tieren im Sender, die wie kleine Kinder ihrem verlorenen Geld nachjammern. Ich habe ihnen gesagt, dass sie nach zwei Kontoauszügen mit Verlusten unbedingt aussteigen sollten, doch niemand wollte auf mich hören.«

Ich unterließ es, dem Sicherheitsmann von meinem unglücklichen WorldCom-Engagement zu berichten. Später jedoch sprach ich den Produzenten sowie den Toningenieur auf meine Unterhaltung mit dem Sicherheitsmann an und erwähnte, dass dieser von seiner finanziellen Voraussicht gesprochen hatte, als ich von meiner geplanten Buchveröffentlichung über die Börse erzählte. Beide versicherten mir, dass er ohnehin darauf zu sprechen gekommen wäre. »Er erzählt es jedem«, sagten sie mit dem Galgenhumor von hohen Tieren, die seinem Rat nicht gefolgt waren und nun wie kleine Kinder jammerten.

Wenn man derlei Anekdoten erzählt, folgt zumeist die Frage: »Wenn du so klug bist, warum bist du dann nicht reich?« Jeder, der einigermaßen intelligent ist, aber auf einer oder zwei unbezahlten Rechnungen sitzt, muss sich diese Frage immer wieder anhören. Doch genauso wie Intelligenz und Reichtum nicht synonym sind, gibt es einen Unterschied zwischen Recht haben und Recht haben an der Börse.

Betrachten wir dazu folgende Situation: Eine Gruppe von Personen wird gebeten, jeweils eine Zahl zwischen 0 und 100 zu nennen – und zwar jene Zahl, von der man vermutet, sie sei der beste Näherungswert an 80 Prozent des Durchschnitts aller von der Gruppe gewählten Zahlen. Demjenigen, der diesem Wert am nächsten kommt, winkt ein Geldpreis. Überlegen Sie einmal, welche Zahl Sie nennen würden.

Einige Teilnehmer werden sich ausrechnen, dass der Durchschnittswert mit hoher Wahrscheinlichkeit 50 betragen wird, und sich folglich für die Zahl 40 entscheiden – 80 Prozent dieses Werts. Andere könnten diese Überlegung einkalkulieren und sich daher für die Zahl 32 entscheiden, die 80 Prozent von 40 darstellt. Wieder andere könnten auch diese Überlegung ins Kalkül ziehen und würden deshalb die Zahl 25,6 wählen, also 80 Prozent von 32.

Wenn die Gruppe diese Gedankenkette lang genug weiterspinnt, werden alle Teilnehmer schließlich zu der optimalen Lösung gelangen, die 0 lautet. Da alle eine Zahl wählen möchten, die 80 Prozent des Durchschnittswerts beträgt, kann dies nur gelingen, wenn alle sich für die Zahl 0 entscheiden, denn nur diese ist mit 80 Prozent ihres eigenen Wertes identisch. (Die Wahl der Zahl 0 führt zu dem so genannten Nash-Gleichgewicht. Dieses entsteht, wenn bei gegebener Strategie der Mitspieler es für keinen Spieler mehr profitabel ist, seine eigene Strategie zu ändern.)

Das Problem der zutreffenden Vorhersage von 80 Prozent des Durchschnittswerts aller gewählten Zahlen ähnelt ein wenig der Aussage Keynes' bezüglich der Aufgabe, die sich einem Investor stellt. Das Vertrackte dieser Aufgabe besteht darin, dass jeder Teilnehmer, der intelligent genug ist, ihren Kern unmittelbar zu durchschauen, und sich deshalb für die Zahl 0 entscheidet, mit sehr hoher Wahrscheinlichkeit falsch liegt, denn natürlich werden sich die einzelnen Teilnehmer in unterschiedlichem Maße über das Kalkül der anderen Gedanken machen und bei ihrer eigenen Entscheidung berücksichtigen. So werden einige mit Blick auf die womöglich höheren Siegeschancen eine Zahl wählen, die etwas über oder unter den »natürlichen« Werten von 40 oder 32 oder 25,6 oder 20,48 liegt. Manch einer wird einen Zufallstipp abgeben, der vielleicht sogar oberhalb der Zahl 50 liegt. Nur in sehr ungewöhnlichen Fällen werden mehrere Teilnehmer von vornherein auf 0 tippen.

Spielt eine Gruppe dieses Spiel nur ein- oder zweimal, so müssen die Spieler – wenn sie den Durchschnittswert aller Tipps voraussagen wollen – nicht nur die Intelligenz und die Mentalität der Mitspieler zutreffend einschätzen, sondern auch einen Gedanken bis zu seinem logischen Abschluss durchspielen. In gleicher Weise ist das Einschätzen von Investoren oft genauso entscheidend wie die Beurteilung eines Investments. Nur ist erstere Aufgabe zumeist ungleich schwerer.

Meine pädagogische Grausamkeit

Auch andere Situationen erfordern eine Voraussicht der Handlungen anderer und eine entsprechende Anpassung der eigenen Strategie. So mussten die Teilnehmer einer beliebten US-Fernsehshow voraussagen, wie ihr Ehepartner ihre Antwort auf eine bestimmte Frage prognostizieren würde. In einer anderen Show standen sich zwei Teams gegenüber, welche die häufigsten Assoziationen des Studiopublikums mit einer Gruppe von Wörtern erraten mussten. Ein drittes Spiel schließlich verlangte von den Teilnehmern, jenen Ort in New York City (oder auch innerhalb ihres örtlichen Einkaufszentrums) zu benennen, an dem sie von einem Dritten am ehesten gesucht würden. Um zu gewinnen, musste man denjenigen Ort angeben, der von den anderen am häufigsten genannt wurde. Abwandlungen von Keynes' Bild des Schönheitswettbewerbs gibt es in Hülle und Fülle.

Vor einigen Jahren leitete ich einen Sommerlehrgang in Wahrscheinlichkeitsrechnung an der Temple University in Philadelphia. Der Kurs fand täglich statt und legte ein hohes Tempo vor. Um meine Studenten bei der Stange zu halten, entschloss ich mich daher, sie jeden Tag einen kurzen Test schreiben zu lassen. Dabei bediente ich mich einer recht böswilligen Idee, mit der ich bereits in anderen Kursen experimentiert hatte: Am Ende jedes Aufgabenbogens platzierte ich ein Kästchen mit dem Hinweis, dass ein Ankreuzen dieses Kästchens dem Studenten zehn Zusatzpunkte einbrächte – aber nur, wenn weniger als die Hälfte des Kurses das Kästchen ankreuzte. Sollten jedoch mehr als die Hälfte das Kästchen ankreuzen, würden den betreffenden Studenten jeweils zehn Punkte abgezogen. Diese Aufforderung, ich gestehe es ein, grenzte an pädagogische Grausamkeit.

Einige mutige Geister kreuzten das Kästchen gleich beim ersten Test an und erhielten ihre zehn Bonuspunkte. Im Verlauf des Kurses erhöhte sich die Zahl der Studenten, die das Kästchen ankreuzten, immer weiter. Eines Tages gab ich bekannt, dass mehr als die Hälfte der Kursteilnehmer das Kästchen angekreuzt hatten und die betreffenden Studenten daher einen Punktabzug hinnehmen müssten. Beim nächsten Test kreuzte kaum jemand das Kästchen an. Allmählich jedoch nahm die Zahl der angekreuzten Kästchen wieder zu, bis sie schließlich etwa 40 Prozent der Zahl der Kursteilnehmer entsprach. Anschließend verharrte sie auf diesem Niveau. Die Zusammensetzung der Gruppe von Studenten, die das Kästchen angekreuzt hatten, veränderte sich jedoch von Mal zu Mal. Ich begriff, welch schwieriges Kalkül die Studenten bei der Entscheidung, ob sie das Kästchen ankreuzen sollten oder nicht, anzustellen hatten. Das galt insbesondere, da es sich bei den Kursteilnehmern weitgehend um ausländische Studenten handelte, die trotz meiner Anstrengungen (zu denen auch dieses Spiel gehörte) offensichtlich wenig Gemeinschaftsgefühl entwickelt hatten. Bar jeder erkennbaren Absprache mussten sie ein verwobenes und sehr lebhaftes Knäuel von Erwartungen anderer Studenten hinsichtlich ihrer eigenen Erwartungen entwirren und diese Erwartungen vorausahnen. Eine schwindelerregende Angelegenheit.

Später erfuhr ich, dass der am Santa Fé Institute und an der Stanford University lehrende Ökonom W. Brian Arthur seit langem ein seinem Wesen nach identisches Szenario verwendet, um die missliche Lage von Kneipengängern zu beschreiben, die sich nicht entscheiden können, ob sie eine beliebte Bar aufsuchen sollten oder nicht: Der Besuch des Lokals bereitet ihnen nur dann Vergnügen, wenn dort kein Gedränge herrscht. Wenn alle potenziellen Kunden dieselbe Erwägung anstellen, stellt sich ein natürliches Gleichgewicht ein, unter dessen Bedingungen die Bar nur selten überlaufen ist. (Dies lässt sich beinahe als verspätete wissenschaftliche Rechtfertigung für Yogi Berras bekannte Pointe über das Toots Shor's Restaurant in New York interpretieren: »Da geht niemand mehr hin. Viel zu überlaufen.«) Arthur brachte dieses Modell ins Spiel, um das Verhalten von Börseninvestoren zu verdeutlichen, die wie meine Studenten und die Kneipengänger die Erwartungen anderer hinsichtlich des eigenen Verhaltens (und so weiter) vorausahnen müssen.

Ob man kauft oder verkauft, das Kästchen ankreuzt oder nicht oder die Bar aufsucht oder nicht, hängt von den eigenen Erwartungen hinsichtlich der Handlungen und Überzeugungen anderer ab.

Der Index des Verbrauchervertrauens in den USA (Consumer Confidence Index, CCI), der die Konsumneigung der Verbraucher und deren Vertrauen in ihr eigenes künftiges wirtschaftliches Wohlergehen misst, entsteht ebenfalls durch eine Art flüchtige, reflexive Konsensbildung. Da die Einschätzung der Menschen hinsichtlich ihrer eigenen wirtschaftlichen Zukunft so stark davon abhängt, wie sie die Zukunft anderer beurteilen, misst der CCI indirekt die Überzeugungen der Menschen in Bezug auf die Überzeugungen anderer. (Die Begriffe »Konsum« und »Verbraucher« sind meiner Meinung nach in diesem Kontext unglücklich gewählt, wenn auch gebräuchlich. »Kauf«, »Bürger« und »Haushalte« erscheinen mir angebrachter.)

Allgemeinwissen, Neid und Ausverkaufssituationen

Das Einschätzen anderer Investoren erfordert mehr als nur psychologische Kenntnisse. Ohne neue logische Konzepte geht es nicht. Eines dieser Konzepte heißt »Allgemeinwissen«, wurde ursprünglich von dem Ökonom Robert Aumann entwickelt und fördert ganz entscheidend das Verständnis für die Komplexität der Aktienmärkte und die Bedeutung von Transparenz. Eine Information stellt Allgemeinwissen innerhalb einer Gruppe von Menschen dar, wenn jedes ihrer Mitglieder sie besitzt und weiß, dass auch die anderen Gruppenmitglieder sie besitzen und dass diese wiederum wissen, dass man selbst sie besitzt – und so weiter. Allgemeinwissen bedeutet viel mehr als »geteiltes Wissen«, das bereits vorliegt, wenn die Beteiligten über die gleiche Information verfügen, ohne sich dieses Umstandes jedoch bewusst zu sein.

Wie wir später sehen werden, ist das Konzept des Allgemeinwissens unverzichtbar, um zu verstehen, dass plötzlich auftretenden Spekulationsblasen oder Kurseinbrüchen – Phänomenen, die scheinbar grundlos auftreten und daher kaum zu prognostizieren sind – oft eine »unterirdische Informationsverarbeitung« zugrunde liegt. Das Konzept lässt sich auch auf die Ausverkaufswellen der letzten Jahre und die Bilanzskandale anwenden. Doch bevor wir uns realistischeren Marktbetrachtungen zuwenden, möchte ich Ihnen eine Parabel aus meinem Buch *Once Upon a Number* vorstellen, welche die Bedeutung von Allgemeinwissen illustriert. Schauplatz der Geschichte ist ein rückständiges, sexistisches Dorf irgendwo im Ungefähren. In diesem Dorf leben viele Ehepaare, und jede Frau ist umgehend im Bilde, wenn eine andere Frau von ihrem Mann betrogen wurde, nicht aber, wenn dieses Schicksal ihr selbst widerfährt. Die sehr strengen Gesetze des Dorfes schreiben vor, dass eine Frau, die *beweisen* kann, dass ihr Mann untreu war, ihn noch am selben Tage töten muss. Nehmen wir an, alle Frauen seien gesetzestreu, intelligent, sich der Klugheit der anderen Frauen bewusst und zum Glück verschwiegen hinsichtlich der außerehelichen Eskapaden anderer Männer. Wie es das Schicksal will, waren 20 Männer ihren Ehefrauen untreu, doch da keine der Frauen ihrem Ehemann dieses Vergehen nachweisen kann, nimmt das Dorfleben weiterhin seinen fröhlichen und gemächlichen Lauf. Eines Morgens jedoch kommt die Matriarchin des Stammes, die am anderen Ende des Waldes wohnt, zu einem Besuch. Ihre Ehrlichkeit wird allgemein geachtet und ihr Wort für bare Münze genommen. Sie warnt die versammelte Dorfgemeinschaft, dass sich in ihren Reihen mindestens ein Schürzenjäger befände. Diese Tatsache, die ja bereits jedem bekannt war, wird somit zu *Allgemeinwissen*. Was geschieht nun?

Antwort: Nach 19 friedlichen Tagen kommt es am zwanzigsten Tag zu einem Massenschlachten, in dessen Verlauf 20 Frauen ihre Ehemänner töten. Um zu erkennen, warum dies geschieht, nehmen wir zunächst an, es gäbe nur einen einzigen Ehebrecher, Herrn A. Alle Frauen mit Ausnahme von Frau A. wissen bereits von seinen Umtrieben, sodass die Ankündigung der Matriarchin nur für sie eine Neuigkeit enthält. Da sie intelligent ist, erkennt sie, dass sie informiert wäre, falls ein anderer Ehemann gesündigt hätte. Daraus schließt sie, dass Herr A. der Schwerenöter ist, und tötet ihn noch am selben Tag.

Unterstellen wir nun, es gäbe zwei Ehebrecher, Herrn A. und Herrn B. Jede Frau mit Ausnahme von Frau A. und Frau B. ist über beide Fälle von Treulosigkeit informiert. Frau A. weiß nur über die Eskapaden des Herrn B. Bescheid, Frau B. nur über diejenigen des Herrn A. Frau A. erfährt daher aus dem Munde der Matriarchin nichts Neues, doch als

Frau B. ihren Gatten am ersten Tag nicht umbringt, schließt sie daraus, dass es einen zweiten Schürzenjäger geben muss, der nur Herr A. sein kann. Das Gleiche gilt für Frau B., die aus der Tatsache, dass Frau A. ihren Mann am ersten Tag nicht umgebracht hat, den Schluss zieht, dass ihr eigener Gatte ebenfalls schuldig ist. Folgerichtig töten beide Frauen am folgenden Tag ihre Ehemänner.

Gäbe es genau drei schuldige Ehemänner, Herrn A., Herrn B. und Herrn C., würde sich die Ankündigung der Matriarchin weder am ersten noch am zweiten Tag sichtbar auswirken. Am dritten Tag jedoch würden Frau A., Frau B. und Frau C. mithilfe einer zum obigen Fall analogen Überlegung zu dem Schluss gelangen, dass angesichts der Untätigkeit der jeweils anderen Frauen an den ersten beiden Tagen auch ihre eigenen Männer schuldig sein müssen. Folglich würden sie diese am selben Tag töten. Durch mathematische Induktion können wir nun schließen, dass im Falle von 20 untreuen Ehemännern deren intelligente Frauen am zwanzigsten Tag ihren Männern schließlich auf die Schliche kämen – mit der Folge eines Blutbades der Gerechten.

Ersetzt man nun die Warnung der Matriarchin durch – sagen wir – eine Ankündigung der Börsenaufsichtsbehörde, die Nervosität der Frauen durch die Nervosität der Anleger, die Zufriedenheit der Frauen, solange nicht die eigenen Ehemänner auf Abwege geraten, mit der Zufriedenheit der Investoren, solange nicht die eigenen Unternehmen ihre Bücher fälschen, den Ehegattenmord mit dem Verkauf von Aktien und die Zeitspanne zwischen der Warnung und dem Tötungsakt mit der Zeitspanne zwischen der Ankündigung von Ermittlungen und dem Ausverkauf, so versteht man rasch die Relevanz unserer Parabel über das Allgemeinwissen für das Geschehen an den Finanzmärkten.

Zu beachten ist, dass es eines unparteiischen Schiedsrichters bedarf, um eine Information vom logischen Status geteilten Wissens in denjenigen des Allgemeinwissens zu überführen. In der Parabel übernahm diese Rolle die Matriarchin, in dem analogen Finanzmarktbeispiel die Börsenaufsichtsbehörde. Gibt es niemanden, der allgemein respektiert wird und Glaubwürdigkeit genießt, so geht die motivierende und reinigende Wirkung von Warnungen verloren.

Zum Glück jedoch ist der Aktienmarkt im Gegensatz zu den bedauernswerten Ehemännern zur Wiedergeburt fähig.

2 Furcht, Habgier und fallende Messer

Man muss als Anleger nicht unbedingt zeitweilig den Betörungen einer Aktie verfallen sein, um zu begreifen, dass Psychologie an der Börse eine wichtige und bisweilen entscheidende Rolle spielt, aber es fördert diese Einsicht ungemein. Im Spätsommer des Jahres 2000 war der Kurs der WorldCom-Aktie auf 30 US-Dollar gesunken, und ich fühlte mich zum Nachkauf angestachelt. Wie das Wort »angestachelt« bereits nahe legt, war meine Kaufentscheidung nicht vollständig rational. Das soll nicht bedeuten, dass es für ein Investment in WorldCom-Aktien nicht triftige Gründe gegeben hätte. Wenn man es vermied, den Überkapazitäten des Unternehmens und den sinkenden Umsätzen der Anbieter auf dem Ferngesprächsmarkt allzu viel Beachtung zu schenken, ließen sich einige Gründe für weitere Zukäufe finden. Meine Motive gründeten allerdings weniger auf einer Analyse der aktuellen Trends in der Telekommunikationsbranche oder der Unternehmensbilanzen als in einem unvermuteten Spielerinstinkt und dem Bedürfnis, Recht zu behalten. Ich litt unter »selektiver Wahrnehmung« und suchte nach Bestätigung, indem ich positive Nachrichten, Aspekte und Analysen hinsichtlich der Aktie begierig aufsog und die weniger euphorischen Hinweise geflissentlich missachtete.

Averaging-down oder der Griff in ein fallendes Messer?

Nach zunehmend heftigem, wenn auch einseitigem Umwerben der Aktie (das Mädchen ließ mir noch nicht einmal eine Dividende zukommen) heiratete ich sie. Ihr Kurs fiel weiter, doch noch immer begriff ich dies ausschließlich als Gelegenheit, um weitere Gewinne zu erzielen. Sicherlich – so flüsterte ich mir ein – habe die Aktie nun ihren Tiefstand erreicht, und es sei Zeit, mit dem Zukauf erheblich preiswerterer Anteile den durchschnittlichen Einstiegskurs zu senken. Während ich mich immer wieder leichtfüßig zu diesem »Averaging-down« überredete, ignorierte ich jedes Mal ebenso leichtfüßig die Warnung, niemals »in ein fallendes Messer zu greifen«. Das altbackene, aber vernünftige Sprichwort, wonach man nicht zu viele Eier in denselben Korb legen sollte, schien sich niemals besonders stark in mein Bewusstsein zu drängen.

Darüber hinaus wurde ich von einigen Finanzanalysten beeinflusst (darunter Jack Grubman, Staranalyst bei Salomon Smith Barney und nebenbei Inhaber eines Mathematikdiploms der renommierten Columbia University), welche die Objekte meiner Zuneigung rituell mit ihren nachdrücklichen Kaufempfehlungen besprenkelten. Tatsächlich wurde WorldCom Anfang 2000 von den meisten Brokerhäusern als »starker Kauf« und von den anderen immerhin als »Kauf« bewertet. Auch Beobachter, die nicht mit besonderem Scharfblick gesegnet waren, konnten seinerzeit feststellen, dass keine Aktie jemals die Empfehlung »Verkauf«, geschweige denn »starker Verkauf« erhielt – selbst das Rating »Halten« wurde nur spärlich vergeben. Nun, vielleicht waren die zuletzt genannten Bewertungen ja ökologischen Unternehmen vorbehalten, die solarbetriebene Taschenlampen herstellten, so dachte ich mir. Da ich aufgeblasene Schulnoten sowie überzogene Film-, Buch- und Restaurantkritiken gewohnt war, ließ ich mich von den stets positiven Ratings nicht täuschen. Doch genauso wie man von einem Fernsehspot beeinflusst werden kann, während man sich gleichzeitig über dessen süßliche Dialoge mokiert, ließ sich ein Teil von mir von den geballten »starken Käufen« beeindrucken.

Ich hielt mir beständig vor Augen, dass ich meine Verluste ja nur auf dem Papier erlitten habe und der reale Verlust erst bei einem Verkauf der Aktie einträte. Die Aktie würde sich wieder erholen, und wenn ich nicht verkaufte, könnte ich nicht verlieren. Glaubte ich das wirklich? Natürlich nicht, aber ich wog mich in der Illusion, es zu glauben, und so erschien mir »Averaging-down« weiterhin als unwiderstehliche Gelegenheit. Ich glaubte an das Unternehmen, doch Habgier und Furcht hatten bereits begonnen, ihren Veitstanz in meinem Kopf auszutragen und dabei meine Kritikfähigkeit auszuschalten.

Emotionale Überreaktionen und der Homo oeconomicus

Anleger können irrationalem Überschwang anheim fallen (um einen Begriff zu verwenden, dem US-Notenbankpräsident Alan Greenspan sowie der Wirtschaftsprofessor Robert Shiller zu Ruhm verhalfen), aber auch irrationaler Verzweiflung, dem gleichen Phänomen mit umgekehrtem Vorzeichen. Einige der größten täglichen Punktgewinne und -verluste an der Nasdaq traten im Verlauf eines einzigen Monats im Frühjahr 2000 auf. Diese Häufung extremer Kursausschläge setzte sich in den Jahren 2001 und 2002 unverändert fort – so kam es beispielsweise am 24. Juli 2002 zum größten Punktgewinn an einem einzigen Tag seit 1987. (Die Zunahme der Volatilität, also der Schwankungsanfälligkeit, ist zwar bedeutend, wird aber durch die höheren Indexwerte verzerrt. Ein Rückgang des Dow Jones um 2 Prozent bei einem Indexstand von 9000 ist gleichbedeutend mit einem Verlust von 180 Punkten, während noch vor wenigen Jahren beim Stand von 3000 Punkten derselbe prozentuale Rückgang nur 60 Verlustpunkten entsprach.) Die gestiegene Volatilität gründet in einer Wirtschaft, die sich an der Grenze zur Rezession bewegt, in Veröffentlichungen über Bilanzfälschungen, in einer geplatzten Spekulationsblase und in dem Einzelkämpfertum privater Anleger, vermutlich begünstigt durch ständig wechselnde Zusammenstellungen der 50 schönsten (Verzeihung: am meisten unterbewerteten) Aktien.

Für die Sprunghaftigkeit der Märkte gilt aber das Gleiche wie für schöne Menschen (oder auch angesehene Universitäten): Sie unterliegen dem unwägbaren Einfluss von Emotionen und psychologischen

Faktoren. Ebenso wie Schönheit und akademische Standards sich weniger rasch als Ad-hoc-Listen und Rankings in Finanzzeitschriften ändern, sind die Fundamentaldaten von Unternehmen durchaus beständiger als unsere sprunghaften Reaktionen auf diesbezügliche Meldungen.

Vielleicht hilft es, sich den Markt als hochwertigen Rennwagen vorzustellen, dessen ausgesprochen sensibel reagierendes Lenkrad ein geradliniges Fahren verhindert. Kleinere Unebenheiten auf der Strecke zwingen uns zu wilden Ausweichbewegungen, und im Zickzack kurven wir zwischen Furcht und Habgier, zwischen übertriebenem Pessimismus und irrationalem Überschwang hin und her.

Unsere Überreaktionen werden durch eine Finanzpresse angeheizt, die uns beständig in Alarmstimmung zu versetzen versucht. Dies lässt an eine andere Analogie denken: die herrschende kosmologische Theorie. Die so genannte Hypothese des inflationären Universums besagt – sehr verkürzt –, dass kurz nach dem Urknall das ursprüngliche Universum sich so rasch ausdehnte, dass unser heute sichtbares Universum nur einen kleinen Teilbereich davon bildet; der Rest bleibt für uns unsichtbar. Die Metapher mag recht strapaziert klingen (beim Eintippen habe ich mir soeben eine Handwurzelzerrung zugezogen), doch das Ganze erinnert ein wenig an die Folgen des in der Finanzpresse (wie auch in den Medien im Allgemeinen) verbreiteten Verhaltens: Man konzentriert sich unablässig auf eine besonders prickelnde, aber weitgehend bedeutungslose Information. Diese verbreitet sich so rasend schnell, dass der Rest des globalen Dorfes dahinter verblasst.

Unsere Reaktion auf Finanznachrichten ist nur eines von vielen Beispielen für unsere unvollständige Rationalität. Allgemeiner formuliert verhalten wir uns schlichtweg nicht immer in einer Weise, die unser wirtschaftliches Wohl maximiert. Der »Homo oeconomicus« ist kein sonderlich beliebtes Idealbild. Mein seliger Vater beispielsweise war eindeutig un-oeconomicus. Ich entsinne mich, wie er eines lange vergangenen Herbstabends auf unserer Gartentreppe saß und vor sich hin kicherte. Auf meine Frage, was ihn so amüsiere, antwortete er, dass er gerade die Fernsehnachrichten gesehen habe. Ein Sportreporter habe Bob Buhl, einen berühmten Baseballspieler, gefragt, wie er die spielfreie Zeit zu füllen gedenke. »Buhl sagte, er wolle nach Michigan fahren und dort während des Winters seinem Vater helfen. Auf die Nachfrage des

Reporters, was sein Vater dort mache, entgegnete er: ›Nichts. Er macht überhaupt nichts.‹«

Mein Vater liebte derartige Geschichten, und um seine Lippen spielte noch lange ein schelmisches Lächeln. Meiner Erinnerung daran wurde kürzlich nachgeholfen, als ich beim Aufräumen meines Büros auf einen Cartoon stieß, den er mir Jahre später zugesandt hatte. Die Zeichnung stellte einen Landstreicher dar, der fröhlich auf einer Parkbank sitzt und beobachtet, wie eine Gruppe seriöser Geschäftsleute an ihm vorbeischlendert. Der Landstreicher ruft ihnen zu: »Wer gewinnt denn?« Obwohl mein Vater von Beruf Verkäufer war, schien ihm der Abschluss eines Geschäfts eher wenig zu bedeuten. Stattdessen suchte er das vertrauliche Kundengespräch, erzählte Witze, verfasste Gedichte (nicht alle davon Knittelverse) und hielt unzählige Kaffeepausen ab.

Jeder von uns weiß ähnliche Geschichten zu erzählen, und man wird schwerlich einen Roman finden (und sei er in Wirtschaftskreisen angesiedelt), in dem sämtliche Figuren aktiv ihrem wirtschaftlichen Eigeninteresse nacheifern. Ein weniger anekdotenhaftes Indiz für die begrenzte Aussagekraft, die dem Ideal des Homo oeconomicus zukommt, bieten so genannte Ultimatumspiele. An diesen sind üblicherweise zwei Spieler und ein Experimentleiter beteiligt, der dem einen Spieler einen Geldbetrag übergibt – beispielsweise 100 Euro – und dem anderen eine Art Vetorecht überträgt. Der erste Spieler wird aufgefordert, dem anderen einen beliebigen Teilbetrag der 100 Euro anzubieten, der größer als null sein muss. Der zweite Spieler kann diesen Betrag nun annehmen oder ablehnen. Akzeptiert er das Angebot, so erhält er die betreffende Summe, und Spieler Eins behält den Restbetrag. Lehnt er jedoch ab, fällt der Gesamtbetrag an den Experimentleiter zurück.

Aus rationaler spieltheoretischer Sicht stünde zu erwarten, dass Spieler Zwei ein Interesse daran hat, jeden noch so kleinen Betrag anzunehmen, der ja immer noch besser als nichts ist. Ebenso würde man vermuten, dass der erste Spieler im Wissen um diesen Umstand seinem Mitspieler nur einen winzigen Betrag anbietet. Beide Annahmen sind falsch. Die tatsächlichen Angebote reichen bis zur Hälfte des Gesamtbetrags, und sehr kleine Angebote, die als demütigend empfunden werden, stoßen bisweilen auf Ablehnung. Offensichtlich spielen Konzepte von Fairness und Gleichheit ebenso eine Rolle wie Wut und das Bedürfnis nach Rache.

Behavioral Finance

Das Verhalten von Teilnehmern an Ultimatumspielen mag ihren Eigeninteressen zuwiderlaufen, doch immerhin treffen sie ihre Entscheidungen bewusst. Eine Reihe von Psychologen hat in den letzten Jahren auf die Vielzahl von unbewussten kontraproduktiven Verhaltensweisen hingewiesen, die wir alle an den Tag legen und die sich vielleicht am besten mit optischen Illusionen vergleichen lassen. Diese psychologischen Illusionen und Schwächen führen dazu, dass wir vielfach und bei ganz unterschiedlichen Bestrebungen – nicht zuletzt bei unseren Anlageentscheidungen – irrational handeln.

Dieses vergleichsweise neue Studienfeld wurde von Amos Tversky und Daniel Kahnemann begründet, deren frühe Forschungsergebnisse weitgehend in das Buch *Judgment Under Uncertainty* eingingen, das sie 1982 gemeinsam mit Paul Slovic veröffentlichten. (Kahnemann erhielt 2002 den Nobelpreis für Wirtschaftswissenschaften, den er höchstwahrscheinlich mit Tversky geteilt hätte, wäre dieser nicht zwischenzeitlich verstorben.) Zu den anderen Forschern auf diesem Gebiet zählen Thomas Gilovich, Robin Dawes, J. L. Knetschin und Baruch Fischhoff. Bei der Anwendung ihrer Erkenntnisse auf volkswirtschaftliche und finanzwissenschaftliche Fragestellungen hat sich neben anderen auch der in Kapitel 1 erwähnte Ökonom Richard Thaler hervorgetan. Sein Buch *The Winner's Curse* sowie der von Gilovich verfasste Titel *How We Know What Isn't So* bieten nützliche Zusammenfassungen des aktuellen Forschungsstandes. 2001 erschien von Gilovich auf Deutsch *Behavioral economics. Börsenerfolg ist die Kunst, Fehler nicht zweimal zu machen.*

Diese Erkenntnisse sind deshalb so faszinierend, weil sie die im Alltagsleben verwendeten Taktiken der Menschen beleuchten, gleich ob diese bewusst oder unbewusst eingesetzt werden. So besteht etwa ein beliebter Trick politischer Aktivisten jeglicher Couleur im willkürlichen Ausstreuen von Zahlen. Ist man über diesen oder jenen Zustand entsetzt und möchte die Debatte darüber anheizen, so könnte man beispielsweise behaupten, dass sich 50 000 Todesfälle pro Jahr darauf zurückführen lassen. Haben sich die Angesprochenen erst einmal sachkundig gemacht und festgestellt, dass diese Zahl um einige Größenordnungen zu hoch liegt, ist das Anliegen bereits in ihren Köpfen verankert.

Gegenstandslose Sensationsberichte in den Finanzmedien sowie unrealistische »Kursziele« haben denselben Effekt. Oftmals nennen Analysten ein Kursziel vermutlich in der Hoffnung, Anleger auf eine bestimmte Zahl einzuschwören und sie damit in ihrem Sinne zu beeinflussen. (Da diese Ziele allzu häufig kaum von Wünschen zu unterscheiden sind, sollten sie eigentlich stets unendlich sein.)

Diese Übertreibungen fallen nur deshalb auf fruchtbaren Boden, weil die meisten von uns an einem verbreiteten psychologischen Defekt leiden: Wir glauben leichtherzig an jede Zahl, die wir hören, und lassen von diesem Glauben nur ungern wieder ab. Diese Neigung wird als »Ankereffekt« bezeichnet und ist für eine Vielzahl von Situationen nachgewiesen worden.

Wenn ein Experimentleiter seine Teilnehmer dazu auffordert, die Bevölkerungszahl der Ukraine, die Größe der Avogadro-Konstante, das Datum eines historischen Ereignisses, die Entfernung zwischen Erde und Saturn oder die Umsätze der XY-AG in zwei Jahren zu schätzen, werden die Antworten in den meisten Fällen sehr nahe an jeder beliebigen Zahl liegen, die der Experimentleiter eingangs als Möglichkeit genannt hat. Schließt er beispielsweise seine Frage nach der Bevölkerungszahl der Ukraine mit dem Satz »Sind es weniger oder mehr als 200 Millionen Menschen?«, so werden die Antworten eine gewisse Schwankungsbreite aufweisen und in der Regel etwas niedriger als diese Zahl ausfallen, im Durchschnitt aber dennoch bei etwa 175 Millionen Menschen liegen. Lautet die Frage dagegen »Sind es weniger oder mehr als fünf Millionen Menschen?«, so ist wiederum mit uneinheitlichen Antworten zu rechnen, die nun zwar höher als die genannte Zahl ausfallen, aber dennoch im Durchschnitt bei 10 Millionen Menschen liegen. Die Teilnehmer bewegen sich also regelmäßig von der vorgegebenen Ausgangszahl in die richtige Richtung, bleiben jedoch an diese Zahl gebunden.

Man könnte nun einwenden, dass die Betreffenden ja einer vernünftigen Strategie folgten. Da sie womöglich nichts von der Ukraine oder von Chemie, Geschichte oder Astronomie verstünden und vermuteten, der Experimentleiter sei hierin kundig, seien sie gut beraten, seiner Vorgabe eng zu folgen. Das erstaunliche Ausmaß der Verankerungsneigung tritt jedoch zutage, wenn der Experimentleiter seine Vorgabezahl mithilfe des Zufalls ermittelt, etwa indem er eine Scheibe in Bewegung setzt, deren Rand mit Zahlen beschriftet ist – 300 Millionen, 200 Millionen, 50 Millionen, fünf Millionen und so weiter. Dreht er die Scheibe vor den Augen der Teilnehmer, nennt dann die Zahl, an der sie angehalten hat, und fragt schließlich, ob die Bevölkerungszahl der Ukraine höher oder niedriger als diese Zahl sei, richten sich die Antworten der Teilnehmer noch immer an dieser Zahl aus. Und dies, obwohl vermutlich keiner annehmen wird, die Scheibe wüsste etwas über die Ukraine!

Auch Finanzzahlen, zu denen auch Kursziele und andere ungesicherte zukünftige Werte wie etwa voraussichtliche Erträge gehören, sind anfällig für diese Art von Manipulation. Je weiter entfernt der Zeitpunkt, auf den sich die jeweils genannte Zahl bezieht, desto leichter ist es, sie unter Hinweis auf ein besonders rosiges Szenario wie etwa eine explodierende Nachfrage nach Bandbreiten, Online-Flugtickets oder Haustierzubehör aufzublähen. Zwar werden die Empfänger derartiger Prognosen einige Abstriche daran machen, doch in der Regel fallen diese viel zu bescheiden aus. Dieser Effekt erklärt vermutlich einen Teil der Exzesse, die im Zuge der Dotcom-Manie auftraten. Auch auf der Verkaufsseite lassen sich düstere Bilder von sprunghaft ansteigender Verschuldung, schrumpfenden Absatzmärkten oder konkurrierender Technologie zeichnen. Der Realitätsgehalt der entsprechenden Horrorzahlen muss auch hier nicht sonderlich hoch sein, um einen Effekt zu produzieren.

Ertragszahlen und Kursziele sind nicht die einzigen möglichen Anker. Viele Menschen merken sich das 52-Wochen-Hoch (oder -Tief) einer Aktie, verankern sich in dieser Zahl und gründen darauf fortan ihre Anlageentscheidungen. Genau so erging es mir unglücklicherweise mit WorldCom. Da ich die Aktie ursprünglich zu einem Kurs in den Vierzigern gekauft hatte, ging ich stillschweigend davon aus, dass sie mit der Zeit ihren Niedergang beenden und auf dieses Niveau zurückkehren würde. Als ich später zu Kursen in den Dreißigern, Zwanzigern und darunter nachkaufte, traf ich dieselbe Annahme.

Eine extremere Variante der Verankerung (bei der zusätzliche Faktoren eine Rolle spielen) ist die Versteifung vieler Anleger auf die Frage, ob sich die von den Unternehmen veröffentlichten Quartalszahlen mit den Prognosen der Analysten decken. Liegen sie auch nur einen oder zwei Cent pro Aktie darunter, reagieren manche Investoren, als bedeute dies den herannahenden Konkurs. Sie scheinen nicht nur in den Ertragsprognosen verankert zu sein, sondern sie gleichsam zum Fetisch zu erheben.

Es überrascht nicht, dass Untersuchungen zufolge die Quartalszahlen der Unternehmen weit häufiger um ein oder zwei Cent über den Prognosen der Analysten als um den gleichen Wert darunter liegen. Würden die Ertragszahlen ohne Rücksicht auf die Erwartungen der Analysten ermittelt, lägen sie ebenso häufig darüber wie darunter. Der Grund für dieses Ungleichgewicht liegt vermutlich in einer »Untermauerung« der Erträge. Anstatt die Einnahmen und Ausgaben zu ermitteln und Letztere von Ersteren abzuziehen (oder sich einer komplizierteren Variante zu bedienen), um so die Erträge zu berechnen, nehmen Firmen die gewünschte Ertragszahl als Ausgangsbasis und stimmen Einnahmen und Ausgaben so ab, dass diese Zahl gerade erreicht wird.

Kleiner Katalog psychologischer Schwächen

Der Ankereffekt ist nicht der einzige Mechanismus, der unseren Verstand vernebelt. Als »Verfügbarkeitsfehler« bezeichnet man die Neigung, jeden Vorfall – gleich ob politischer, persönlicher oder finanzieller Art – durch die Brille einer scheinbar ähnlichen, psychologisch verfügbaren Begebenheit zu betrachten. So wird beispielsweise jede bewaffnete Intervention der USA in den vergangenen Jahren von irgendeiner Seite als »ein neues Vietnam« bezeichnet. Politische Skandale in den Vereinigten Staaten werden umgehend mit der Lewinsky-Affäre oder dem Watergate-Skandal verglichen, Missverständnisse zwischen Eheleuten reißen alte Wunden auf, gewöhnliche Bilanzprobleme lassen an das Enron-Andersen-WorldCom-Fiasko denken, und jedes Hightech-Unternehmen, dass sich neu auf dem Markt behaupten will, trägt an der Last der Erinnerung an die Dotcom-Spekulationsblase.

Die Wirkung des Ankereffekts und des Verfügbarkeitsfehlers wird durch andere Phänomene noch verstärkt. Als »Confirmation-Bias« oder Bestätigungs-Bias bezeichnet man die Neigung, bei der Überprüfung einer Hypothese bestätigende Indizien wahrzunehmen und solche, die ihr widersprechen, auszublenden. Wir sind eher bereit, Hinweise auf die Richtigkeit unserer Überzeugungen zu registrieren und sogar sorgfältig danach zu suchen, als willens, Indizien für deren Falschheit wahrzunehmen oder gar mühselig aufzuspüren. Diese selektive Wahrnehmung verstärkt den Ankereffekt: Ganz selbstverständlich beginnen wir nach Gründen für die Berechtigung der uns vorgelegten willkürlichen Zahl zu suchen. Erliegen wir dem Bestätigungs-Bias vollends, so überschreiten wir die bisweilen feine Linie, die eingeschränkte Rationalität von hoffungsloser Borniertheit trennt.

Der Bestätigungs-Bias spielt bei der Aktienanlage durchaus eine Rolle. Wir hören eher auf die Meinung von Leuten, die eine Aktie ähnlich bewerten wie wir, und verwenden mehr Energie darauf, positive Informationen über diese Aktie zu beschaffen. Bei meinen Besuchen verschiedener WorldCom-Chatrooms klickte ich weitaus häufiger Einträge an, deren Autoren sich als überzeugte Anhänger der Aktie zu erkennen gaben, als solche, bei denen das Gegenteil zutraf. Auch interessierten mich die vergleichsweise unbedeutenden Geschäfte, die WorldCom mit Internet-Providern abschloss, weitaus mehr als die großen Strukturprobleme der Telekommunikationsbranche.

Ein anderes psychologisches Phänomen, das sich ebenfalls auf die Aktienanlage auswirkt, ist der so genannte Status-quo-Bias. (Die verschiedenen Phänomene treten übrigens in der Regel nicht unabhängig voneinander auf.) Fragt man Testpersonen beispielsweise, wie sie ein größeres Erbe anlegen würden, so entscheiden sie sich zu etwa gleichen Teilen für die vier vorgegebenen Antworten (spekulatives Aktienportfolio, konservatives Aktienportfolio, Kommunalanleihen sowie Staatsanleihen). Wird ihnen dagegen gesagt, das Geld sei bereits in Kommunalanleihen investiert, entscheide sich erstaunlicherweise fast die Hälfte der Testpersonen dafür, es in dieser Anlageform zu belassen. Dasselbe

Ergebnis tritt ein, wenn eine der anderen drei Anlageoptionen vorgegeben wird: Knapp die Hälfte belässt das Geld dort, wo es ist. Diese Untätigkeit ist neben anderen Faktoren dafür verantwortlich, dass so viele Anleger dem Dahinschmelzen nicht nur ihrer Erbschaften, sondern auch ihrer anderen Investments seelenruhig zuschauen. Als »Ausstattungseffekt« bezeichnet man die verwandte Neigung, seinen eigenen Besitztümern einen höheren als ihren tatsächlichen Wert zuzumessen, einfach weil man sie besitzt: »Es ist meine Aktie, und ich liebe sie.«

Untersuchungen zu ähnlichen Fragestellungen deuten darauf hin, dass passiv erlittene Verluste weniger Bedauern auslösen als solche, die aus aktivem Handeln entstehen. Jemand, dessen seit langem gehaltene Kapitalanlage 25 Prozent an Wert verliert, leidet weniger darunter als jemand, der dieselbe Anlage erst kurz vor ihrem Wertverlust erworben hat. Die gleiche Angst vor Verlust ist dafür verantwortlich, dass Lotteriespieler ihre Wettscheine höchst ungern an Freunde weiterverkaufen: Sie denken daran, wie sie sich fühlen würden, falls auf ihren ehemaligen Schein ein Gewinn entfiele.

Das Bedürfnis nach Minimierung möglicher Verluste spielt bei Anlageentscheidungen oft eine allzu große Rolle. Tversky, Kahnemann und andere haben in einer Vielzahl von Studien gezeigt, dass die Risikobereitschaft der meisten Menschen vergleichsweise gering ist, wenn ein möglicher Gewinn winkt, aber vergleichsweise hoch, wenn ein Verlust vermieden werden soll. Dies erscheint durchaus plausibel: Andere Untersuchungen legen nahe, dass der Schmerz angesichts eines Verlusts in der Regel als weitaus größer ist als die Freude über einen Gewinn in gleicher Höhe. Im Extremfall ist die Verlustangst derart hoch, dass völlig unverhältnismäßige finanzielle Risiken eingegangen werden, um einen Verlust zu vermeiden.

Hier ein typisches, etwas vereinfacht dargestelltes Experiment, das dieses Verhalten belegt: Ein Wohltäter gibt jeder Testperson einer Gruppe 10 000 Euro und stellt sie dann vor die folgende Wahl: Die Person erhält wahlweise 5 000 Euro zusätzlich oder darf stattdessen eine Münze werfen, wobei sie je nach Ergebnis entweder noch mal 10 000 Euro erhält oder aber leer ausgeht. Die meisten Testpersonen entscheiden sich für die 5 000 Euro. Eine andere Gruppe wird nun vor die umgekehrte Situation gestellt: Ihr Wohltäter vermacht ihnen je

20 000 Euro und stellt sie sodann vor die Wahl, entweder 5 000 Euro abzugeben oder eine Münze zu werfen, wobei sie je nach Ergebnis entweder 10 000 Euro abgeben müssen oder aber den Gesamtbetrag behalten dürfen. In diesem Fall entscheiden sich die meisten Testpersonen in der Hoffnung, einen Verlust zu vermeiden, für den Münzwurf. Die Pointe liegt natürlich darin, dass beide Entscheidungssituationen inhaltlich identisch sind: Zur Wahl stehen jeweils gesicherte 15 000 Euro oder ein Münzwurf, der über ein Endvermögen von 10 000 Euro oder 20 000 Euro entscheidet.

Leider ging auch ich zur Verlustvermeidung ein höheres Risiko ein, als ich es zur Gewinnerzielung in Kauf nahm. Im Oktober 2000 war der Kurs der WorldCom-Aktie auf unter 20 US-Dollar gefallen, sodass sich der CEO des Unternehmens, Bernie Ebbers, zum Verkauf von drei Millionen Anteilen gezwungen sah, um einen Teil seiner Investitionsschulden abbauen zu können. In den WorldCom-Chatrooms war wieder einmal der Teufel los, und der Kurs sackte weiter ab. Meine Reaktion, an die ich mich nur unter Schmerzen erinnere, war der Gedanke: »Bei diesen Kursen kann ich mich endlich aus dem Sumpf herausreißen.« Und so kaufte ich wider besseren Wissens nach. Es gab offensichtlich eine lose Verbindung zwischen meinem Gehirn und meinen Fingern, die ständig den Button »Kaufen« im Menü meines Online-Depots anklickten, in dem Bemühen, den drohenden Verlust abzuwenden.

Auch außerhalb der Unternehmens- und Finanzwelt spielt die Furcht vor Verlusten eine Rolle. Es ist nahezu eine Binsenweisheit, dass der Versuch, einen Skandal zu verschleiern, oft einen weitaus größeren Skandal auslöst. Obwohl diese Tatsache allgemein bekannt ist, sind Verschleierungsversuche dennoch weit verbreitet, vermutlich aus dem bereits erwähnten Grund, dass Menschen viel risikobereiter sind, wenn es um die Vermeidung von Verlusten geht, als wenn sie Gewinne zu erzielen hoffen.

Eine weitere Schwachstelle unseres kognitiven Apparats liegt in den von Richard Thaler beschriebenen »gedanklichen Konten« (im Schlusskapitel von *The Winner's Curse*). Dieses Phänomen wird besonders anschaulich in der »Legende des Mannes im grünen Bademantel« beschrieben. Die Geschichte ist recht lang und verschroben, aber ihr Kern lässt sich wie folgt darstellen: Ein Frischvermählter wacht in Las

Vegas auf und findet einen 5-Dollar-Chip auf der Ankleide, der offensichtlich übrig geblieben ist. Es gelingt ihm nicht, in den Schlaf zurückzufinden, und so begibt er sich die Treppe herunter ins Kasino (natürlich in seinem grünen Bademantel), setzt den Chip auf eine bestimmte Zahl des Roulettespiels und gewinnt. Die Gewinnchance von 35 : 1 führt zu einer Auszahlung in Höhe von 175 Dollar, die der Frischvermählte sofort wieder verwettet. Er gewinnt erneut und verfügt jetzt über einen Betrag von mehr als 6 000 Dollar. Noch mehrmals setzt er sein gesamtes Kapital ein und gewinnt jedes Mal, bis seine Barschaft in die Millionen geht und das Kasino sich weigert, einen derart hohen Wetteinsatz zu akzeptieren. Der Mann wechselt daraufhin in ein größeres Kasino und gewinnt erneut, sodass er nun Hunderte von Millionen Dollar besitzt. Er überlegt kurz und entschließt sich, eine letzte Wette einzugehen. Diesmal verliert er. Wie benommen taumelt er zurück auf sein Hotelzimmer, wo ihn seine Frau verschlafen fragt, wie es ihm ergangen sei. Die Antwort: »Hätte schlimmer sein können. Ich habe 5 Dollar verloren.«

Doch nicht nur in Kasinos oder an der Börse neigen wir dazu, Geld auf eigentümliche Weise zu kategorisieren und es je nach gedanklichem Konto unterschiedlich zu behandeln. Wer beispielsweise eine Eintrittskarte im Wert von 100 Euro auf dem Weg zum Konzert verliert, wird mit geringerer Wahrscheinlichkeit eine neue erwerben als jemand, der 100 Euro in bar auf dem Weg zum Ticketschalter verloren hat. Obwohl der Verlustbetrag in beiden Fällen identisch ist, neigen Menschen im ersten Szenario dazu, eine Ausgabe von 200 Euro als für ein Kulturereignis zu hoch zu bewerten, während im zweiten Szenario eine andere Rechnung aufgemacht wird: Hier neigen die Menschen dazu, 100 Euro ihrem Konto für kulturelle Ausgaben sowie 100 Euro ihrem Konto für »unglückliche Verluste« zuzuordnen und die Eintrittskarte zu kaufen.

In meinen harmloseren Momenten (allerdings nicht nur dann) saldiere ich die Tantiemen aus dem Verkauf dieses Buches gedanklich mit meinen WorldCom-Verlusten, die einen gewichtigen Anlass dazu bildeten, das Buch zu schreiben. Ebenso wie die Buchführung von Unternehmen ist auch das persönliche Kontenwesen beeinflussbar und verwickelt, wahrscheinlich sogar noch stärker als jenes von Aktiengesellschaften – schließlich befinden wir uns im Gegensatz zu diesen in Privatbesitz.

Die Hartnäckigkeit dieser und anderer kognitiver Illusionen beruht zum einen darauf, dass sich aus ihnen oft heuristische Faustregeln ableiten lassen, deren Beachtung viel Zeit und Energie spart. Es ist vielfach angenehmer, den Autopiloten einzuschalten und neue Situationen auf altbewährte Weise zu bewältigen, als gedankliche Arbeit zu leisten. Dies gilt übrigens nicht nur für Szenarien, in denen exzentrische Philanthropen und sadistische Experimentleiter eine Rolle spielen. Die Beständigkeit mancher kognitiver Illusionen rührt zum Teil auch daher, dass diese einen festen Bestandteil des menschlichen Erfahrungsschatzes bilden. Unsere primitiven Vorfahren waren bei einem Rascheln in den Büschen besser beraten, schleunigst das Weite zu suchen, als mithilfe des Bayesschen Wahrscheinlichkeitstheorems zu ermitteln, ob tatsächlich mit einer Bedrohung zu rechnen sei.

Gelegentlich jedoch führen diese heuristischen Faustregeln in die Irre, und zwar wiederum nicht nur in der Unternehmens- und Finanzwelt, sondern ebenso im Alltag. Denken Sie beispielsweise an den Fall der beiden Scharfschützen, die im Herbst 2002 in Washington D. C. und Umgebung ihr Unwesen trieben. Zu einem frühen Zeitpunkt verhaftete damals die Polizei einen Mann, der einen weißen Lieferwagen, eine Anzahl von Gewehren sowie ein Handbuch für Scharfschützen besaß. Man vermutete seinerzeit, es gäbe nur einen einzigen Scharfschützen, der alle diese Gegenstände besäße, und zur Veranschaulichung nehmen wir hier einmal an, diese Vermutung sowie einige andere vernünftige Annahmen seien korrekt. Welche der beiden nachfolgenden Möglichkeiten trifft unter diesen Umständen mit einer höheren Wahrscheinlichkeit zu: (a) Ein unschuldiger Mann besitzt sämtliche oben aufgeführte Gegenstände; (b) ein Mann, der alle aufgeführten Gegenstände besitzt, ist unschuldig? Vielleicht halten Sie für einen Moment inne, bevor Sie weiterlesen.

Die meisten Menschen empfinden derartige Denksportaufgaben als schwierig, doch die Wahrscheinlichkeit für Fall (b) ist ungleich höher. Mithilfe einiger plausibler Zahlenwerte ist dies leicht zu erkennen. Im Großraum Washington (ohne die Stadt selbst) leben rund vier Millionen unschuldige Menschen sowie (nach unserer Annahme) ein Schuldiger. Wir nehmen zusätzlich an, dass zehn Menschen – einschließlich des Schuldigen – die drei aufgeführten Gegenstände besitzen. Die Wahrscheinlichkeit für Fall (a) – ein Unschuldiger besitzt alle drei Gegenstände – läge demnach bei 9 : 4 000 000 oder bei rund 1 : 400 000. Im Fall (b) – ein Mann, der alle aufgeführten Gegenstände besitzt, ist unschuldig – betrüge sie dagegen neun Zehntel. Unabhängig von den gewählten Zahlenwerten liegen diese beiden Wahrscheinlichkeiten in der Regel weit auseinander. Sie zu verwechseln birgt höchste Gefahr (für Angeklagte).

Sich selbst bestätigende Überzeugungen und Data-Mining

Kognitive Illusionen können im Extremfall in geschlossene Denksysteme münden, die zumindest vorübergehend immun gegenüber allen Überprüfungs- oder Widerlegungsversuchen sind. (Der österreichische Schriftsteller und Satiriker Karl Kraus bemerkte einst: »Die Psychoanalyse ist selbst die Geisteskrankheit, für deren Therapie sie sich hält.«) Für die Börse gilt dies in besonderem Maße, denn die Einschätzungen von Investoren hinsichtlich bestimmter Aktien oder ihre Methoden zur Aktienauswahl können die Form von sich selbst erfüllenden Prophezeiungen annehmen. Die Börse gebärdet sich bisweilen wie eine seltsame Kreatur mit ganz eigenem Willen oder gar eigenem Verstand. Die Aktienanalyse hat wenig mit dem Studium etwa der Naturwissenschaften oder der Mathematik gemein, deren Bedingungen und Gesetze (auf unterschiedliche Art und Weise) unabhängig vom Menschen gelten. Beginnt aber eine ausreichend große Gruppe von Menschen plötzlich an eine Aktie zu glauben, so wird diese allein aus diesem Grunde im Kurs steigen und damit die Erwartungen ihrer Anhänger bestätigen.

Eine frei erfundene, aber lehrreiche Geschichte veranschaulicht die Herausbildung von sich selbst bestätigenden Überzeugungen. In ihrem Mittelpunkt steht ein denkbar kleiner Investmentclub, der aus nur zwei Mitgliedern besteht und wöchentlich zehn Aktien bewertet, um davon eine zum Kauf auszuwählen. Nehmen wir an, das Schicksal sei jede Woche einer der zehn ausgewählten Aktien gnädig und beschere ihr stolze Kursgewinne, während die anderen neun Aktien sich kaum verändert präsentierten.

George, der (in diesem Fall zu Recht) an die weitgehende Zufälligkeit von Kursbewegungen glaubt, trifft seine Auswahl mithilfe eines Würfels (etwa eines Zwanzigflächners, der jede Zahl auf zwei Flächen abbildet). Martha dagegen ist von einer verschrobenen Theorie überzeugt, die wir Q-Analyse nennen wollen. Sie hält sich daher strikt an die Empfehlung eines Börsenbriefs, der sich der Q-Analyse verschrieben hat und wöchentlich die Aktie aus der Zehnergruppe benennt, bei der am ehesten mit einem Kursausbruch zu rechnen ist. Obwohl beider Chancen, die jeweils richtige Aktie auszuwählen, gleich hoch sind, wird die per Börsenbrief erwählte Aktie unseren Investoren häufiger einen hohen Gewinn bescheren als jedes andere Papier.

Der Grund hierfür ist ebenso einfach wie leicht zu übersehen. Eine Aktie, die einem unserer Protagonisten einen Gewinn einbringen soll, muss zwei Bedingungen erfüllen: Sie muss vom Glück begünstigt und von einem der beiden ausgewählt worden sein. Da Martha sich stets an die Empfehlung des Börsenbriefes hält, ist in ihrem Fall die zweite Bedingung immer erfüllt. Ist die entsprechende Aktie vom Schicksal auserwählt, führt dies automatisch zu einem satten Gewinn. Für alle anderen Titel gilt dies jedoch nicht: Zwar wird in neun von zehn Fällen eine andere als die von dem Börsenbrief empfohlene Aktie im Kurs steigen, doch wird George nur selten diese Aktie auch gewählt haben. Entsprechend selten darf er mit einem fürstlichen Gewinn rechnen.

Diese Fakten sind allerdings mit Vorsicht zu interpretieren. Nochmals: George und Martha werden mit gleicher Wahrscheinlichkeit (10 Prozent) einen Treffer landen und jede Aktie wird mit derselben Wahrscheinlichkeit (10 Prozent) vom Schicksal begünstigt, doch die per Börsenbrief ausgewählte Aktie wird deutlich öfter zu hohen Gewinnen führen als die durch Zufall bestimmte.

Etwas numerischer ausgedrückt bedeutet dies, dass die mithilfe des Börsenbriefs ausgewählte Aktie Martha jeweils mit zehnprozentiger Wahrscheinlichkeit zu einem Gewinnfeuerwerk verhelfen wird, während jede der zehn Aktien nur mit einprozentiger Wahrscheinlichkeit sowohl gewinnt *als auch* von George ausgewählt werden wird. Erinnern wir uns, dass zwei Voraussetzungen für einen Sieg der per Börsenbrief bestimmten Aktie gegeben sein müssen: Martha muss sie auswählen, was mit einer Wahrscheinlichkeit von 1 der Fall ist, und sie muss vom Schicksal auserwählt werden, wofür die Wahrscheinlichkeit 1 : 10 beträgt. Da man zur Bestimmung der Wahrscheinlichkeit voneinander unabhängiger Ereignisse deren Einzelwahrscheinlichkeiten miteinander multipliziert, lautet die Rechnung 1 × 1 : 10 gleich 10 Prozent. Auch im Falle von George müssen zwei Voraussetzungen für einen ansehnlichen Gewinn gegeben sein: Er muss die betreffende Aktie auswählen, was mit einer Wahrscheinlichkeit von 1 : 10 geschieht, und sie muss vom Schicksal auserwählt werden, wofür die Wahrscheinlichkeit wiederum 1 : 10 beträgt. Das Produkt dieser beiden Wahrscheinlichkeiten lautet 1 : 100 oder 1 Prozent.

Nichts in diesem gedanklichen Experiment hängt davon ab, dass es nur zwei Investoren gibt. Sollte unser Investmentclub 100 Mitglieder zählen, von denen 50 sklavisch dem Rat des Börsenbriefs folgen und 50 dem Würfel vertrauen, so würden die mithilfe des Börsenbriefs ausgewählten Aktien elfmal so häufig einem Investor hohe Gewinne bescheren wie jede andere Einzelaktie. Wird die Börsenbrief-Empfehlung von der Gunst des Schicksals getroffen, so gibt es 55 Gewinner – die 50 Anhänger des Börsenbriefs sowie fünf Investoren, welche die gleiche Aktie zufällig ausgewählt haben. Steigt der Kurs einer der anderen neun Aktien, so wird es durchschnittlich nur fünf Gewinner geben.

Man erkennt, wie eine Anlagestrategie bei ausreichend kleiner Datenbasis (wenn also nur wenige Investoren und Aktien in die Betrachtung einfließen) als ungemein effektiv erscheinen kann, obgleich in Wirklichkeit nur der Zufall am Werk ist.

Ein weiteres Beispiel dafür, wie eine begrenzte Untersuchung zu trügerischen Ergebnissen führen kann, liefert das so genannte »Data-Mining«. Darunter versteht man das Durchkämmen von Datensätzen hinsichtlich getätigter Aktiengeschäfte, historischer Kurse oder volkswirtschaftlicher Größen, um die Wirksamkeit einzelner Anlagestrategien zu prüfen. Das Problem besteht darin, dass man nur lange genug suchen muss, um irgendwo eine scheinbar effektive Regel zu finden, deren Anwendung in einem bestimmten Zeitraum oder in einem bestimmten Marktsegment zu einem großen Anlageerfolg geführt hätte.

(Tatsächlich haben verschiedene Mathematiker in den letzten 50 Jahren, inspiriert durch den Ökonomen Frank Ramsey, mehrere Theoreme bewiesen, denen zufolge jeder große Datensatz zwangsläufig irgendeine Form von Ordnung aufweisen muss.) Die Verkünder derartiger Regeln erinnern an diejenigen, die davon überzeugt sind, dass die Bibel lauter versteckte Aussagen enthält. Auch dort haben Menschen immer wieder nach geheimen und scheinbar bedeutsamen Botschaften gesucht, ohne zu erkennen, dass es nahezu unmöglich ist, nicht auf derartige »Botschaften« zu stoßen. (So könnte man trivialerweise jedes Buch mit einem Kapitel 11 als Vorhersage des drohenden Konkurses einzelner Unternehmen interpretieren – schließlich heißt das US-amerikanische Regelwerk zur Ausgestaltung von Konkursverfahren »Chapter 11«.)

Eine weit verbreitete Übung besteht darin, Kursverläufe und Handelsdaten nach möglichen Anlagestrategien zu durchforsten, die in der Vergangenheit erfolgreich waren oder gewesen wären. Diese ungeordnete Suche nach Zusammenhängen führte Mitte der neunziger Jahre der Unternehmer, Dozent und Buchautor David Leinweber ad absurdum. Leinweber durchforstete sämtliche auf einer CD-ROM der Vereinten Nationen gespeicherten Wirtschaftsdaten und fand dabei Folgendes heraus: Die genaueste Vorhersage des Verlaufs des S&P 500-Index hätte – ein Trommelwirbel! – tatsächlich die Entwicklung der Butterproduktion in Bangladesch geliefert. Es versteht sich von selbst, dass sich der Butterausstoß in Bangladesch in den Folgejahren zur Prognose des S&P 500 nicht sonderlich bewährt hat. Jede Regel oder Regelmäßigkeit, die aus einem gegebenen Datensatz abgeleitet wird, muss sich erfolgreich auf einen fremden Datensatz anwenden lassen, um auch nur begrenzte Glaubwürdigkeit zu erlangen. Es bereitet nie sonderliche Mühe, eine Klasse von Aktien zu definieren, die rückblickend außerordentlich gut abgeschnitten hat – doch gilt dies auch für die Zukunft?

Dies erinnert mich an ein bekanntes, wenn auch für einen anderen Zweck konzipiertes Paradox des Philosophen Nelson Goodman. Goodman wählte ein willkürliches zukünftiges Datum – nehmen wir den 1.1.2020 – und definierte ein Objekt als »grue«, wenn es grün ist und der Zeitpunkt der Betrachtung vor diesem Stichtag liegt oder wenn es blau ist und der Stichtag bereits überschritten ist. Ein Objekt erhält dagegen die Bezeichnung »bleen«, wenn es blau ist und vor dem 1.1.2020 betrachtet wird oder wenn es grün ist und der genannte Stichtag bereits in der Vergangenheit liegt. Denken wir nun an die Farbe von Smaragden. Alle bis heute (2003) betrachteten Smaragde waren grün. Wir glauben daher zu wissen, dass Smaragde stets grün sind. Doch alle bis heute betrachteten Smaragde sind auch »grue«. Wir sollten daher ebenso davon überzeugt sein, dass alle Smaragde »grue« sind (und folglich ab 2020 blau). Aber sind wir es tatsächlich?

Ein natürlicher Einwand könnte lauten, dass die Farbwörter »grue« und »bleen« sehr merkwürdig anmuteten, da sie an ein bestimmtes Datum gekoppelt seien. Doch Fremdlinge aus einem fernen Sonnensystem, welche die Grue-Bleen-Sprache sprechen, könnten mit gleicher Berechtigung entgegnen, dass »grün« ein willkürliches Farbwort sei – schließlich bezeichne es »grue« vor dem 1.1.2020 und »bleen« ab diesem Datum. »Blau« sei genauso merkwürdig und nichts anderes als »bleen« vor dem 1.1.2020 und »grue« danach. Ein Beweis für die Fehlerhaftigkeit der Wörter »grue« und »bleen« steht noch aus, doch immerhin zeigt dieses Beispiel, dass das Versagen einer Regel durch die Einführung neuer doppelsinniger Wörter und Ad-hoc-Modifikationen aufgefangen werden kann.

In ihrem Drang, Zusammenhänge herauszufinden, lassen sich Data-Miner gelegentlich von dem so genannten »Survivorship-Bias« – zu Deutsch etwa: Verzerrung zugunsten von Überlebenden – in die Irre führen. An der Börse bezeichnet dieser Begriff die verbreitete Praxis, eingestellte Investmentfonds bei der Berechnung der durchschnittlichen Wertentwicklung von Fonds nicht zu berücksichtigen. Der errechnete Durchschnitt für eine Gruppe von Investmentfonds fällt somit höher aus, als wenn sämtliche Fonds berücksichtigt worden wären. Stets werden einige Fonds mit unterdurchschnittlicher Wertentwicklung vom Markt genommen, andere wiederum werden mit Fonds derselben Familie, die eine bessere Entwicklung vorweisen können, zusammengelegt. In beiden Fällen wird so die tatsächliche durchschnittliche Entwicklung nach oben verzerrt, mit der Folge, dass Anleger zu überhöhtem Optimismus hinsichtlich der zu erwartenden Wertentwicklung einer Fondsanlage verleitet werden. (Survivorship-Bias gilt auch für Einzelaktien, die ebenso rasch vom Kurszettel verschwinden können, wie sie dorthin gelangt sind, wobei nur die verbleibenden Titel zur Durchschnittsberechnung herangezogen werden. So wurde etwa die WorldCom-Aktie nach ihrem Kursverfall im Frühjahr 2002 unsanft aus dem S&P 500 entfernt.)

Das Problem lässt sich gut mit der an vielen US-amerikanischen Schulen gängigen, in anderen Ländern gar allgemein angewandten Praxis vergleichen, Schülern die Abwahl von denjenigen Fächern zu erlauben, in denen sie unterdurchschnittliche Leistungen erbringen. Diese Option zieht die an den betreffenden Schulen erzielte Durchschnittsnote unweigerlich nach oben und benachteiligt Schulen, die eine derartige Fächerabwahl nicht gestatten. Ein zuverlässiger Indikator für die Leistungen der Schüler lässt sich dann nicht mehr gewinnen.

Doch letztendlich hat Survivorship-Bias auch sein Gutes: Wörtlich genommen bedeutet es, dass wir drohenden Krisensituationen ein wenig optimistischer gegenüberstehen. Denn in der Regel sehen wir nur solche Menschen, die vergleichbare Krisensituationen gemeistert haben. Jene, denen das nicht gelungen ist, sind verschwunden und daher weit weniger sichtbar.

Gerüchte und Online-Chatrooms

Online-Chatrooms bieten hervorragende Laborbedingungen zur Beobachtung von Illusionen und Wahrnehmungsverzerrungen, wenngleich die Mentalität ihrer Mitglieder sich eher durch brutale Schlichtheit als durch das Bestreben, auf subtile Art zu bestechen, auszeichnet. Während meiner Besessenheit mit WorldCom verbrachte ich manche Stunde damit, zwanghaft die verschiedenen WorldCom-Foren bei Yahoo! und RagingBull zu durchkämmen und mich von den dortigen Kommentaren demoralisieren, ärgern und bewegen zu lassen. Ein kurzer Besuch derartiger Chatrooms genügt völlig, um sich davon zu überzeugen, dass es dabei weniger um einen gemütlichen Plausch als vielmehr um Phrasendrescherei und gelegentlich auch um wildes Geifern geht.

Sobald jemand einen Benutzernamen gewählt hat, verabschiedet er sich (vermutlich trifft das männliche Pronomen fast immer zu) gewöhnlich von allen Regeln der Grammatik, Rechtschreibung sowie der landläufigen Höflichkeit. Einige Teilnehmer verfallen gar dem Schwachsinn oder Schlimmerem. Wer die Kommentare eines Leerverkäufers (eines Anlegers, der eine Aktie, die er gar nicht besitzt, in der Hoffnung verkauft, sie bei fallenden Kursen mit Gewinn zurückzukaufen) über die betreffende Aktie liest, hat hinsichtlich der Entschlüsselung obszöner Anspielungen und Akronyme einiges zu leisten. Wer es wagt, seine eigenen Verluste zu betrauern, wird mit unerbittlichem Hohn und Sarkasmus überzogen. Dies gilt sogar bei scheinbar ernsthaft geäußerten Selbsttötungsabsichten. Eine Selbstmorddrohung im April 2002, begründet mit dem Verlust des Eigenheims, der Familie sowie des Arbeitsplatzes aufgrund des WorldCom-Fiaskos, führte zu der folgenden Reaktion: »Du bedauernswerter Verlierer. Stirb. Vielleicht solltest Du auch einen Abschiedsbrief für den Fall schreiben, dass Deine Frau und die Behörden die Yahoo!-Chatrooms nicht regelmäßig lesen.«

Anleger, die sich eher dem Lager der Verkäufer zurechnen, neigen eher zu wüsten Schmähungen als solche, die sich überwiegend als Käufer sehen (Ausnahmen bestätigen die Regel). Einige der regelmäßigen Teilnehmer an Online-Foren scheinen ernsthaft an rationaler Diskussion sowie am Austausch von Informationen und Mutmaßungen interessiert. Manche wirken überaus sachkundig, andere hängen irgendwelchen abstrusen Verschwörungstheorien an (darunter der übliche antisemitische Schmutz), und wiederum andere haben schlicht und einfach keine Ahnung. Die Frage, wofür denn das Kürzel KGV stehe, zählt dabei noch zu den Harmloseren. Oft wird auch über Themen diskutiert, die mit der Aktie selbst nichts zu tun haben. Ich erinnere mich gerne an jenen Teilnehmer, der eine PC-Hotline anrief, weil sein Rechner nicht funktionierte. Es stellte sich schließlich heraus, dass er den Computer samt allem Zubehör in sein Überspannungsschutzgerät und dieses wiederum in sich selbst eingestöpselt hatte. Die Verbindung dieses Vorfalls mit der betreffenden Aktie ist mir entfallen.

Natürlich ist es völlig unsinnig, sich bei seinen Anlageentscheidungen auf eine derart willkürliche Auswahl von Kommentaren zu stützen, doch die Tatsache, dass der Austausch in Echtzeit stattfindet, macht ihn vergleichbar mit dem zufälligen Mithören von Klatsch über einen Menschen, der einen interessiert. Zwar ist derartiger Klatsch meist unzutreffend, erfunden oder übertrieben, doch geht von ihm eine gewisse Faszination aus. Ein weiterer Vergleich ließe sich mit dem Abhören des Polizeifunks ziehen, der ein Gefühl für das ungeschminkte Leben (und Sterben) auf den Straßen vermittelt.

Chatroom-Bürger bilden kleine Gruppen, die viel Zeit damit verbringen, andersgläubige Gruppen in Grund und Boden zu kritisieren, ohne sich anderweitig mit ihnen auseinander zu setzen. Sie pflichten den jeweiligen Gemeinplätzen ihrer Mitglieder eifrig bei und verdammen jene der Gegenseite. Der Kauf einer kleinen Firma durch WorldCom oder der Schwenk seines Brasiliengeschäfts in die Verlustzone wurden jeweils als weltbewegende Nachricht gehandelt, ganz zu schweigen von einer Bewertungsänderung der Aktie durch einen namhaften Analysten. Lässt man einmal die von Ärger und wüstem Geschimpfe geprägten Kommentare beiseite, so zeigen sich regelmäßig die meisten der oben beschriebenen Wahrnehmungsverzerrungen. Die Chatroom-Teilnehmer sind risikoavers oder in irgendeiner willkürlich gewählten Zahl verankert, sie bewegen sich in geschlossenen Gedankensystemen oder lassen sich von Data-Mining beeindrucken – oft genug trifft alles gleichzeitig zu.

Die meisten anderen Chatrooms, die ich besucht habe, wiesen einen höheren Anteil an rationalen Teilnehmern auf als diejenigen zu WorldCom. Ich erinnere mich an einen Besuch des Enron-Forums, wo ich auf Spekulationen über Scheingeschäfte und irreführende Bilanzierungsmethoden stieß, die sich später bestätigen sollten. Da es jedoch stets von Gerüchten jeder nur denkbaren Art wimmelt und diese sich zudem häufig widersprechen (selbst wenn sie von ein und demselben Teilnehmer stammen), lässt sich aus ihnen unglücklicherweise nichts ableiten, sieht man einmal von der hohen Wahrscheinlichkeit ab, dass sie zur Ausbreitung von Hoffnungen, Furcht, Wut und Unruhe beitragen.

Pump and dump, Short and distort

Gerüchte treten an der Börse oft im Zusammenhang mit Gaunermethoden auf, deren Anwender allzumenschliche psychologische Reaktionen zu ihren Gunsten ausnutzen. Viele dieser Praktiken sind in dem 1923 erschienenen, von Edwin Lefevre verfassten Klassiker *Jesse Livermoore – Das Spiel der Spiele* beschrieben, doch die bekannte »Pump-and-dump«-Methode hat durch das Internet neue Bedeutung erlangt. Dabei erwirbt eine kleine Gruppe von Individuen eine Aktie und preist sie daraufhin in übertriebener und absichtlich täuschender Weise an (»pumpt« sie also auf). Wenn ihr Kurs als Reaktion auf dieses konzertierte Vorgehen steigt, verkaufen die betreffenden Investoren die Aktie (laden sie ab, englisch: »to dump«), wobei sie sich eines schönen Gewinns erfreuen können. Am besten funktioniert diese Methode während einer Hausse, wenn die Anleger besonders anfällig für Habgier sind. Je dünner die Umsätze der jeweiligen Aktie, desto profitabler ist sie zudem, denn in umsatzschwachen Märkten können bereits wenige Akteure den Kurs deutlich bewegen.

Selbst ein Einzelner kann erfolgreich eine Pump-and-dump-Kampagne durchführen, sofern er über einen schnellen Internetzugang sowie über eine Vielzahl von Benutzernamen verfügt. Es genügt dazu, eine unbedeutende Aktie bei einem Online-Broker zu erwerben und anschließend den entsprechenden Chatroom zu besuchen. Dort gibt man einige kunstvolle Anspielungen zu Protokoll, die man sodann von einem der eigenen Pseudonyme bestätigen lässt. Selbst ein »Gespräch« zwischen den diversen Pseudonymen lässt sich in Gang setzen, wobei man sich in Bezug auf die Aussichten der Aktie natürlich in Begeisterung überschlägt. Schließlich wartet man seelenruhig ab, bis die Aktie gestiegen ist, und schreitet dann umgehend zum Verkauf.

Im US-Bundesstaat New Jersey wurde ein 15-jähriger Schüler verhaftet, der diese Masche in seiner Freizeit mit großem Erfolg betrieb. Ihre Verbreitung lässt sich nur schwer einschätzen, denn ihre Anwender neigen dazu, sich unsichtbar zu machen. Ich halte sie jedoch für recht beliebt, zumal es unterschiedliche Ausprägungen gibt, die von Telefonbanken aus dem Reich der organisierten Kriminalität bis zu herkömmlichen Brokern reichen, die ihre leichtgläubigen Kunden verführen.

Die zuletzt genannte Praxis scheint mir im Übrigen die weitaus größere Gefahr darzustellen. Der Beruf des Aktienanalysten galt noch vor Jahren als hochseriös, und in den Augen der Ausübenden hat sich hieran wohl wenig geändert. Leider jedoch hat der scharfe Wettbewerb um die lukrativen Provisionen im Investmentbanking-Geschäft, etwa bei Neuemissionen und Fusionen, mehr als nur einige wenige Individuen hervorgebracht, die peinlich darauf achten, dass sich ihre Analyseobjekte und gleichzeitig potenziellen Kunden nicht auf die Füße getreten fühlen – und die ihre Analysen daher entsprechend färben (wobei »färben« womöglich ein allzu freundlicher Ausdruck ist). Anfang 2002 berichtete die Presse ausführlich über einen Skandal bei dem Brokerhaus Merrill Lynch, dessen Analysten sich in firmeninternen E-Mails über Aktien mokiert hatten, die sie gleichzeitig öffentlich anpriesen. Sechs weitere Brokerhäuser wurden ähnlicher Vergehen bezichtigt.

Als noch aufschlussreicher jedoch erwiesen sich die Aufzeichnungen der Investmentbank Salomon Smith Barney: Im Zuge einer Anhörung des US-Kongresses stellte sich heraus, dass die Führungskräfte von Unternehmen, die hohe Investmentbanking-Provisionen generierten, oft *persönlich* größere Pakete an neu emittierten Aktien erhielten. Diese gewöhnlichen Anlegern unzugänglichen und massiv beworbenen Titel stiegen rasch im Wert und ließen sich bei umgehendem Verkauf in einen schnellen Gewinn umsetzen. Bernie Ebbers soll auf diese Weise zwischen 1996 und 2000 fast eine Million Anteile an Neuemissionen im Wert von über 11 Millionen US-Dollar erhalten haben. Der im Dezember 2002 geschlossene Vergleich zwischen dem US-amerikanischen Bundesstaat und mehreren großen Brokerhäusern im Wert von 1,4 Milliarden US-Dollar lässt kaum einen Zweifel daran zu, dass diese Praxis sich nicht auf Ebbers und Salomon beschränkte.

Rückblickend betrachtet waren viele Analystenbewertungen wohl ebenso glaubwürdig wie die allgegenwärtigen E-Mails angeblicher nigerianischer Beamter, die um eine Anschubfinanzierung bitten. Die übliche Erklärung lautet, dass dieses Geld ihnen sowie den einfältigen Geldgebern den Zugriff auf immense, jedoch eingefrorene Devisenkonten ermöglichen werde.

Analog zur Pump-and-dump-Methode bietet sich in Baisse-Märkten ein »Shorting and distorting« an: Anstatt eine Aktie zu kaufen, anzupreisen und bei steigenden Kursen wieder zu verkaufen, wird sie leerverkauft, mit Schmähungen überzogen und später zu niedrigeren Kursen zurückgekauft.

Doch nacheinander: Zunächst wird die betreffende Aktie leerverkauft. Wie wir bereits wissen, bezeichnet dieser Begriff den Verkauf von Aktien, die man gar nicht besitzt, in der Hoffnung, dass ihr Kurs bis zu dem Zeitpunkt, an dem der Broker für die entliehenen Papiere bezahlt werden muss, gesunken ist. (Leerverkäufe, englisch »shorts«, sind an den US-amerikanischen Börsen – anders als an den deutschen – auch Privatanlegern gestattet; sie dienen zudem der Marktpflege sowie der Begrenzung von Risiken und erfüllen damit einen guten Zweck.) Nach dem Leerverkauf der Aktie wird sie von den Missetätern in übertriebener und absichtlich täuschender Weise heruntergeredet (ihre Aussichten werden also verzerrt dargestellt, englisch: »distorted«). Dazu dienen falsche Gerüchte über angebliche Abschreibungen, ungesicherte Darlehen, technologische Probleme, ein schlechtes Betriebsklima oder rechtliche Verwicklungen. Fällt die Aktie als Reaktion auf diese konzertierte Kampagne, kaufen die Betrüger sie zum niedrigeren Preis zurück und streichen den Differenzbetrag ein.

Ebenso wie ihr Gegenstück funktioniert die Short-and-distort-Strategie am besten in umsatzschwachen Märkten, insbesondere während einer Baisse, wenn Angst und Unruhe um sich greifen. Die Online-Anwender dieser Methode verwenden genauso wie beim Pumping and dumping verschiedene Benutzernamen, dieses Mal jedoch, um den Eindruck zu erwecken, der betreffenden Aktie stehe eine Katastrophe ins Haus. Sie verhalten sich gemeinhin auch unverschämter gegenüber Anlegern, die ihnen widersprechen, als ihre mit Pumping and dumping beschäftigten Kollegen, die sich heiter und überzeugt geben müssen. Auch bei dieser Praxis gibt es unterschiedliche Ausprägungen, und gelegentlich lässt sie sich kaum von der herkömmlichen Arbeitsweise der Brokerhäuser und Hedge-Fonds unterscheiden.

Selbst große Werte wie WorldCom (mit rund drei Milliarden umlaufenden Aktien) können dem Shorting and distorting zum Opfer fallen, obwohl sie zweifellos in einer stärkeren Position sind als der pickelige Computerfreak, der diese Methode praktiziert. Mit Sicherheit wurde die WorldCom-Aktie im Zuge ihres langen Kursverfalls oft leerverkauft, wenn man auch feststellen muss, dass angesichts der Bilanzierungsmethoden des Unternehmens der abgewandelte Ausdruck »Shorting and reporting« wohl eher den Kern der Sache trifft.

Leider führt heute – nach Enron, WorldCom, Tyco und all den anderen Skandalen – oft bereits der leiseste Anschein einer Unregelmäßigkeit zum schnellen Verkauf einer Aktie; Nachfragen werden erst im zweiten Durchlauf gestellt. Viele ehrenwerte Unternehmen werden auf diese Weise zu Unrecht beschmutzt und ihre Anleger leiden darunter.

3 The trend is your friend?
Über Wellenbewegungen und Herden

Zur Prognose von Börsenkursen reichen psychologische Erklärungsmuster nicht aus. Viele Anleger haben sich der so genannten technischen Analyse verschrieben, einem Ansatz, der im Wesentlichen darauf abzielt, mithilfe von Charts und Kursmustern die kurzfristige Börsentendenz zu ermitteln, um anschließend durch Anwendung geeigneter Regeln von dieser Entwicklung zu profitieren. Die Anhänger der technischen Analyse – die gar nicht so technisch ist, wie ihr Name vermuten lässt, und vielleicht besser als »Trendanalyse« firmieren sollte – sind davon überzeugt, dass der Trend die Richtung vorgibt (getreu dem Motto: »The trend is your friend«), und glauben folglich, dass Momentum-Investing eine sinnvolle Anlagestrategie darstellt und man der Anlegerherde stets folgen sollte. Unbeschadet der Frage (mit der wir uns gleich beschäftigen werden), ob diese Annahmen oder die technische Analyse als Ganzes berechtigt sind, muss ich gestehen, dass ich eine Grundabneigung gegen das Herdenverhalten hege, zu dem hier augenscheinlich aufgefordert wird: Finde heraus, wohin die Meute zieht, und folge ihr. Vermutlich war es dieser Widerwille, der mich dazu bewegte, meine WorldCom-Aktien nicht zu verkaufen und mir vielmehr beständig einzureden, das Unternehmen sei schlechter PR, Missverständnissen seitens der Investoren, unberechtigter Medienschelte, persönlichen Abneigungen gegen den CEO, einem vergifteten Geschäftsklima, unglücklichem Timing oder Panikverkäufen anheim gefallen. Kurz: Ich war davon überzeugt, dass die Herde sich irrte. Doch wie ich mit der Zeit lernen musste, liegt dem Geringschätzen der breiten Anlegerschar oft nichts anderes als Vermessenheit zugrunde.

Technische Analyse: Den Verfolgern auf der Spur

Auch wenn wir meine Vorurteile einmal beiseite lassen, bleibt die Berechtigung für die technische Analyse bestenfalls verschwommen. Sofern eine solche Berechtigung überhaupt besteht, lässt sie sich wohl am ehesten aus der menschlichen Psychologie ableiten, zum Teil vielleicht aus dem von Keynes entwickelten Gedanken, man müsse konventionelles Verhalten auf konventionelle Weise voraussehen, vielleicht aber auch aus bislang unformulierten systemischen Wechselwirkungen. Die Betonung liegt dabei auf dem Wort »unformuliert«: Der quasimathematische Jargon der technischen Analyse tritt nur selten als einheitliches Theoriegebäude auf. Beginnen wir mit einer ihrer weniger plausiblen Ausprägungen, der so genannten Elliott-Wellentheorie.

Ralph Nelson Elliott war davon überzeugt, dass sich die Finanzmärkte in Wellen bewegten, deren Kenntnis die Anleger zu einer Vorhersage der Börsenentwicklung befähigten. Seine 1939 entwickelte These findet bis heute große Beachtung. Zu ihrer Begründung schrieb Elliott seinerzeit, dass sich Aktienkurse zyklisch bewegten; Grundlage dieser Zyklen sei die Fibonacci-Zahlenfolge (1, 2, 3, 5, 8, 13, 21, 34, 59, 93 ..., wobei jede Zahl durch Addition der beiden vorangehenden Zahlen entsteht). In der Regel sei eine Aufwärtsbewegung – aus unklaren psychologischen oder systemischen Gründen – in fünf deutlich unterscheidbare Wellen, eine Abwärtsbewegung dagegen in drei voneinander abgrenzbare Wellen unterteilt. Elliott glaubte zudem, dass diese Kursmuster auf mehreren Ebenen aufträten, sodass jede beliebige Welle oder jeder Zyklus als Teil eines größeren Zyklus interpretiert werden könne und selbst wiederum kleinere Wellen und Zyklen beinhalte. (Um Elliott Gerechtigkeit widerfahren zu lassen, sollte angemerkt werden, dass die Vorstellung von kleineren Wellen, die Teil von größeren gleichförmigen Strukturen seien, immerhin die weit ausgeklügeltere Theorie des Mathematikers Benoît Mandelbrot über Fraktale vorwegzunehmen scheint. Wir kommen später noch hierauf zurück.) Mithilfe besonderer, auf der Grundlage der Fibonacci-Zahlenfolge entwickelter Regeln kauft der Anleger nun bei ansteigenden und verkauft bei absteigenden Wellenbewegungen.

Die Schwierigkeit liegt aber darin, genau zu bestimmen, auf welchem

Punkt einer Welle man sich gerade befindet. Eine weitere Frage lautet, ob der größere oder kleinere Zyklus, zu dem die jeweilige Welle zwangsläufig gehört, das Kauf- oder Verkaufssignal nicht zeitweilig überlagert. Um diese Unwägbarkeiten abzudecken, wurde die Theorie durch zusätzliche Regeln erweitert, und zwar in einem Ausmaß, das schließlich ihre Falsifizierung unmöglich machte. Derartige Überfrachtungen sowie die Nichtfalsifizierbarkeit erinnern an manch andere Pseudowissenschaft, wie etwa die Theorie der so genannten Biorhythmen. (Diese Theorie besagt, dass sich viele Aspekte menschlichen Lebens auf feststehende periodische Zyklen zurückführen lassen, die mit der Geburt beginnen und oft mit den Zahlen 23 oder 28 zusammenhängen, welche die Periodenlänge bestimmter angeblich männlicher beziehungsweise weiblicher Prinzipien verkörpern.) Eine weitere Analogie besteht zur Ptolemäischen Theorie der Planetenbewegungen: Auch hier mussten mit der Zeit immer neue Erweiterungen und Ad-hoc-Ausnahmen eingeführt werden, um das System mit der Beobachtung in Einklang zu bringen. Wie die meisten derartigen Schemata scheitert auch die Elliott-Wellentheorie an der simplen Frage: Warum sollte sie überhaupt funktionieren?

Manche Anhänger dieser Theorie sind natürlich von der mathematischen Mystik bezaubert, welche die Fibonacci-Zahlenfolge umgibt – jeweils zwei benachbarte Zahlen stehen in einer vermeintlich ästhetischen Beziehung zueinander. Die Fibonacci-Zahlenfolge lässt sich vielfach in der Natur beobachten: etwa bei den Windungen von Kiefernzapfen oder Ananasfrüchten, der Anzahl von Blättern, Blütenblättern und Stängeln von Pflanzen, der Anzahl von linksdrehenden und rechtsdrehenden Spiralen der Sonnenblume oder der Nachkommenschaft von Hasen in aufeinander folgenden Generationen – oder eben auch, so behaupten es jedenfalls die Elliott-Jünger, bei den Wellen und Zyklen von Kursverläufen.

Es ist stets befriedigend, die eher bodenständigen Ereignisse an den Finanzmärkten mit der erhabenen Reinheit der Mathematik in Einklang zu bringen.

Der Euro und das Verhältnis des Goldenen Schnitts

Bevor wir uns mit fruchtbareren Finanztheorien beschäftigen, möchte ich Ihre Aufmerksamkeit auf eine ganz neue Variante von Zahlenmystik im Finanzsektor lenken. Ein britischer Journalist wies mich in einer E-Mail auf einen interessanten Zusammenhang zwischen dem Wechselkurs des Euro zum Pfund Sterling sowie demjenigen des Pfund Sterling zum Euro am 19. März 2002 hin.

Um das Besondere dieses Zusammenhangs würdigen zu können, müssen wir die Definition des Goldenen Schnitts kennen, der aus der klassischen griechischen Mathematik stammt. (Wem der Dreiklang aus griechischem Wissen, Mathematik und Finanzwirtschaft nicht zusagt, darf zur nächsten Überschrift springen.) Diese Definition lautet wie folgt: Teilt man eine gerade Strecke derart, dass das Verhältnis von längerer zu kürzerer Teilstrecke genau demjenigen der Gesamtstrecke zur längeren Teilstrecke entspricht, so teilt dieser Punkt die Gesamtstrecke im Verhältnis des Goldenen Schnitts. Rechtecke, deren Länge und Breite in diesem Verhältnis zueinander stehen, werden ebenfalls als golden bezeichnet, und oft wird behauptet, dass Rechtecke dieser Gestalt – etwa die Fassade des Parthenon, des dorischen Tempels der Athena Parthenos auf der Akropolis von Athen – ästhetisch besondrs reizvoll wirkten. Eine 12,5 × 7,5 cm große Spielkarte zum Beispiel entspricht nahezu einem Goldenen Rechteck, da das Verhältnis 12,5 : 7,5 = 1,666 … nur geringfügig von dem Verhältnis (12,5 + 7,5) : 12,5 = 1,6 abweicht.

Die Verhältniszahl des Goldenen Schnitts, die mit dem griechischen Buchstaben Phi bezeichnet wird, lautet 1,618 … (es handelt sich um eine irrationale Zahl, deren Dezimalfolge sich niemals wiederholt). Es lässt sich nun leicht beweisen, dass Phi interessanterweise genau der Zahl 1 zuzüglich ihres eigenen Kehrwerts entspricht (zur Ermittlung des Kehrwerts einer Zahl dividiert man einfach die Zahl 1 durch diese Zahl). 1,618 … ist somit gleich 1 + 1 : 1,618 …

Diese erstaunliche Tatsache führt uns zurück zum Wechselkurs des Euro zum Pfund Sterling. Ein Moderator der BBC gab an besagtem Tag, dem 19. März 2002, bekannt, dass 1 Pfund Sterling 1,618 Euro koste, und das dies – man höre und staune – bedeute, dass das umgekehrte Verhältnis, der in Pfund Sterling ausgedrückte Wert eines Euro, genau

0,618 Pfund betrage. Dies stelle, so der Moderator weiter, »eine Art Symmetrie« dar. Er ahnte vermutlich nicht, wie grundlegend diese Symmetrie tatsächlich war.

In diesem Kontext von einem goldenen Verhältnis zu sprechen war sicher angemessen. Darüber hinaus besteht eine wohl bekannte Beziehung zwischen Goldenem Schnitt und Fibonacci-Zahlenfolge. Das Verhältnis jeder Fibonacci-Zahl zu ihrer Vorgängerin beträgt annähernd 1,618 … – das Verhältnis des Goldenen Schnitts –, und je größer die betrachteten Zahlen sind, desto stärker nähert sich das jeweilige Verhältnis dieser Zahl an. Betrachten wir noch einmal die Fibonacci-Zahlenfolge: 1, 2, 3, 5, 8, 13, 21, 34, 59, … Die Verhältnisse aufeinander folgender Fibonacci-Zahlen (5 : 3, 8 : 5, 13 : 8, 21 : 13 usw.) nähern sich immer stärker der Zahl Phi (1,618 …) an!

Wir wissen nicht, welche Schlussfolgerungen ein Elliott-Wellen-Theoretiker, der beim Eintreten dieses zufälligen Wechselkurses dilettierend am Devisenmarkt tätig gewesen wäre, aus dieser wunderschönen Harmonie zwischen Geld und Mathematik gezogen hätte. Ein skrupelloser, aber zahlenkundiger Betrüger hätte sich vielleicht sogar irgendeinen ausreichend plausiblen Schwindel einfallen lassen, um von dieser »kosmischen« Verbindung zu profitieren.

Diese kleine Episode ließe sich womöglich als Grundlage eines Filmdrehbuchs verwenden, da der Zahl Phi eine Reihe von weiteren sonderbaren Eigenschaften anhaftet, mit deren Hilfe man verschiedenen Anlagestrategien den Anschein von Plausibilität verleihen könnte. (Ich erinnere mich in diesem Zusammenhang an den Kinofilm *Pi* und dessen Protagonisten, ein von Zahlen besessener Mathematiker, der davon überzeugt war, mit der Dezimalentwicklung der Zahl Pi nahezu alle Rätsel entschlüsseln zu können. Er wurde von religiösen Fanatikern, gierigen Finanzhaien und anderen verfolgt. Der einzige Filmcharakter, der alle Sinne beisammen hatte, sein Mentor, erlitt einen Schlaganfall, und die mit Synkopen unterlegten Schwarz-Weiß-Aufnahmen sorgten für reichlich Spannung. Der Film hatte durchaus seinen Reiz, war aber aus mathematischer Sicht unsinnig.) So bedauerlich dies Investoren wie auch Mathematikern erscheinen mag, lautet die Moral wiederum, dass zum Geldverdienen an der Börse mehr als nur schöne Harmonien erforderlich sind. Und die Werbewirkung des Wortes *Phi* als Filmtitel kann sich an der derjenigen von *Pi* ebenfalls nicht messen.

Gleitende Durchschnitte und Gesamtbild

Viele Menschen, ich selbst eingeschlossen, machen sich gelegentlich über die technische Analyse und ihre Chartbilder lustig und verraten im selben Atemzug, wie sehr sie von ihnen (womöglich unbewusst) in den Bann gezogen werden. Dies erinnert an den alten Witz von dem Mann, der sich bei seinem Arzt darüber beschwert, dass seine Frau sich seit Jahren für ein Huhn halte. Er hätte schon früher um ärztlichen Rat nachgesucht, bekennt er, doch »wir brauchten die Eier«. Ohne in diese Anekdote mehr hineininterpretieren zu wollen, als dass wir anscheinend gelegentlich an die Konzepte der technischen Analyse glauben möchten, kommen wir nun endlich zur Untersuchung einiger dieser Konzepte.

Jeder Investor möchte natürlich ein Gesamtbild hinsichtlich des Börsentrends sowie der Kursentwicklung einzelner Aktien erhalten. Das leicht verständliche technische Konzept des gleitenden Durchschnitts bietet dafür eine gute Hilfestellung. Eine im Zeitablauf variable Größe (etwa der Aktienkurs eines Unternehmens, die Tageshöchsttemperatur in Chicago oder der Kartoffelpreis in Kiew) lässt sich täglich über einen vorgegebenen Zeitraum mitteln, beispielsweise über die letzten 200 Tage. Da der errechnete Durchschnittswert schwankt, wird diese Zahlenfolge als gleitender Durchschnitt (GD) bezeichnet. Ihr Wert besteht darin, dass sie nicht annähernd so stark schwankt wie die betrachtete Größe selbst; man könnte sie daher auch als phlegmatischen Durchschnitt bezeichnen.

Zur Illustration betrachten wir einmal den 3-Tages-GD einer sehr schwankungsanfälligen (volatilen) Aktie. Wir nehmen dazu diese aufeinander folgenden Schlusskurse an: 8, 9, 10, 5, 6, 9. Am dritten Tag (mit dem Schlusskurs von 10) errechnet sich der 3-Tages-GD somit wie folgt: $(8+9+10):3=9$. Am folgenden Tag, bei einem Schlusskurs von 5, stellt sich unsere Rechnung wie folgt dar: $(9+10+5):3=8$. Tag fünf brachte einen Schlusskurs von 6, und der 3-Tages-GD errechnete sich mit der Gleichung: (10 + 5 + 6) : 3 =7. Am sechsten Tag schließlich stieg der Kurs der Aktie auf 9, mit folgendem Resultat für den 3-Tages-GD: (5+6+9):3=6,67.

Bewegt sich eine Aktie sehr gleichförmig und wählt man den Betrachtungszeitraum sorgfältig aus, so kann es geschehen, dass der GD kaum schwankt. Betrachten wir dazu einen Extremfall: den 20-Tages-GD einer Aktie, deren Schlusskurse mit der Regelmäßigkeit eines Metronoms schwanken. An aufeinander folgenden Tagen stellen sie sich wie folgt dar: 51, 52, 53, 54, 55, 54, 53, 52, 51, 50, 49, 48, 47, 46, 45, 46, 47, 48, 49, *50*, 51, 52, 53 und so weiter – dies entspricht einer gleichförmigen Bewegung um die Zahl 50 herum. Der 20-Tages-GD an dem kursiv markierten Tag beträgt 50. (Man erhält ihn, indem man den Durchschnitt der 20 Zahlen bis zu diesem Tag bildet.) Auch am nächsten Tag, bei einem Schlusskurs von 51, beläuft er sich auf 50. Dasselbe gilt am Folgetag. Schwankt der Aktienkurs weiterhin ebenso regelmäßig in einem Zyklus, der alle 20 Tage von neuem beginnt, wird der 20-Tages-GD stets 50 betragen.

Manche gleitenden Durchschnitte unterliegen abweichenden Definitionen – einige gewichten jüngere Tage stärker, andere berücksichtigen die unterschiedlichen Volatilitäten von Aktien –, doch stets dienen sie dazu, die Tagesschwankungen von Aktien zu glätten, um so den Blick auf übergeordnete Trends freizugeben. Spezielle Börsensoftware sowie Finanzwebsites gestatten einen mühelosen Vergleich laufender Kursbewegungen mit den langsameren gleitenden Durchschnitten.

Technische Analysten verwenden gleitende Durchschnitte zur Ermittlung von Kauf- oder Verkaufsregeln. Die beliebteste derartige Regel besagt, dass eine Aktie gekauft werden sollte, wenn sie ihren X-Tages-GD überschreitet. Der jeweils zu wählende GD hängt von den Umständen ab und beträgt typischerweise 10, 50 oder 200 Tage. Umgekehrt empfiehlt diese Regel einen Verkauf, falls die Aktie ihren X-Tages-GD unterschreitet. Im Falle der oben betrachteten regelmäßig schwankenden Aktie würde diese Strategie weder zu einem Gewinn noch zu einem Verlust führen. Man würde kaufen, sobald die Aktie von 50 (ihrem gleitenden Durchschnitt) auf 51 stiege, und verkaufen, sobald sie auf 49 fiele. In dem früheren Beispiel, das einen 3-Tages-GD betrachtet, müsste man die Aktie am Ende des dritten Tages kaufen und am Ende des vierten Tages verkaufen – in diesem Fall mit Verlust.

Diese Regel kann recht zuverlässig sein, sofern eine Aktie um einen langfristigen Aufwärts- oder Abwärtstrend schwankt. Ihr Grundprinzip lautet, dass man dem Trend folgen müsse und dass ein Durchbruch über den X-Tages-GD den Beginn einer starken Aufwärtsbewegung anzeige. Umgekehrt deute ein Durchbruch unter den X-Tages-GD den Beginn einer kräftigen Abwärtsbewegung an. Zur Erinnerung: Eine reine Auf- oder Abwärtsbewegung liefert noch kein Kauf- oder Verkaufssignal, erst der Durchbruch über oder unter den gleitenden Durchschnitt löst dieses aus.

Hätte ich mich nur an einen beliebigen gleitenden Durchschnitt gehalten, so hätte ich mein WorldCom-Engagement frühzeitig beendet, bevor die Aktie nahezu drei Jahre beständig fiel und der Großteil meines angelegten Kapitals sich in Wohlgefallen auflöste. Besser noch: Ich wäre gar nicht erst eingestiegen. Einer ähnlichen Regel war übrigens der in Kapitel 1 erwähnte Sicherheitsmann gefolgt, als er sich entschloss, den Aktienanteil seiner Rentenversicherung zu verkaufen.

Es gibt einige Untersuchungen (die ich später vorstellen werde), denen zufolge eine auf gleitenden Durchschnitten fußende Anlagestrategie begrenzt profitabel sein kann. Doch selbst in diesem Fall ist sie mit mehreren Problemen behaftet. Zum einen kann der Provisionsaufwand bei einem wiederholten Durchbruch des Kurses durch den gleitenden Durchschnitt – ein Fall, der bei geringen Schwankungen um die Durchschnittslinie auftritt – erhebliche Ausmaße annahmen. Um ihn zu vermeiden, muss die Kauf- und Verkaufsregel modifiziert werden: Das Signal wird demnach erst dann ausgelöst, wenn es zu einem Ausbruch um einen nicht trivialen Betrag kommt. Zudem muss der Anleger festlegen, ob er am Tag des Durchbruchs selbst, am Folgetag oder zu einem noch späteren Zeitpunkt kaufen oder verkaufen will.

Man kann nun die endlosen Zahlenreihen historischer Aktienkurse daraufhin durchforsten, welcher X-Tages-GD in der Vergangenheit nach dieser Regel die besten Kauf- und Verkaufssignale geliefert hat. Eine andere Möglichkeit besteht darin, die ganze Sache zu verkomplizieren, indem man jeweils verschieden lange gleitende Durchschnitte betrachtet und sodann kauft oder verkauft, wenn diese Linien sich kreuzen. Selbst Daytrader können sich gleitender Durchschnitte bedienen, die sie auf Minutenbasis als mathematisches Integral berechnen. In der Rückschau lassen sich immer optimale Strategien finden. Die große Schwierigkeit besteht darin, etwas zu entwickeln, das in der Gegenwart und Zukunft funktioniert; die Prognose der Vergangenheit ist ein Kinderspiel. Dies führt uns zu dem gewichtigsten Kritikpunkt an der auf gleitenden Durchschnitten fußenden Strategie: Wenn der Aktienmarkt effizient ist – wenn also alle verfügbaren Informationen über eine Aktie binnen kürzester Zeit in ihren Kurs Eingang finden –, dann werden alle zukünftigen Kursbewegungen dieser Aktie von zufälligen externen Ereignissen bestimmt. Kursverläufe der Vergangenheit im Allgemeinen und gleitende Durchschnitte im Besonderen sind dann irrelevant und spätere Kursentwicklungen nicht vorhersehbar.

Doch vielleicht sind die Finanzmärkte ja gar nicht so effizient. Wir werden uns mit dieser Frage später noch ausführlich beschäftigen.

Unterstützung, Widerstand und Konsorten

Zwei weitere Hauptkonzepte der technischen Analyse sind die so genannten Unterstützungs- und Widerstandslinien. Zu ihrer Begründung wird angeführt, dass sich Menschen üblicherweise an die Umstände erinnerten, unter denen sie sich die Finger verbrannt hätten, beleidigt wurden oder etwas verpasst hätten. Insbesondere merkten sie sich, wie viel sie für eine Aktie bezahlt oder gerne bezahlt hätten. Ein Beispiel: Angenommen, eine Aktie steht eine Zeit lang bei 40 Euro und sinkt dann auf 32 Euro, bevor sie sich allmählich wieder nach oben bewegt. Die vielen Anleger, welche die Aktie zum Kurs von rund 40 Euro erworben haben, sind nun enttäuscht und erpicht darauf, ihre Verluste auszugleichen. Steigt daher die Aktie wieder auf 40 Euro an, werden sie ihre Position wahrscheinlich abstoßen, wodurch der Kurs erneut sinkt. Der Kurs von 40 Euro wird daher als Widerstandslinie bezeichnet und gilt als Hürde, die einer weiteren Aufwärtsbewegung entgegenwirkt.

In gleicher Weise sind Anleger, die beim Kurs von 32 Euro einen Kauf erwogen hatten, sich dazu aber nicht durchringen konnten, nun neidisch auf diejenigen, die tatsächlich zugriffen und sich jetzt über eine schöne Rendite von 25 Prozent freuen können. Die Neider möchten diese Rendite ebenfalls erzielen und werden die Aktie daher in dem Moment, in dem sie wiederum einen Kurs von 32 Euro erreicht, vermutlich kaufen. Dies treibt den Kurs erneut an. Der Kurs von 32 Euro wird deshalb als Unterstützungslinie bezeichnet und gilt als Hürde, die einer weiteren Abwärtsbewegung entgegenwirkt.

Da Aktien vielfach zwischen ihren Widerstands- und Unterstützungslinien hin und her zu pendeln scheinen, folgen viele technische Analysten der Regel, sie zu kaufen, wenn der Kurs von der Unterstützungslinie »abprallt«, und zu verkaufen, wenn er an die Widerstandslinie »stößt«. Natürlich lässt sich diese Regel auch auf den Gesamtmarkt anwenden: Dabei warten Investoren auf eine endgültige Kehrtwende des Dow-Jones-Index oder des DAX, bevor sie kaufen oder verkaufen.

Da Unterstützungslinien in den Augen der Chartisten wackeligen und oft nur zeitweiligen Mindestkursen entsprechen, Widerstandslinien hingegen etwas stabileren, aber dennoch vorübergehenden Höchstkursen, lässt sich aus diesem Konzept eine zwingendere Regel ableiten: Man kaufe eine Aktie, wenn ihr Kurs während einer Aufwärtsbewegung die Widerstandslinie durchbricht, und verkaufe sie, wenn ihr Kurs im Zuge einer Abwärtsbewegung die Unterstützungslinie verletzt. In beiden Fällen signalisiert der Durchbruch, dass der Kurs seinen bisherigen Trendkanal verlassen und eine neue Richtung eingeschlagen hat, dem man als Anleger folgen sollte.

Wie schon hinsichtlich der gleitenden Durchschnitte gibt es auch hier einige Untersuchungen, die darauf hindeuten, dass die beschriebene Regel in manchen Fällen die Rendite leicht erhöht. Dagegen steht wiederum die womöglich entmutigende Theorie effizienter Kapitalmärkte, der zufolge Kurse der Vergangenheit, Trends sowie Widerstands- und Unterstützungsniveaus keinerlei Aussagen über zukünftige Kursverläufe zulassen.

Es gibt unzählige Varianten der obigen Regel, die sich zu immer komplizierteren Anlagestrategien kombinieren lassen. So können Widerstands- und Unterstützungslinien variieren und sich innerhalb eines Trendkanals bewegen oder einem gleitenden Durchschnitt folgen, statt an einem Ort zu verharren. Auch die Volatilität einer Aktie kann berücksichtigt werden.

Diese Varianten gründen auf Kursmustern, die oft mit spaßigen Namen versehen werden. Die »Kopf-Schulter-Formation« beispielsweise bildet sich am Ende einer lang anhaltenden Aufwärtsbewegung aus. Sie besteht aus drei Spitzen, deren mittlere die höchste darstellt und als Kopf bezeichnet wird und deren linke sowie rechte (sprich: zeitlich frühere und spätere) die Schultern bilden. Fällt der Kurs nach Ausbildung der rechten Schulter ab und durchstößt er dabei die Unterstützungslinie, welche die Tiefpunkte der beiden Schultern verbindet, so hat er nach Überzeugung der Chartisten eine Trendumkehr vollzogen und befindet sich nun im Abwärtstrend – »verkaufen« lautet also die Devise.

Eine ähnliche Metapher beschreibt die so genannte W-Formation: Diese bildet sich am Ende einer lang anhaltenden Abwärtsbewegung aus und gilt als Umkehrformation. Sie präsentiert sich als zwei Talsohlen, sozusagen ein doppelter Boden, mit einer kleinen Kursspitze in der Mitte. Nach dem Abprall vom zweiten Tiefpunkt hat der Kurs, so wiederum die Chartisten voller Überzeugung, seine Richtung geändert und einen Aufwärtstrend eingeschlagen: ein Kaufsignal.

Dies sind nette Geschichten, die technische Analysten mit großem Ernst und voller Inbrunst erzählen. Doch selbst wenn sie Allgemeingut wären (was nicht zutrifft): Warum sollten sie wahr sein? Ihre logische Grundlage ist vermutlich auf psychologischer oder auch soziologischer oder systemischer Ebene zu finden, doch welche Prinzipien rechtfertigen sie im Einzelnen? Warum gibt es nicht dreifache oder vierfache Böden? Oder zwei Köpfe und Schultern? Warum nicht irgendein anderes der unzähligen ebenso plausiblen, ebenso lachhaften Kursmuster? Welche Kombination aus psychologischen, finanziellen oder anderen Prinzipien ist spezifisch genug, um profitable Anlagestrategien zu begründen?

Wie im Fall der Elliott-Wellen spielt der Maßstab des betrachteten Kursverlaufs eine Rolle. Ist er ausreichend groß, so beginnt es vor kleinen Doppelböden, Köpfen und Schultern nur so zu wimmeln. Derartige Kursmuster lassen sich auch in den Verläufen der großen Börsenindizes beobachten. Bedeuten sie jedoch für den Gesamtmarkt dasselbe wie angeblich für Einzelaktien? Handelte es sich bei der Anfang 2002 in den USA befürchteten »Double-Dip«-Rezession in Wirklichkeit schlicht um einen Doppelboden?

Prognostizierbarkeit und Trends

Ich kenne viele Leute, die jeden Eid darauf schwören, dass sie mithilfe der technischen Analyse Geld verdienen. Zu Recht? Aber natürlich – Geld verdienen kann man schließlich mit allen nur denkbaren Strategien, einschließlich solcher, die auf Teeblattleserei und der Interpretation von Sonnenflecken beruhen. Die entscheidende Frage jedoch lautet: Verdienen diese Menschen *mehr* Geld als bei einer alternativen Investition in einen x-beliebigen Indexfonds, der die Wertentwicklung des Gesamtmarkts nachbildet? Erzielen sie also eine Überrendite gegenüber dem jeweiligen Markt? Viele Finanzwissenschaftler bezweifeln diese Möglichkeit, und doch gibt es einige fesselnde Berichte, denen zufolge kurzfristig orientierte Trendfolge- sowie Momentum-Strategien durchaus profitabel seien. In mehreren Aufsätzen haben beispielsweise die Ökonomen Narasimhan Jegadeesh und Sheridan Titman behauptet, dass Momentum-Strategien mäßige Überrenditen bescherten und dies über Jahre hinweg, sodass ihr Erfolg nicht auf Data-Mining zurückzuführen sei. Ob dieser angebliche Erfolg – den viele bezweifeln – auf Überreaktionen von Anlegern oder auf ein kurzfristiges Beharrungsvermögen des Widerhalls, den die Gewinnzahlen von Unternehmen hervorrufen, zurückzuführen ist, verschweigen die Autoren. In jedem Fall lassen sie Verhaltensmodelle und psychologische Faktoren als bedeutsam erscheinen.

Auch William Brock, Josef Lakonishok und Blake LeBaron haben Belege dafür gefunden, dass Strategien, die auf gleitenden Durchschnitten sowie auf Unterstützungs- und Widerstandslinien gründen, in gewissen Grenzen effektiv sind. Die Analyse wird dabei auf einige sehr leichte Strategien beschränkt, deren Anwendung auf jüngere Börsendaten jedoch zu keiner Wiederholung früherer Erfolge führt, wie von anderer Seite vielfach betont wird.

Ein weiteres Indiz für die Ausbeutbarkeit kurstechnischer Daten liefert die Analyse von Andrew Lo und Craig MacKinlay, die am Massachusetts Institute of Technology beziehungsweise an der Wharton School lehren. In ihrem Buch *A Non-Random Walk Down Wall Street* machen sie geltend, dass die Renditen des Gesamtmarkts kurzfristig tatsächlich leicht positiv mit dem Status quo korrelierten, ähnlich dem örtlichen Wetter. Die Wahrscheinlichkeit, dass einem heißen und sonnigen Tag ein weiterer folge, liege demnach etwas höher als 50 Prozent, ebenso wie auf eine gute Börsenwoche etwas wahrscheinlicher eine zweite gute als eine schlechte folge. Dasselbe gelte für Regentage und schlechte Börsenwochen. Lo und MacKinlay, die sich hochmoderner Analysemethoden bedienen, stellen gleichzeitig fest, dass sich bei langfristiger Betrachtung die Prognose umkehre: Hier wiesen einzelne Aktienkurse eine leicht negative Korrelation zur Gegenwart auf. Eine Aktie, die derzeit haussiere, werde in drei bis fünf Jahren mit etwas höherer Wahrscheinlichkeit zu den Verlierern als erneut zu den Gewinnern zählen (das Gleiche gelte umgekehrt für eine derzeit schwache Aktie).

Lo und MacKinley weisen im Übrigen auf eine interessante theoretische Möglichkeit hin. Wir vereinfachen an dieser Stelle ein wenig und unterstellen zudem (im Gegensatz zu den beiden Autoren) die Richtigkeit der von Burton Malkiel in seinem Klassiker *A Random Walk Down Wall Street* (deutsch: *Börsenerfolg ist kein Zufall*) entwickelten These, wonach die Börsenentwicklung als Ganzes vollständig vom Zufall bestimmt sei. Weiterhin nehmen wir an, dass die Kursbewegungen jeder Einzelaktie zufällig sind, sofern man sie isoliert betrachtet. Auch unter diesen Annahmen wäre es immer noch denkbar, dass man beispielsweise mithilfe der Kursbewegungen eines 5 Prozent des Gesamtmarkts umfassenden Börsensegments die Entwicklung eines ebenso großen anderen Segments in der Folgewoche prognostizieren könnte.

Grundlage einer solchen Prognose wären Kreuzkorrelationen, die im Zeitablauf zwischen verschiedenen Aktien aufträten. (Der Zusammenhang muss nicht einmal kausaler Natur sein; es genügen bereits nackte Tatsachen.) Etwas konkreter formuliert könnte beispielsweise Aktie X, ebenso wie Aktie Y, isoliert betrachtet von Woche zu Woche eine rein zufällige Bewegung vollziehen. Wenn jedoch der Kurs von Aktie X in

Woche 1 oft eine zuverlässige Prognose für den Kurs von Aktie Y in Woche 2 ermöglicht, würde dies eine ausbeutbare Situation darstellen, und die strikte Random-Walk-Hypothese wäre widerlegt. Würden wir nicht eingehend nach möglichen Kreuzkorrelationen zwischen verschiedenen Aktien suchen, erschiene uns die Börse wie ein Meer aus willkürlichen Kursbewegungen einzelner Aktien. Natürlich habe ich hier den bei Mathematikern beliebten Trick angewandt, einen Extremfall anzunehmen, doch lässt unser Beispiel immerhin die Vermutung zu, dass es vergleichsweise einfache Ordnungselemente in einem sich scheinbar zufällig entwickelnden Markt geben könnte.

Neben der genannten Marktanomalie gibt es weitere, die zu ausbeutbaren Situationen führen können. Zu den bekanntesten zählen die so genannten Kalendereffekte, bei denen die Kurse insbesondere kleinerer Werte im Monat Januar überproportional stark zulegen. Dies gilt besonders für die ersten Januartage. (Auch der Kurs der WorldCom-Aktie zog im Januar 2001 beträchtlich an, und so hoffte ich, dass sich dieses Szenario im Januar 2002 wiederholen würde. Ich wurde enttäuscht.) Beobachter, die dieses Verhalten zu erklären suchen, verweisen zumeist auf steuerrechtliche Ursachen, die mit dem Jahreswechsel zusammenhängen, doch das Phänomen lässt sich auch in anderen Ländern als den Vereinigten Staaten mit unterschiedlichem Steuersystem beobachten. Darüber hinaus treten ungewöhnliche Kursbewegungen (nach oben oder unten) nicht nur zum Jahreswechsel, sondern auch zum Monats-, Wochen- oder Tageswechsel wie auch vor Feiertagen auf. Wiederum scheinen schwer fassbare Einflüsse auf der Verhaltensebene eine Rolle zu spielen.

Technische Strategien und Blackjack

Die meisten Finanzwissenschaftler vertreten eine wie auch immer geartete Random-Walk-Theorie und vergleichen die technische Analyse mit einer Pseudowissenschaft, deren Prognosen entweder wertlos seien oder aber bestenfalls eine geringfügige Zusatzrendite erbrächten, die jedoch bei Berücksichtigung von Transaktionskosten verfliege, wodurch entsprechende Strategien nicht mehr ausbeutbar seien. Ich habe dieser Sichtweise immer zugeneigt, möchte darauf aber erst in späteren Kapiteln genauer eingehen. An dieser Stelle lohnt ein Blick auf eine interessante Parallele zwischen einer beliebigen Form der technischen Analyse und Strategien des Blackjack-Spiels. (Natürlich gibt es auch viele Unterschiede zwischen beiden.)

Blackjack ist das einzige Kasinospiel, dessen Ausgang von den vorangegangenen Spielzügen abhängt. Beim Roulette etwa kann sich die Kugel drehen, wie sie will: Das folgende Spiel wird davon nicht beeinflusst. Die Wahrscheinlichkeit, dass Rot gewinnt, beträgt immer 18 : 38, auch wenn die Kugel bereits fünfmal in Folge bei einer roten Zahl zum Stehen gekommen ist. Das Gleiche gilt für Würfelspiele jeder Art, da Würfel über kein Gedächtnis verfügen. Die Wahrscheinlichkeit, mit zwei Würfeln die Zahl 7 zu würfeln, beträgt stets 1 : 6, auch wenn keiner der letzten vier Würfe diese Zahl erbracht hat. Sechs rote Zahlen hintereinander beim Roulette gewinnen mit einer Wahrscheinlichkeit von $(18:38)^6$; die Wahrscheinlichkeit von fünf Würfen mit einem Zahlenwert von 7 beträgt $(1:6)^5$. Jedes Roulettespiel und jeder Wurf ist von vergangenen Ereignissen unabhängig.

Für das Blackjack-Spiel hingegen gilt dies nicht. Die Wahrscheinlichkeit, nacheinander zwei Asse aus einem Kartenspiel zu ziehen, beträgt nicht (4:52×4:52), sondern (4:52×3:51). Der zweite Faktor, 3:51, gilt für Spiel 2 und berücksichtigt die Tatsache, dass beim ersten Spiel bereits ein Ass gezogen wurde. In gleicher Weise ist die Wahrscheinlichkeit, dass eine Kopfkarte (Bube, Dame oder König) gezogen wird, wenn bei den vorigen 30 Spielzügen erst drei Kopfkarten gezogen wurden, nicht 12:52, sondern weit höher, nämlich 9:22.

Diese Tatsache – dass die Wahrscheinlichkeiten von der Zusammensetzung des verbleibenden Kartenspiels abhängen – hat eine Vielzahl von Zählstrategien beim Blackjack begründet. Dabei verfolgt man genau, welche Karten bereits gezogen wurden, und erhöht den Einsatz, wenn die eigenen Gewinnchancen (leicht und vorübergehend) gestiegen sind. Manche dieser Strategien sind tatsächlich profitabel, sofern sie sorgfältig angewandt werden. Davon zeugen nicht zuletzt die stämmigen Begleiter, die manche Kasinos erfolgreichen Strategen, die den Ort des Geschehens schnellstmöglich verlassen möchten, kostenlos zur Verfügung stellen.

Die überwiegende Mehrzahl von Spielern, welche diese (oder, schlimmer noch, selbst entwickelte) Strategien anwenden, verlieren viel Geld. Es wäre allerdings unzulässig, unter Hinweis auf die immerwährenden durchschnittlichen Verluste von Blackjack-Spielern zu behaupten, es sei somit bewiesen, dass es keine profitable Wettstrategie für das Blackjack-Spiel gebe.

Blackjack ist natürlich ein weitaus einfacheres Spiel als die Aktienanlage. Die Kursentwicklung an den Börsen hängt schließlich von deutlich mehr Variablen ab, zu denen auch die Handlungen und Überzeugungen anderer Investoren gehören. Doch das Fehlen schlüssiger Beweise für die Wirksamkeit verschiedener Anlagestrategien – gleich ob technischer oder anderer Art – bedeutet nicht, dass keine profitable Strategie existiert. Sollten die Kursverläufe an den Aktienmärkten nicht ausschließlich vom Zufall bestimmt sein, müsste die Börse eine Art Gedächtnis besitzen, und profitable Strategien, die sich dieses Erinnerungsvermögen zunutze machten, wären denkbar. Ob solche Strategien nach ihrem Bekanntwerden profitabel blieben, kann mit Fug und Recht bezweifelt werden, doch das steht auf einem anderen Blatt.

Gäbe es eine funktionierende technische Anlagestrategie, bedürfte sie interessanterweise keinerlei überzeugender Erklärung. Die allermeisten Anleger würden sie freudig anwenden, ebenso wie die meisten Blackjack-Spieler die Standard-Zählmethode verwenden, ohne ihre Funktionsweise zu verstehen. Immerhin existiert im Falle des Blackjack eine einleuchtende mathematische Erklärung, die man bei entsprechendem Interesse ergründen kann. Dagegen könnte einmal eine profitable technische Anlagestrategie gefunden werden, die niemand, einschließlich ihres Entdeckers, verstünde – eine Strategie, die einfach funktionierte, jedenfalls zeitweilig. In Platons berühmtem Höhlengleichnis sehen die in der Dunkelheit Gefangenen nur die Schattenbilder an den Rückwänden der Höhle und nicht die realen Gegenstände, welche diese Schatten verursachen. Wenn ihnen wirklich eine Vorhersagekraft innewohnte, würden sich Anleger mit den Schatten begnügen und die Höhle ganz einfach als Niedrigpreisabteilung eines Kaufhauses betrachten.

In dem folgenden Abschnitt wollen wir uns einen kleinen Spaß erlauben: Er enthält einen Vorschlag für eine neuartige Investmentstrategie, die intuitivem Verhalten zuwiderläuft und aus dem gleichen Stoff wie die technische Analyse gewebt ist.

Wer gewinnt, der verliert?

Der alte Witz über den Geschäftsinhaber, der bei jedem Verkauf einen Verlust erwirtschaftet, diesen aber durch seinen Umsatz wieder wettmacht, enthält womöglich ein Körnchen Wahrheit. An ihn fühlte ich mich durch ein interessantes neues Paradox des spanischen Physikers Juan Parrondo erinnert. Es handelt von zwei Spielen, die jeweils anhaltende Verluste bescheren. Werden sie jedoch in beliebiger Reihenfolge nacheinander gespielt, entstehen verlässliche Gewinne. Faule Wetten, die kombiniert zu großen Gewinnen führen – wie eigenartig!

Um Parrondos Paradox zu begreifen, wechseln wir von einer Finanz- zu einer räumlichen Metapher. Dazu stellen wir uns auf die Stufe 0, welche sich genau in der Mitte einer sehr langen Treppe befindet, die 1 001 Stufen zählt (–500, –499, –498 ... –4, –3, –2, –1, 0, 1, 2, 3, 4, ... 498, 499, 500). Wir möchten die Treppe hinaufsteigen, müssen uns aber nach dem Ergebnis eines Münzwurfs richten. Das erste Spiel – nennen wir es Spiel L – ist sehr leicht. Wir werfen jeweils eine Münze und steigen sodann bei »Kopf« eine Stufe empor und bei »Zahl« eine Stufe hinab. Die Münze ist jedoch leicht gezinkt und zeigt bei 49,5 Prozent aller Würfe »Kopf« sowie zu 50,5 Prozent »Zahl« an. Es dürfte unmittelbar einleuchten, dass dieses Spiel nicht nur langweilig ist, sondern auch mit einer Niederlage enden muss. Bei ausdauerndem Spiel würde man sich zwar eine Weile hinauf und hinab bewegen, aber irgendwann zwangsläufig am Fuß der Treppe ankommen.

Das zweite Spiel – bleiben wir poetisch und nennen es Spiel K – ist komplizierter, wofür ich Sie um Nachsicht bitte. Wir verwenden diesmal *zwei* Münzen, eine unfreundliche, die nur bei 9,5 Prozent aller Würfe auf »Kopf« landet und zu 90,5 Prozent auf »Zahl«, und eine freundliche, die zu 74,5 Prozent »Kopf« sowie zu 25,5 Prozent »Zahl« anzeigt. Wie in Spiel L dürfen wir bei »Kopf« eine Stufe emporklettern, während wir bei »Zahl« eine Stufe hinabsteigen müssen.

Doch welche Münze werfen wir? Es gilt folgende Regel: Befinden wir uns auf einer durch die Zahl 3 teilbaren Stufe (also ... –9, –6, –3, 0, 3, 6, 9, 12, ...), müssen wir die unfreundliche Münze einsetzen. Trifft dies nicht zu, dürfen wir die freundliche Münze werfen. (Anmerkung: Eine Änderung der angegebenen Prozentanteile und Bedingungen kann das Ergebnis beeinflussen.)

Befänden wir uns auf Stufe 5, so würden wir die freundliche Münze werfen, um die Richtung des nächsten Schritts zu bestimmen; auf Stufe 6 müssten wir dagegen die unfreundliche Münze einsetzen. Das Gleiche gilt für Stufen mit einer negativen Zahl. Spielen wir Spiel K und befinden uns auf Stufe –2, so werfen wir die freundliche Münze; auf Stufe –9 dagegen verwenden wir die unfreundliche Münze.

Obwohl weniger offenkundig als im Falle von Spiel L, ist auch Spiel K ein Verliererspiel. Nach einer gewissen Zeit würde auch hier mit an Sicherheit grenzender Wahrscheinlichkeit der Fuß der Treppe erreicht. Dies ist der Fall, weil der Spieler sich während des Spiels zu mehr als einem Drittel auf einer durch 3 teilbaren Stufe befindet. Folglich muss er zu mehr als einem Drittel die unfreundliche Münze werfen. Sie können mir das einfach glauben oder anderenfalls für ein tieferes Verständnis dieses Phänomens den nachfolgenden Absatz lesen.

(Angenommen, wir hätten soeben mit Spiel K begonnen. Da wir uns auf Stufe 0 befinden und 0 ein Vielfaches von 3 darstellt, würden wir die unfreundliche Münze werfen. Diese landet zu weniger als 10 Prozent auf »Kopf«, und so müssten wir mit hoher Wahrscheinlichkeit auf Stufe –1 hinuntersteigen, eine Zahl, die nicht durch 3 teilbar ist. Folglich verwenden wir nun die freundliche Münze, deren Wurf mit einer Wahrscheinlichkeit von annähernd 75 Prozent »Kopf« ergibt, weswegen wir vermutlich auf die Stufe 0 zurückbefördert würden. Dieses Spiel könnte sich noch eine Weile fortsetzen, doch früher oder später würde nach einem »Zahl«-Wurf der unfreundlichen Münze auch die freundliche Münze [die ja zu knapp 25 Prozent auf »Zahl« landet] zweimal nacheinander »Zahl« anzeigen, und wir würden auf Stufe –3 hinabsteigen. Hier beginnt nun dasselbe Muster erneut. Dieses Abwärtsmuster tritt [mit der Wahrscheinlichkeit 0,905 × 0,255 × 0,255] etwas häufiger ein als das freundliche Aufwärtsmuster, bei dem man allmählich die Stufen emporklettert [die Wahrscheinlichkeit hierfür beträgt

0,095 × 0,745 × 0,745]. Für eine eingehendere Analyse benötigt man so genannte Markov-Ketten.)

Welche Schlüsse soll man nun daraus ziehen? Spiel L ist leicht und führt zu stetigen Bewegungen hinunter zum Fuß der Treppe, während Spiel K kompliziert ist, aber zum selben Ergebnis führt. Parrondos faszinierende Entdeckung lautet jedoch, *dass das Spielen dieser beiden Spiele in beliebiger Reihenfolge (unter der Annahme, dass man beim Wechsel zwischen den Spielen seine jeweilige Position beibehält) dazu führt, dass man allmählich zur Spitze der Leiter emporsteigt.* Alternativ könnte man zweimal Spiel L spielen, dann zu Spiel K wechseln, dieses wiederum zweimal spielen, erneut zu Spiel L wechseln und so weiter: Das Ergebnis änderte sich dadurch nicht – immer vorausgesetzt, dass bei jedem Wechsel die jeweilige Stufe beibehalten wird. (Eine sehr schöne visuelle Entsprechung zu Parrondos Paradox bietet die paradoxe Zeichnung »Ascending and Descending« von M. C. Escher.)

Herkömmliche Aktienanlagen lassen sich nicht durch Spiele dieser Art modellieren, doch es wäre immerhin denkbar, dass Varianten derartiger Spiele zur Entwicklung von Investmentstrategien führen könnten, die der Intuition zuwiderlaufen. Die angegebenen Wahrscheinlichkeiten ließen sich beispielsweise durch komplizierte Kombinationen verschiedener Finanzinstrumente wie etwa Optionen oder anderer Derivate konstruieren, doch die Entscheidung, welche Münze (Anlage) in Spiel K zu werfen (zu tätigen) sei, wird vermutlich nicht davon abhängen können, ob das eigene Kapital ein Vielfaches von 3 Euro (oder auch 3 000 Euro) beträgt. Vielleicht wird man sie in irgendeiner Weise an der Kreuzkorrelation zweier Aktien oder an der Frage, ob der Wert eines bestimmten Index durch die Zahl 3 teilbar ist, ausrichten.

Sollte es jemals gelingen, auf diese Weise profitable Strategien zu entwickeln, so wird man die daraus erwachsenden Renditen vielleicht eines Tages als Parrondo-Erträge bezeichnen.

Betrachten wir zum Schluss ein verwandtes Paradox, das unter dem Motto »Wer gewinnt, der verliert« stehen könnte und ein wenig zur Aufklärung der Frage beiträgt, warum viele kleinere Unternehmen während der Spekulationsblase der späten neunziger Jahre zu weit überhöhten Kaufpreisen übernommen wurden. Der Yale-Professor Martin Shubik versteigert in seinen Seminaren oder auf Partys regelmäßig eine Dollarnote. Das Mindestgebot beträgt 1 Cent, und obwohl das höchste Gebot natürlich den Zuschlag erhält, gilt die Sonderregel, dass auch der Bieter des vorletzten Gebots den von ihm gebotenen Betrag – und zwar ohne jede Gegenleistung – an den Auktionator zu zahlen hat. Liegt das Höchstgebot also beispielsweise bei 60 Cents und man selbst hat als engster Verfolger 59 Cents geboten, wird bei einem Ende der Auktion zu diesem Zeitpunkt der Führende per saldo 40 Cents kassieren, während man selbst einen Verlust von 59 Cents hinnehmen muss. Es besteht daher ein starker Anreiz, sein Gebot auf mindestens 61 Cents aufzustocken, doch in diesem Fall wird der andere Bieter sein Gebot ebenfalls erhöhen wollen. Das gegenseitige Überbieten setzt sich auch dann fort, wenn die Schwelle von einem Dollar erreicht ist, denn immer noch droht dem Verfolger der ersatzlose Verlust des gesamten von ihm gebotenen Betrags, während der Sieger immerhin die Dollarnote als Kompensation erhält und seinen Verlust dadurch begrenzt. Auf diese Weise gelingt es, eine Dollarnote erfolgreich für 2, 3, 4 oder mehr US-Dollar zu versteigern.

Eine Situation, in der verschiedene Großunternehmen um ein kleineres bieten und die Kosten der im Vorfeld aufzubringenden rechtlichen, finanziellen und psychologischen Anstrengungen einem nennenswerten Prozentsatz seines Firmenwerts entsprechen, gleicht in formaler Hinsicht der Shubikschen Dollar-Auktion. Eines oder mehrere der bietenden Unternehmen könnten sich zu einem übertrieben hohen Gebot veranlasst sehen, um weitere Gebote auszuschließen und somit das Schicksal des Verlierers im Wettbewerb um die Dollarnote zu vermeiden. Die Übernahme des Internetdienstleisters Digex durch WorldCom für 6 Milliarden US-Dollar im Jahre 2000 beruhte vermutlich auf einem derartigen Gebot. John Sidgmore, Nachfolger Bernie Ebbers' im Amt des CEO, hat erklärt, Digex sei höchstens 50 Millionen Dollar wert gewesen, doch Ebbers habe beim Rennen um die Übernahme der Firma unbedingt Global Crossing ausstechen wollen.

Der Kauf war jedenfalls weitaus bizarrer als Parrondos Paradox.

4 Zufall – ich hätte es wissen müssen

Wenn es zutrifft, dass die Kursbewegungen an den Börsen vollständig oder nahezu vollständig dem Zufall unterliegen, so sind die Werkzeuge der technischen Analyse nichts weiter als ein Humbug, der zu der beruhigenden Illusion von Kontrolle verführt und das Vergnügen verschafft, einen Fachjargon zu verwenden. Sie üben besonders auf solche Menschen einen magischen Reiz aus, die gerne rein zufälligen Ereignissen eine persönliche Bedeutung zuschreiben.

Selbst manche Sozialwissenschaftler erkennen anscheinend nicht, dass sich zwischen zwei beliebigen Merkmalen innerhalb einer sehr großen Grundgesamtheit fast immer eine kleine, aber statistisch signifikante Korrelation finden lässt – wenn man nur lange genug danach sucht. Diese Verbindung besteht vollkommen unabhängig von der Art der Merkmale: So könnte man beispielsweise den Zusammenhang zwischen ethnischer Zugehörigkeit und dem Hüftumfang, zwischen (wie auch immer gemessener) Ängstlichkeit und der Haarfarbe oder auch zwischen dem Maiskonsum und der Anzahl der belegten Mathematikkurse untersuchen. Auch wenn eine entsprechende Korrelation statistisch signifikant ist (sie also wahrscheinlich nicht auf Zufälligkeit beruht), kommt ihr angesichts der Vielzahl an verwirrenden Variablen vermutlich keinerlei praktische Bedeutung zu. Darüber hinaus taugt sie nicht unbedingt als Beleg für die (vielfach ad hoc gestrickte) begleitende Theorie, die belegen soll, warum Maisliebhaber gerne Mathematikkurse besuchen. Dem Anschein nach plausible Theorien lassen sich immer finden: So steht zu vermuten, dass es in den Maisanbaugebieten, etwa im oberen Mittleren Westen der USA, eine besonders hohe Zahl an Maisliebhabern geben wird; gleichzeitig ist hier auch die Schulabbrecherquote vergleichsweise gering.

Genies oder Idioten – oder weder noch?

In ausgeprägten Bullen- oder Bärenmärkten neigen die Marktteilnehmer verstärkt zur Erfindung von Ad-hoc-Geschichten, um die verschiedensten Bedürfnisse und Befürchtungen zu bedienen. Während des Börsenaufschwungs der neunziger Jahre betrachteten sich viele Anleger als »scharfsinnige Genies«. Als die Kurse in den letzten Jahren wieder kräftig fielen, änderte sich das Vokabular spürbar – »unbedarfter Idiot« war nun eine gängige Selbstbeschreibung.

Meine eigene Familie ist nicht immun gegenüber der Versuchung, passende Geschichten zu erfinden, um finanzielle Gewinne und Verluste im Nachhinein zu erklären. Während meiner Jugend unterhielt mich mein Großvater mit unzähligen Anekdoten zu einer Vielzahl von Themen, darunter seine Kindheit in Griechenland, merkwürdige Bekanntschaften, die er im Verlauf seines Lebens geschlossen hatte, und die Erfolgsgeschichte seiner Lieblings-Baseballmannschaft. Mein Großvater war redegewandt, witzig und eigensinnig. Nur selten jedoch und in knapper Form kam er auf den finanziellen Schicksalsschlag zu sprechen, der sein spätes Leben bestimmen sollte. Als junger und unausgebildeter Einwanderer arbeitete er in Restaurants und Süßwarengeschäften. Mit den Jahren gelang es ihm, acht der zuerst Genannten und zwei der Letzteren zu kaufen. Der Zuckerbedarf seiner Süßwarenläden brachte ihn irgendwann dazu, in den Zuckermärkten zu spekulieren. Eines Tages entschloss er sich – über die Details hat er sich nie geäußert –, auf mehrere Waggonladungen Zucker zu wetten. Anscheinend setzte er dabei sein gesamtes Vermögen ein – wenige Wochen vor dem Zusammenbruch des Zuckermarktes. Einer anderen Version zufolge war sein Verlust auf eine Unterversicherung des Zuckertransports zurückzuführen. Jedenfalls verlor er seinen gesamten Einsatz; ein Schlag, von dem er sich finanziell nie wirklich erholte. Ich erinnere mich an seinen reuevollen Ausspruch: »Johnny, ich hätte ein sehr reicher Mann sein können.

Ich hätte es wissen müssen.« Die nackten Tatsachen blieben mir seinerzeit im Gedächtnis haften, doch meine weit weniger verheerenden Erfahrungen der letzten Jahre mit WorldCom haben mich an seinem Schmerz auch gefühlsmäßig teilhaben lassen.

Die stark ausgeprägte menschliche Neigung, zufälligen Ereignissen auf verschiedenen Ebenen eine Bedeutung zuzuschreiben, macht uns anfällig für einnehmende Geschichten in Bezug auf diese Ereignisse. Allzu oft sehen wir in dem zufällig verursachten Rorschach-Tintenklecks nur das, was wir sehen wollen oder was uns ein gewerblicher Weissager, der sich von einem Karnevalsnarren nur durch die Höhe seiner Gebühren unterscheidet, einflüstert. Selbstsicherheit überzeugt auch dann, wenn sie unberechtigt ist, insbesondere wenn es an harten Fakten mangelt. Dies mag erklären, warum Börsenexperten so viel überzeugter auftreten als etwa Sportreporter, die vergleichsweise freimütig den großen Einfluss des Zufalls einräumen.

Effizienz und Random Walk

Die Theorie effizienter Kapitalmärkte wird offiziell auf die 1964 veröffentlichte Dissertation des Ökonomen Eugene Fama, auf die Arbeit des Wirtschaftsnobelpreisträgers Paul Samuelson sowie auf andere Veröffentlichungen der sechziger Jahre zurückgeführt. Ihr Stammbaum reicht allerdings viel weiter zurück; er führt zu der 1900 erschienenen Dissertation von Louis Bachelier, einem Schüler des berühmten Mathematikers Henri Poincaré. Kern dieser Theorie ist die These, dass der Kurs einer Aktie zu jedem Zeitpunkt alle verfügbaren relevanten Informationen über diese Aktie widerspiegelt. In Famas Worten: »In einem effizienten Markt führt der Wettbewerb zwischen der großen Zahl an intelligenten Marktteilnehmern dazu, dass die aktuellen Kurse einzelner Aktien zu jedem gegebenen Zeitpunkt bereits die Auswirkungen der verfügbaren Informationen widerspiegeln, und zwar sowohl hinsichtlich zurückliegender als auch bezüglich erwarteter Ereignisse.«

Es gibt zahlreiche Abstufungen dieser Hypothese, je nach Art der Informationen, die der Kurs einer Aktie vermeintlich widerspiegelt. In ihrer schwächsten Form unterstellt die Theorie effizienter Kapitalmärkte, dass alle Informationen über vergangene Ereignisse in den Aktienkursen enthalten, im Fachjargon: eingepreist, sind. Daraus folgt unmittelbar, dass sämtliche in Kapitel 3 besprochenen Regeln und Muster der technischen Analyse wertlos sind. Einer etwas strengeren Version zufolge spiegelt der Kurs einer Aktie alle veröffentlichten Informationen über das betreffende Unternehmen wider. Die Folge: Ertragszahlen, die Zinssätze und andere Elemente der in Kapitel 5 besprochenen Fundamentalanalyse sind ohne Belang. Die strengste Form dieser Theorie besagt, dass alle Informationen, gleich welcher Art, bereits in den Kursen enthalten sind. Demnach wären sogar Insider-Informationen ohne jeden praktischen Nutzen.

Vermutlich war es diese letzte, ein wenig absurde Variante der Hypothese, die bei der Erfindung des folgenden Witzes Pate stand: Zwei Verfechter der Theorie effizienter Kapitalmärkte gehen auf der Straße spazieren. Sie entdecken eine 100-Dollar-Note am Straßenrand und gehen weiter, da eine echte Note schließlich schon längst aufgehoben worden wäre. Und natürlich darf auch der obligatorische Glühbirnenwitz nicht fehlen. Frage: Wie viele Verfechter der Theorie effizienter Kapitalmärkte werden benötigt, um eine Glühbirne auszuwechseln? Antwort: Keine. Wenn die Glühbirne defekt wäre, hätte der Markt sie längst ausgetauscht. Die Anhänger der Theorie effizienter Kapitalmärkte befürworten in der Regel eine passive Anlagestrategie, etwa die Investition in einen breit streuenden Indexfonds, der einen bestimmten Marktindex wie zum Beispiel den S&P 500 oder den DAX nachzubilden versucht. Der sendungsbewusste Gründer der US-Fondsgesellschaft Vanguard, John Bogle, der vermutlich an die Effizienz von Kapitalmärkten glaubt, bot als Erster der breiten Anlegergemeinschaft einen derartigen Fonds an. Sein Fonds Vanguard 500 arbeitet ohne Management, ist hoch diversifiziert und verlangt sehr niedrige Gebühren – und er schlägt in aller Regel die weitaus teureren aktiv gemanagten Fonds. Wer in diesen Fonds investiert, zahlt allerdings einen Preis: Er muss sich von der Illusion verabschieden, ein scharfsinniger Revolverheld/Investor zu sein, der den Markt überlisten kann.

Mit welcher Rechtfertigung aber behaupten diese Theoretiker, dass der Kapitalmarkt effizient sei? Nun, sie weisen auf die unzähligen

Investoren jeglicher Provenienz hin, die sämtlich mithilfe aller nur denkbaren Strategien versuchten, einen Gewinn zu erzielen. Mit der Gründlichkeit von Spürhunden ermittelten diese Investoren jedes auch noch so entfernt relevante Informationsbruchstück bezüglich eines Unternehmens, stürzten sich darauf und trieben den Kurs der betreffenden Aktie in Windeseile hinauf oder herab. Aufgrund dieser Aktivitäten der Anlegerhorde nehme der Markt jede neue Information unmittelbar auf und reagiere darauf mit einer effizienten Anpassung der Kurse. Die Gelegenheit, mithilfe der technischen oder der Fundamentalanalyse eine Überrendite zu erwirtschaften, verschwinde daher, bevor sie ausgebeutet werden könne. Wer sich dieser Techniken bediene, werde spätestens nach Einbeziehung von Maklerprovisionen und anderen Transaktionskosten keine Überrendite mehr erzielen. Es sei noch einmal darauf hingewiesen, dass hier nicht behauptet wird, die Anwender der technischen oder der Fundamentalanalyse verdienten kein Geld. In der Regel tun sie das durchaus, doch wird ihre Rendite nicht die Wertentwicklung des jeweiligen Vergleichsindex übertreffen.

Zwischen der Theorie effizienter Kapitalmärkte und der Annahme, dass die Schwankungen der Aktienkurse rein zufällig seien, besteht im Übrigen ein enger Zusammenhang. Wenn die jeweils aktuellen Kurse stets alle verfügbaren Informationen widerspiegeln (und somit im Sinne von Kapitel 1 Allgemeinwissen darstellen), dann folgt daraus, dass die zukünftigen Kurse nicht prognostizierbar sind. Jede Information, welche die Vorhersage eines Aktienkurses beeinflussen könnte, ist bereits von den Investoren gewichtet worden und hat diese zu Käufen und Verkäufen veranlasst, wodurch der Kurs der Aktie nun die betreffende Information widerspiegelt. Erstaunlicherweise senkt eine Zunahme der Effizienz von Kapitalmärkten die Chance, ihre Entwicklung zutreffend zu prognostizieren. Künftige Kursbewegungen werden allein durch bislang unbekannte Ereignisse (oder neue Aspekte bereits bekannter Ereignisse) verursacht – durch Informationen somit, die sich per definitionem nicht prognostizieren lassen. Daraus folgt, dass die Aktienkurse in effizienten Kapitalmärkten zufällig schwanken. Sie schlendern ohne jedes Gedächtnis ziellos umher – im Englischen bezeichnet man dies als *Random Walk* –, wobei jeder Schritt vollkommen unabhängig von dem vorhergehenden erfolgt. Im Zeitablauf weisen diese Bewegungen jedoch einen Aufwärtstrend auf, vergleichbar den Wurfergebnissen mit einer leicht gezinkten Münze.

Eine kleine Geschichte, die mir schon immer sehr gefallen hat und die auf die Unmöglichkeit, neue Entwicklungen vorherzusehen, hinweist, lautet wie folgt: Ein Collegestudent, der erfolgreich einen Kurs im Schnelllesen absolviert hat, teilt dies seiner Mutter in einem Brief mit. Die Mutter antwortet ihrerseits mit einem langen, geschwätzigen Schreiben, in dessen Mitte sich der Satz findet: »Jetzt, wo Du diesen Kurs im Schnelllesen hinter Dich gebracht hast, wirst Du diesen Brief wohl inzwischen zu Ende gelesen haben.«

Auch echte wissenschaftliche Durchbrüche oder Anwendungen lassen sich ihrer Natur nach nicht vorhersehen. Es wäre absurd gewesen, 1890 mit der Schlagzeile »Noch 15 Jahre bis zur Relativitätstheorie« zu rechnen. Es sei ebenso verwegen, wird der Anhänger der Theorie effizienter Kapitalmärkte nicht müde zu verkünden, Veränderungen im Geschäftsumfeld eines Unternehmens zu prognostizieren. Insofern, als derartige Vorhersagen einen allgemeinen Konsens darstellten, seien sie ohnehin bereits im Kurs seiner Aktie eingepreist. Sind sie umstritten, gleiche ihre Berücksichtigung der Prognose von Münzwurfergebnissen.

Was immer Sie über dieses Thema denken mögen: Die Argumente, die für die Existenz eines effizienten Kapitalmarkts sprechen, nachzulesen in Burton Malkiels *A Random Walk Down Wall Street* und anderswo, können so falsch nicht sein. Schließlich erzielen die meisten Fondsmanager im langjährigen Mittel weiterhin schlechtere Ergebnisse als etwa der Indexfonds Vanguard 500 (ein meines Erachtens durchaus skandalöser Umstand). Auch andere Indizien sprechen für einen *relativ* effizienten Kapitalmarkt. Es gibt kaum Möglichkeiten, risikofreie Gewinne zu erzielen oder Arbitragegeschäfte zu tätigen, die Kurse passen sich allem Anschein nach rasch der jeweiligen Nachrichtenlage an, und die Autokorrelation des Kursniveaus von Tag zu Tag, Woche zu Woche, Monat zu Monat und Jahr zu Jahr ist gering (wenn auch nicht null). Hat sich der Markt also in einem gegebenen Zeitraum der Vergangenheit positiv (negativ) entwickelt, so zeigt er keine starke Tendenz, sich in der jeweils nächsten Periode ebenso zu verhalten.

Nichtsdestotrotz hat sich in den letzten Jahren meine Haltung gegenüber der Theorie effizienter Märkte und der Random-Walk-Hypothese verändert. Ein wichtiger Grund dafür sind die Bilanzierungsskandale bei Enron, Adelphia, Global Crossing, Qwest, Tyco, WorldCom, Andersen und vielen anderen unrühmlichen Vertretern der US-amerikanischen Geschäftswelt: Diese Vorfälle scheinen der Auffassung zu widersprechen, dass sich verfügbare Informationen über eine Aktie stets in kürzester Zeit in Allgemeinwissen verwandeln.

Von Pfennigen und der Neigung, überall Muster zu erkennen

Das *Wall Street Journal* veranstaltet eine viel beachtete Serie von Wettbewerben zur Aktienauswahl, bei denen sich eine wechselnde Riege von Aktienanalysten und eine Gruppe von Pfeilwerfern gegenüberstehen. Die Analysten wählen dabei ihre Aktien anhand eigener Analysen aus, während die Pfeilwerfer eine Zufallsauswahl treffen. Die Ergebnisse vieler sechsmonatiger Wettbewerbe zeigen, dass die Auswahl der Profis zumeist etwas, aber nicht deutlich besser abschneidet als diejenige der Pfeilwerfer. Einer Vermutung zufolge erwächst der Vorsprung der Profis dabei aus der Tatsache, dass ihre Auswahl andere zum Kauf der betreffenden Aktien veranlasst, was deren Kurs in die Höhe treibt. Auch Investmentfonds neigen trotz ihrer im Vergleich zu Einzelaktien geringeren Volatilität dazu, sich den Prognosen der Analysten zu widersetzen – nicht selten erscheinen sie in einem Jahr im obersten Wertentwicklungs- (Performance-) Quartal ihrer Kategorie, im Folgejahr jedoch im untersten.

Ob man an effiziente Märkte und zufällige Kursschwankungen von Aktien nun glaubt oder nicht: Es lässt sich schwerlich bestreiten, dass der Zufall an den Kapitalmärkten eine erhebliche Rolle spielt. Eine Untersuchung zufälligen Verhaltens bringt daher Licht ins Dunkel vieler Börsenphänomene. (Das Gleiche gilt für die Lektüre eines Standardwälzers zur Wahrscheinlichkeitstheorie, wie etwa desjenigen von Sheldon Ross.) Besonders geeignete Untersuchungsobjekte sind so genannte Pfennigaktien oder auch (leichter verfügbar und noch stärker vom Zufall bestimmt) Pfennige selbst. Nehmen wir also an, wir würden immer wieder eine Pfennigmünze werfen und uns die jeweiligen Ergebnisse – Kopf oder Zahl – notieren (selbstverständlich dürfen Sie zu diesem Zweck auch eine Eurocent-Münze verwenden). Die Münze und die Würfe sollen dabei unparteiisch sein (obwohl man bei Bedarf auch eine geringe Ungleichheit einbauen kann, um den langfristigen bescheidenen Aufwärtstrend an den Börsen widerzuspiegeln).

Eine merkwürdige und wenig bekannte Eigenschaft einer derartigen Folge von Münzwürfen betrifft die *Zeit*, während der die Gesamtzahl der Kopf-Würfe diejenige der Zahl-Würfe übersteigt: Sie liegt nur selten bei 50 Prozent!

Zur Veranschaulichung betrachten wir folgendes Beispiel: Zwei Spieler, Henry und Tommy, wetten miteinander, dass ein täglicher Münzwurf jeweils Kopf beziehungsweise Zahl ergibt. Dieses Spiel setzen sie über Jahre hinweg fort. (Die Sinnfrage ignorieren wir geflissentlich.) Henry führt immer dann, wenn bis zu dem jeweiligen Tag insgesamt häufiger Kopf als Zahl aufgetreten ist, während Tommy im umgekehrten Fall vorne liegt. Da die Münze unparteiisch ist, sind ihre Chancen, das Gelbe Trikot zu tragen, gleich verteilt, doch vermutlich wird einer von ihnen im Verlauf dieses recht stupiden Wettbewerbs überwiegend in Führung liegen.

Rechnerisch ausgedrückt liegt bei insgesamt 1 000 Münzwürfen die Wahrscheinlichkeit, dass einer der beiden Spieler über 96 Prozent der Gesamtspielzeit geführt hat, deutlich höher als die Wahrscheinlichkeit, dass er (und folglich auch der andere Spieler) zwischen 48 und 52 Prozent dieser Zeit in Führung lag.

Dieser Feststellung Glauben zu schenken fällt vielen Menschen schwer. Sie neigen dazu, dem Trugschluss zu verfallen, dem zufolge die Abweichungen der Münzwurfergebnisse von einer 50:50-Verteilung zwischen Kopf und Zahl einem »Gummiband der Wahrscheinlichkeit« unterliegen: Je größer die Abweichung, desto höher demnach die Wahrscheinlichkeit, dass eine ausgleichende Kraft das Verhältnis in Richtung auf den Mittelwert zurückzieht. Doch selbst wenn Henry weit in Führung läge, etwa mit 525 Kopf-Würfen gegenüber 475 Zahl-Würfen, wäre die Wahrscheinlichkeit, dass er seinen Vorsprung weiter ausbauen könnte, ebenso hoch wie diejenige, dass dieser Vorsprung schmilzt. Und in gleicher Weise wird eine auf willkürlichem Pfade gefallene Aktie mit ebenso großer Wahrscheinlichkeit weiter fallen wie zu einer Erholung ansetzen.

Die Tatsache, dass die Führungsposition zwischen den beiden Spielern so selten wechselt, widerspricht in keiner Weise der anderen, wonach mit zunehmender Spieldauer das Verhältnis von Kopf- und Zahl-Würfen sich einem Wert von 1:1 annähert. Ebenso wenig widerspricht sie dem Phänomen der Regression zum Mittelwert: Wenn also Henry und Tommy ihr Spiel erneut begännen und ihre Münze wiederum 1 000 Mal würfen, wäre es durchaus wahrscheinlich, dass die Zahl der Kopf-Würfe nun unter 525 läge.

Angesichts der Seltenheit, mit der Henry und Tommy im Verlauf ihres Spiels das Trikot des Spitzenreiters wechseln, würde es nicht überraschen, wenn einer von ihnen im Laufe der Zeit als »sicherer Gewinner« und der andere als »Verlierertyp« bekannt würde, obwohl beide keinerlei Einfluss auf ihr Schicksal haben. Ein Aktienanalyst, der einen anderen mit einer Marge von 525 zu 475 aussticht, könnte sich damit ein Interview in einer Börsensendung oder gar ein Porträt in der Zeitschrift *Fortune* sichern. Doch wie Henry oder Tommy könnte er sein Glück lediglich dem Zufall verdanken, auf der Gewinnerseite einer 50:50-Siegeschance gelandet zu sein.

Doch wie verhält es sich mit Star-Investoren wie Warren Buffett? Der phänomenale Anlageerfolg dieses und anderer Börsengurus, wie etwa Peter Lynch und John Neff, wird oft als Argument gegen die Zufälligkeit des Börsengeschehens angeführt. Dies impliziert jedoch, dass sich die Anlageentscheidungen Buffetts in keiner Weise auf die Kurse auswirken. In früheren Zeiten traf diese Annahme zweifellos zu, doch heute beeinflussen seine Aktienauswahl und seine Möglichkeiten zur Herstellung von Synergieeffekten auch die Entscheidungen anderer Anleger. Seine Erfolge erscheinen dadurch etwas weniger spektakulär als zuvor.

Ein anderer Einwand hebt darauf ab, dass einige Aktien, Investmentfonds oder Analysten mit großer Sicherheit über einen längeren Zeitraum hinweg den Markt deutlich schlagen werden – und zwar allein aus Gründen der Wahrscheinlichkeit, sprich durch Zufall. So werden von 1 000 Aktien (oder Investmentfonds oder Analysten) voraussichtlich etwa 500 im Folgejahr eine Überrendite gegenüber dem Markt erzielen, wenn nur der Zufall im Spiel ist, also beispielsweise eine Münze geworfen wird. Von diesen 500 Gewinnern werden etwa 250 auch im nächsten Jahr den Markt schlagen. Und der Hälfte dieser 250, also rund 125, gelingt dies auch im dritten Jahr; sie verbuchen damit eine dreijährige Gewinnserie, die sie allein dem Zufall verdanken. So gesehen ist es sehr plausibel, dass eine unserer 1 000 Aktien (oder Fonds/Analysten) über zehn Jahre hinweg nur durch Zufall gut abschneidet. Natürlich wird es einige Finanzjournalisten geben, die angesichts dieser Leistung aus dem Häuschen geraten.

Eine andere Erkenntnis, die sich aus der Beobachtung unseres Münzwurfspiels gewinnen lässt, ist die oft erstaunliche Länge von Kopf- oder Zahlfolgen. Bei täglichem Münzwurf liegt die Wahrscheinlichkeit, dass innerhalb von etwa zwei Monaten beide Kontrahenten einmal an fünf Tagen in Folge gewinnen, bei über 50 Prozent. Nach sechs Jahren werden mit gleicher Wahrscheinlichkeit beide Spieler irgendwann zehnmal hintereinander gewonnen haben.

Bittet man Probanden, das mögliche Resultat eines derartigen Münzwurfspiels zu notieren, so werden sie fast immer zu wenige Kopf- oder Zahlfolgen zu Papier bringen. Insbesondere verzichten sie auf sehr lange Folgen, wodurch ihre fiktiven Resultate mühelos von echten Wurfergebnissen zu unterscheiden sind.

Doch versuchen Sie einmal, Menschen davon zu überzeugen, dass lang anhaltende Folgen durch Zufall bedingt sind – ganz gleich, ob es sich um Treffer eines Basketballspielers, die Aktienauswahl eines Analysten oder Münzwürfe handelt. Tatsache ist, dass zufällige Ereignisse als sehr geordnet erscheinen können.

Um sich dies bildlich zu verdeutlichen, empfehle ich Ihnen, sich ein großes Blatt Papier zu nehmen und dieses in kleine Quadrate zu zerschneiden, die Sie nun entsprechend dem Muster eines Schachbretts anordnen. Dann machen sie folgenden Versuch: Werfen Sie wiederholt eine Münze und malen Sie die Quadrate je nach dem Ergebnis ihrer Würfe nacheinander aus: bei Kopf weiß, bei Zahl schwarz. Lehnen Sie sich, sobald das Schachbrett vollständig ausgefüllt ist, zurück und untersuchen Sie es auf mögliche Muster oder Häufungen von Quadraten gleicher Farbe: Die Wahrscheinlichkeit ist hoch, dass Sie fündig werden. Sollten Sie nun das Bedürfnis verspüren, diese Funde zu erklären, so könnten Sie sich eine passende Geschichte ausdenken, die vielleicht oberflächlich betrachtet plausibel oder faszinierend erscheint, aber angesichts des Zustandekommens Ihres Schachbretts notgedrungen falsch wäre.

Die gleiche Illusion eines Musters entsteht, wenn Sie Ihre Münzwurfergebnisse als Punkte auf einem Koordinatenkreuz auftragen (dessen horizontale Achse den Zeitablauf widerspiegelt), wobei Sie bei jedem Kopf-Wurf eine Einheit nach oben rücken und bei jedem Zahl-Wurf eine Einheit nach unten. Verbinden Sie nun die einzelnen Punkte zu einer Linie, so würden einige Chartisten zweifellos »Kopf-Schulter-Formationen«, »Dreifachtops« oder »aufsteigende Trendkanäle« in diesen Zickzack-Bewegungen erkennen, über deren Bedeutung sie einiges zu sagen wüssten. (Ein Unterschied zwischen Münzwurfergebnissen und zufälligen Kursschwankungen besteht darin, dass man bei Letzteren im Allgemeinen nicht von einer absoluten, sondern von einer prozentualen Bewegung pro Zeiteinheit ausgeht.)

Wieder einmal ungeachtet der Frage, ob die Kapitalmärkte nun vollständig effizient sind oder ob die Kurse tatsächlich ziellos hin und her schwanken (einen echten »Random Walk« vollführen), können wir feststellen, dass rein zufällige Phänomene sich oft kaum von dem tatsächlichen Verhalten der Börse unterscheiden lassen. Diese Erkenntnis sollte – aber wird vermutlich nicht – jene Beobachter zum Schweigen bringen, die für jede Kursrallye, jeden Ausverkauf und jedes dazwischen angesiedelte Ereignis eine hübsche Ex-Post-Erklärung anbieten. Von diesen Kommentatoren wird man selten Bemerkungen vernehmen, die der Beobachtung vergleichbar sind, dass die Münze zufällig ein paar Mal öfter auf Kopf als auf Zahl landete. Stattdessen wird man erfahren, dass Tommy Gewinne mitgenommen hat, Henrys Zuversicht gestiegen ist oder die Arbeitskämpfe in den Kupferminen auf die Stimmung drücken, um nur einige Beispiele zu nennen.

Angesichts der Fülle an verfügbaren Informationen – Wirtschaftsseiten der Tagespresse, Jahresbilanzen der Unternehmen, Ertragsprognosen, vermeintliche Skandale, Finanzwebsites und Kommentare – lässt sich immer irgendetwas aufschlussreich Klingendes vorbringen. Es genügt, das Zahlenmeer so lange auszusieben, bis ein plausibler Klumpen an Spekulation in unserem Sieb hängen bleibt. Eine Kleinigkeit, genau wie der Wurf einer Münze.

Der Börsenbriefschwindel

Den Bilanzierungsskandalen um WorldCom, Enron und andere Unternehmen lag deren Praxis zugrunde, ihre Finanzdaten gezielt auszuwählen, zu verfälschen und zu filtern. Bei einem Schwindel, den ich zuerst in meinem Buch *Innumeracy* vorgestellt habe, werden dagegen die *Empfänger* der Daten gezielt ausgewählt, manipuliert und gefiltert. Dabei geschieht Folgendes: Der angebliche Herausgeber eines Börsenbriefs errichtet eine Briefkastenfirma in einem wohlhabenden Stadtteil. Er lässt teures Briefpapier drucken und sendet nun ein Werbeanschreiben an potenzielle Abonnenten aus, in dem er sich seiner überlegenen Software zur Aktienanalyse, seines Scharfsinns in Finanzfragen und seiner guten Kontakte zum Börsenparkett rühmt. Darüber hinaus erwähnt er seine bisherigen erstaunlichen Erfolge, betont allerdings, dass der geneigte Leser sich auf diese Aussage nicht verlassen müsse.

Stellen Sie sich vor, Sie wären einer der Empfänger dieses Anschreibens und erhielten nun sechs Wochen lang und im Wochenrhythmus zutreffende Prognosen hinsichtlich der Entwicklung eines bestimmten gängigen Marktindex: Würden Sie den Börsenbrief abonnieren? Wie sähe Ihre Entscheidung aus, wenn Sie zehn korrekte Prognosen in Folge erhielten?

Und so funktioniert der Trick: Der vermeintliche Börsenbriefautor versendet 64 000 Werbeanschreiben an potenzielle Abonnenten. (Ein Versand per E-Mail würde eine Menge Porto einsparen, könnte das Schreiben aber als »Spam-Betrug« erscheinen lassen und würde ihm folglich viel von seiner Glaubwürdigkeit nehmen.) Gegenüber 32 000 Empfängern gibt er an, der fragliche Index werde in der kommenden Woche steigen; den anderen 32 000 sagt er voraus, dass der Index fallen werde. Vollkommen unabhängig davon, wie sich der Index tatsächlich entwickelt, hat er damit 32 000 Empfängern eine korrekte Prognose erstellt. 16 000 von ihnen sendet er nun einen weiteren Brief zu, in dem ein Anstieg des Index in der Folgewoche prognostiziert wird, während die anderen 16 000 eine gegenteilige Prognose erhalten. Damit hat unser Autor – wiederum unabhängig von der Entwicklung des Index – 16 000 Menschen in zwei aufeinander folgenden Wochen eine zutreffende Prognose geliefert. Von diesen erhalten 8 000 einen dritten Brief, der einen Anstieg des Index für die dritte Woche ankündigt, die verbleibenden 8 000 hingegen ein Schreiben mit dem gegenteiligen Befund.

Nachdem er dieses Spiel über drei weitere Runden geführt und in jeder Runde die Empfänger einer falschen Prognose ausgesiebt hat, verbleiben schließlich 1 000 Menschen, die sechsmal hintereinander eine korrekte »Prognose« erhalten haben. Diesen sendet der Börsenbriefautor nun ein weiteres Schreiben zu, in dem er ihnen den fortlaufenden Bezug seiner orakelhaften Vorhersagen anbietet, sofern sie bereit seien, den Abonnementpreis von 1 000 Euro zu bezahlen. Gehen alle auf dieses Angebot ein, so kassiert unser Autor 1 Million Euro, ohne dass er auch nur einen blassen Schimmer von Aktien, Indizes, Trends oder Dividenden haben müsste. Wird diese Methode vorsätzlich angewandt, ist dies illegal. Doch wie verhält es sich, wenn sie unbewusst von seriösen, überzeugten und unwissenden Herausgebern von Börsenbriefen praktiziert wird? (Man denke an den Gesundbeter, der sich jede zufällige Verbesserung des Gesundheitszustands seines Patienten auf die eigenen Fahnen schreibt.)

Das Marktgeschehen ist ungeheuer komplex, und es gibt unzählige Möglichkeiten, Erfolg zu definieren oder sich ein Ereignis zurechtzubiegen. Den meisten Menschen gelingt es daher, sich selbst davon zu überzeugen, sie seien übermäßig erfolgreich gewesen oder gerade auf dem besten Wege dazu. Es ist immer möglich, eine scheinbare Ordnung in zufälligen Ereignissen zu erkennen – man muss nur verzweifelt genug danach suchen.

Eine Begebenheit, die dem Börsenbriefschwindel ähnelt, aber eine andere Wendung nimmt, wurde mir von einem Bekannten berichtet. Sie handelt von dem Unternehmen seines Vaters und dessen traurigem Ende. Angeblich hatte der Vater vor Jahren in einem südamerikanischen Land, dessen Name hier keine Rolle spielen soll, einen großen Universitätsvorbereitungsdienst betrieben. Er warb damit, dass er die Chancen von Bewerbern an der staatlichen Elitehochschule drastisch erhöhen könne. In seinem Anschreiben spielte er auf Insiderkontakte an und spiegelte eine genaue Kenntnis der einschlägigen Formulare, Termine und Abläufe vor. Für seine Dienstleistung verlangte er eine exorbitant hohe Gebühr, die er mit einer Geld-zurück-Garantie für den Fall, dass der Bewerber nicht angenommen würde, rechtfertigte.

Eines Tages wurde das Geheimnis seines Geschäftsmodells aufgedeckt: Man fand sämtliche Unterlagen, die ihm gutgläubige Bewerber über die Jahre hinweg zugesandt hatten, ungeöffnet in einem Abfallcontainer. Die Ermittlungen brachten zutage, dass er lediglich das Geld der Bewerber (oder vielmehr das ihrer Eltern) eingesammelt hatte, ohne irgendetwas dafür zu tun. Sein Trick bestand darin, so hohe Gebühren zu verlangen und ein derart gezieltes Marketing zu betreiben, dass nur die Kinder gut betuchter Eltern seine Dienste in Anspruch nahmen – Kinder, die zumeist ohnehin von der Universität aufgenommen wurden. Die Gebühren der wenigen Abgewiesenen erstattete er. Außerdem wurde er für seine Bemühungen ins Gefängnis geschickt.

Betreiben Börsenmakler dasselbe Geschäft wie der Vater meines Bekannten? Und lässt sich das Geschäft von Aktienanalysten mit demjenigen des Börsenbriefautors vergleichen? Wohl nicht, doch an Beweisen für ihre außerordentlichen Prognosefähigkeiten mangelt es zweifellos. Deshalb erschienen mir auch Berichte über eine Bemerkung des New Yorker Generalstaatsanwalts Eliot Spitzer, die ich im November 2002 las, ein wenig überflüssig. Spitzer hatte die Praxis der Börsenzeitschrift *Institutional Investor* kritisiert, regelmäßig einen Analystenpreis für besondere Erfolge bei der Aktienauswahl zu vergeben. Er stellte fest, dass die Erfolge der meisten Preisträger tatsächlich wenig spektakulär seien. Vielleicht wird eines Tages der Baulöwe Donald Trump auf einer Pressekonferenz verkünden, dass die besten Glücksspieler der Vereinigten Staaten eher mittelmäßige Roulettespieler seien.

Dezimalwerte und andere Neuerungen

Ebenso wie Analysten und Börsenmakler haben auch Market-Maker (die von der Spanne zwischen dem Brief- und dem Geldkurs einer Aktie leben) in den letzten Jahren reichlich Kritik einstecken müssen. Eine der Folgen war eine recht unspektakuläre Reform, welche die Effizienz der amerikanischen Börsen etwas erhöht hat. Die Kapitulation der Wall Street vor den radikalen »Dekakraten« trug sich vor einigen Jahren zu und wurde durch ein entsprechendes Mandat des US-Kongresses und eine direkte Anweisung der Börsenaufsichtsbehörde SEC ermöglicht. Seitdem werden Aktienkurse in den Vereinigten Staaten in US-Dollar und Cents ausgedrückt, sodass Floskeln wie »Gewinnmitnahmen drückten die Aktie XYZ um 2 1/8« oder »die Nachricht über den erfolgreichen Vertragsabschluss trieb Aktie PQR um 4 5/16 nach oben« nunmehr der Vergangenheit angehören.

Obwohl Kursrückgänge um 2,13 oder Anstiege um 4,31 womöglich weniger romantisch klingen, war die Einführung von Dezimalwerten aus mehreren Gründen sinnvoll. Zum einen sind Preisanstiege und -rückgänge nun unmittelbar vergleichbar, da das mühevolle Dividieren beispielsweise von 11 durch 16 entfällt. Die gedankliche Subtraktion zweier Dezimalstellen nimmt für gewöhnlich weniger Zeit in Anspruch, als 5 3/16 minus 3 5/8 zu berechnen. Ein weiterer Vorteil besteht darin, dass Kurse nun weltweit einheitlich in Dezimalzahlen ausgedrückt werden. Kein Amerikaner muss heute mehr ausländische Aktien auf den nächsten Sechzehntelwert auf- oder abrunden, ein arithmetischer Vorgang, der an Widernatürlichkeit wohl kaum zu überbieten ist.

Noch entscheidender ist aber die Tatsache, dass die übliche Spanne zwischen Geld- und Briefkursen nun gesunken ist. Während sie früher allgemein bei 1/16 (0,0625) US-Dollar lag, beträgt sie heute oft nur 0,01 US-Dollar. Dieser Schrumpfungsprozess wird den Investoren mit den Jahren zu Einsparungen in Milliardenhöhe verhelfen. Abgesehen von den geschröpften Market-Makers begrüßen die meisten Marktteilnehmer diese Folge der Einführung des Dezimalsystems.

Ein letzter Grund, die Veränderung zu begrüßen, ist eher mathematischer Natur. In gewissem Sinne ist das alte System der Hälften, Viertel, Achtel und Sechzehntel natürlicher als das Dezimalsystem. Es ist schließlich nichts anderes als ein leicht verschleiertes Binärsystem, das auf Potenzen der Zahl 2 (2, 4, 8, 16) statt auf denjenigen der Zahl 10 beruht. Jedoch kann es keines der Vorzüge des Binärsystems für sich in Anspruch nehmen, da es zur Feststellung eines Aktienkurses ungeschickterweise einen auf der Zahl 2 basierenden Nenner mit einem auf der Zahl 10 beruhenden Zähler verbindet.

So kommt es, dass die Zehn ihr Reich bis an die Wall Street ausgedehnt hat. Schon seit Verkündung der biblischen Zehn Gebote ist die Zahl Zehn allgegenwärtig. Im Gleichlauf mit dem anhaltenden Verlangen nach der Unkompliziertheit des metrischen Systems wurde sie auch mit Vorstellungen von Rationalität und Effizienz in Verbindung gebracht. Es erscheint somit durchaus angemessen, alle Aktienkurse nun in Dezimalwerten auszudrücken. Ich vermute dennoch, dass so mancher Wall-Street-Veteran die vertrackten Brüche vermissen wird, waren sie doch ein wesentlicher Bestandteil seiner gern erzählten Erfolgs- und Misserfolgsgeschichten. Von Angehörigen der Generation X (einer römischen Zehn) einmal abgesehen, gilt dasselbe wohl auch für viele andere Zeitgenossen.

Die Abschaffung von D-Mark, Franc, Drachmen und anderen europäischen Währungen zugunsten des Euro an den Finanzmärkten und im Handel war ein weiterer progressiver Schritt, der dennoch Anlass zu nostalgischen Gefühlen gibt. Die Geldscheine und Münzen, die ich von früheren Reisen mitgebracht habe und die in meinen Schubladen herumliegen, sind plötzlich wertlos geworden und werden niemals das Innere einer Brieftasche wiedersehen.

Eine dritte durchgreifende Veränderung des Handelsgeschehens äußert sich in dem gestiegenen Selbstvertrauen der Investoren. Vielerorts gibt es heute Anlegerclubs, wobei in den Vereinigten Staaten eine Frauengruppe aus Illinois die Vorreiterrolle übernahm. Entscheidender noch war die Einführung des unkomplizierten Online-Tradings, das den Niedergang des traditionellen Maklerberufs noch beschleunigt hat. Die Leichtigkeit, mit der ich zum Kauf oder Verkauf von Finanzanlagen ein Icon auf meinem Bildschirm anklickte (insbesondere um halbwegs ordentlich rentierende Investmentfonds zu verkaufen und mit dem Erlös weitere WorldCom-Aktien zu erwerben), flößte mir immer ein wenig Angst ein, und gelegentlich fühlte ich mich als Besitzer eines geladenen Revolvers. Manche Untersuchungen bringen die starken Kursschwankungen der späten neunziger Jahre mit Online- und Daytrading in Verbindung, wobei unklar bleibt, ob diese Phänomene auch nach der Jahrtausendwende noch eine Rolle spielen.

Unbestreitbar ist jedoch, dass der Online-Handel mühelos geblieben ist – so mühelos, dass ich es beinahe begrüßen würde, wenn vor jedem Kauf oder Verkauf ein kleines Bild eines echten Gegenstandes im Wert des zu handelnden Postens auf dem Bildschirm erscheinen würde, um daran zu erinnern, welche Summe man gerade bewegt. Gedenkt man beispielsweise einen Posten im Wert von 35 000 Euro zu kaufen oder zu verkaufen, könnte ein Fahrzeug der Luxusklasse erscheinen, bei 100 000 Euro vielleicht ein kleines Reihenhaus und bei einer Pfennigaktie eine Lakritzstange. Amerikanische Investoren können heute von ihrem heimischen PC aus Kursnotierungen, die Anzahl und Größe der Kauf- und Verkaufsgebote sowie unzählige weitere Angaben auf so genannten Level-II-Bildschirmen abrufen, das Ganze (nahezu) in Echtzeit. Millionen kleiner Desktop-Brokerhäuser! Leider trifft allzu oft die von der Bibliothekarin Jesse Sherra ersonnene Abwandlung eines berühmten Worts des Dichters Samuel Taylor Coleridge zu: Daten, Daten allenthalben, doch nirgends ein Gedanke zu bedenken.

Das Benford-Gesetz und die Suche nach der Eins

Ich habe oben erwähnt, dass es des meisten Menschen nicht gelingt, das Ergebnis einer Folge von Münzwürfen zu simulieren. Gibt es weitere Ausprägungen menschlichen Unvermögens, die es vielleicht gestatten würden, in den Bilanzbüchern eines Unternehmens wie Enron oder WorldCom Hinweise zu finden, ob sie frisiert wurden? Solche Ausprägungen mag es gegeben haben, und das hiermit verbundene mathematische Prinzip ist schnell erläutert, leuchtet aber nicht unmittelbar ein.

Das Benford-Gesetz besagt, dass Zahlen, die in einer Vielzahl von höchst unterschiedlichen Zusammenhängen auftreten – Beispiele sind etwa das Überschwemmungsgebiet von Flüssen, physische Eigenschaften von Chemikalien, die Einwohnerzahl kleiner Städte, Zahlen in Zeitungs- und Zeitschriftenartikeln oder die Halbwertzeit von radioaktiven Atomen – überproportional häufig mit der Ziffer »1« beginnen, nämlich in circa 30 Prozent aller Fälle. Mit der Ziffer »2« beginnen derartige Zahlen in etwa 18 Prozent und mit der Ziffer »3« in rund 12,5 Prozent aller Fälle. Bei steigender Ziffer nimmt der prozentuale Anteil weiter ab, und die Ziffer »9« schließlich stellt in weniger als 5 Prozent aller Fälle die Anfangsziffer dar. Man beachte, dass dieses Phänomen in krassem Gegensatz zu vielen anderen Situationen steht, bei denen jede Ziffer mit gleicher Wahrscheinlichkeit auftritt.

Das Benford-Gesetz lässt sich auf den Astronomen Simon Newcomb zurückführen (in dessen Namen sich interessanterweise das Börsenkürzel WCOM der WorldCom-Aktie versteckt), der vor einem Jahrhundert feststellte, dass die vorderen Seiten von Büchern mit Logarithmentafeln deutlich stärker abgegriffen waren als die hinteren, ein Hinweis darauf, dass Zahlen mit niedriger erster Ziffer häufiger nachgeschlagen wurden. Dieses kuriose Phänomen blieb weitgehend unbeachtet, bis es 1938 von dem Physiker Frank Benford wieder entdeckt wurde. Erst im Jahre 1996 jedoch fand der Mathematikprofessor Ted Hill vom Georgia Institute of Technology in Atlanta heraus, in welchen Situationen die auftretenden Zahlen mit dem Benford-Gesetz in Einklang stehen. Schließlich sorgte ein mathematisch begabter Wirtschaftsprüfer namens Mark Nigrini für erheblichen Wirbel, als er feststellte, dass man mithilfe des Benford-Gesetzes Steuer- und Bilanzbetrügern auf die Schliche kommen könne.

Das folgende Beispiel mag verdeutlichen, weshalb so oft Zahlengruppen auftreten, die dem Benford-Gesetz entsprechen:

Nehmen wir an, wir würden einen Betrag von 1 000 Euro zu einem Zinssatz von 10 Prozent per annum anlegen. Im folgenden Jahr hat sich unser Guthaben auf 1 100 Euro erhöht, im nächsten Jahr (bei Wiederanlage der Zinsen) auf 1 210 Euro, wiederum ein Jahr später auf 1 331 Euro und so weiter. (Mit der Zinseszinsrechnung beschäftigen wir uns ausführlicher in Kapitel 5.) Eine erhebliche Zeit lang bleibt die Anfangsziffer unseres Kontostands die »1«. Nach dem Überschreiten der Marke von 2 000 Euro dauert es weniger lang, bis sich die Anfangsziffer »2« in eine »3« verwandelt. Und wenn unser Guthaben schließlich auf über 9 000 Euro angeschwollen ist, sorgt der jährliche Zuwachs von 10 Prozent dafür, dass es bereits im Folgejahr die Schwelle von 10 000 Euro überschreitet – womit erneut ein langer Zeitraum mit der Anfangsziffer »1« eingeläutet wird. Wenn wir das wachsende Guthaben unseres Kontos über viele Jahre hinweg verfolgen, werden wir somit feststellen, dass die betreffenden Zahlen dem Benford-Gesetz folgen.

Das Gesetz ist überdies »skaleninvariant«. Dies bedeutet, dass die Einheit der betrachteten Zahlen keine Rolle spielt. In unserem Beispiel könnten wir also problemlos die Einheit Euro durch US-Dollar, britische Pfund oder auch die verflossene D-Mark ersetzen, ohne dass sich dies auf seine Gültigkeit auswirken würde.

Hill stellte einen allgemeineren Zusammenhang heraus: Liegt (in seinen Worten) eine »Verteilung von Verteilungen« vor, also eine willkürliche Zusammenstellung zufälliger Datensammlungen, so folgt diese wiederum dem Benford-Gesetz. Es gilt damit für große und bunt zusammengewürfelte Zahlensammlungen jeder Art.

Damit sind wir wieder bei Enron, WorldCom, Bilanzen und Mark Nigrini angelangt. Nigrini argumentiert wie folgt: Da sich die Bilanzzahlen oft aus einer Vielzahl von betrieblichen Funktionen und Quellen speisen, müssen sie dem Benford-Gesetz folgen – also überproportional häufig mit der Ziffer »1« und zunehmend selten mit höheren Anfangsziffern beginnen. Alles andere sei als Indiz für einen Betrug zu werten. Gefälschte, aber plausibel wirkende Zahlen wiesen beispielsweise deutlich häufiger die Anfangsziffern »5« und »6« auf, als dies dem Benford-Gesetz zufolge der Fall sein dürfte.

Die Artikel Nigrinis haben viel Beachtung gefunden, sicher auch bei Wirtschaftsprüfern und Staatsanwälten. Ob sie sich bis zu den Verantwortlichen bei Enron, WorldCom und Andersen herumgesprochen haben, ist nicht bekannt, doch für die Ermittler könnte es ein lohnendes Unterfangen sein, die Verteilung der Anfangsziffern in den Enron-Dokumenten mit dem Benford-Gesetz abzugleichen. Solche Tests sind keinesfalls narrensicher und führen bisweilen zu falschen positiven Ergebnissen, doch als zusätzliches Instrument könnten sie sich in bestimmten Situationen als nützlich erweisen. Es hätte etwas Komisches, wenn die Missetäter vor lauter Eifer, in ihrer Branche die Nummer eins zu sein, vergessen hätten, ihre Einsen zu beachten. Man male sich aus, wie die Buchhalter bei Andersen, während sie Seite um Seite in ihren Schredder füttern, besorgt in ihre Bärte murmeln, dass zu wenig Einsen als Anfangsziffern darauf erscheinen. Eine herrliche Vorstellung!

Der Zahlenmensch – ein Drehbuchentwurf

In den letzten Jahren sind mathematische Sachverhalte erstaunlich oft in dichterischer und erzählerischer Weise behandelt worden – denken Sie etwa an die Spielfilme *Good Will Hunting*, *Pi* und *Croupier* oder an die Bühnenstücke *Kopenhagen*, *Arcadia* und *Der Beweis*. Daneben sind zahlreiche Bücher zu populärmathematischen Themen sowie über Mathematiker erschienen. Insbesondere die Filme und Schauspiele haben mich dazu angeregt, den oben beschriebenen Börsenbriefschwindel in die Welt des Sports zu verlegen und daraus eine Art verkürztes Filmdrehbuch zu entwickeln, das die einschlägige Mathematik etwas stärker beleuchtet, als dies in den genannten Produktionen geschieht. Es handelt sich dabei um einen weiteren Fall dessen, was der amerikanische Kolumnist Charles Krauthammer als »Verherrlichung des gestörten Mathegenies« bezeichnet hat. Wer weiß, vielleicht ließe sich dieser Entwurf gar in einen faszinierenden und amüsanten Spielfilm verwandeln? Als Produktionsleiter eines Filmstudios oder unabhängiger Filmemacher würde ich mir die Gelegenheit jedenfalls nicht entgehen lassen.

Thema

Mathe-Freak betreibt cleveren Sportwettenschwindel, dabei geht ihm versehentlich ein des Rechnens unkundiger Gangster ins Netz.

1. Akt

Louis ist ein kleinwüchsiger, lüsterner, leicht versponnener Mann, der vor gut zehn Jahren (in den späten Achtzigern) sein Mathematikstudium an den Nagel gehängt hat und nun von zu Hause aus als technischer Berater arbeitet. Vom Äußerlichen und seinen Bewegungen her erinnert er ein wenig an den jungen Woody Allen. Er spielt gerade Karten mit seinen vorpubertären Kindern und hat ihnen soeben eine witzige Geschichte erzählt. Seine Kinder sind intelligent, und so fragen sie ihn, wie es ihm gelingt, stets mit einer passenden Geschichte aufzuwarten. Seine Frau, Marie, zeigt sich desinteressiert. Louis bleibt seinem guten Ruf treu und erzählt ihnen die von dem Schriftsteller Leo Rosten überlieferte Geschichte des berühmten Rabbi, der von einem seiner studentischen Bewunderer gefragt wurde, wie es zu erklären sei, dass er zu jedem Thema eine treffende Parabel wisse. Louis hält kurz inne, um sich zu vergewissern, dass alle die Verbindung erkennen.

Als die Kinder lächeln und seine Frau wiederum ihre Augen verdreht, fährt er fort. Der Rabbi, so erzählt er ihnen, habe mit einer Parabel geantwortet. Diese handelte von einem Rekrutierer in der Armee des Zaren, der durch eine Kleinstadt ritt und an der Wand eines Schuppens Dutzende kreisrunder Zielscheiben aus Kreide bemerkte, in deren Mitte jeweils ein Einschussloch prangte. Beeindruckt fragte der Rekrutierer einen Nachbarn, wer denn der Paradeschütze sein könnte. Der Nachbar antwortete: »Oh, das war Schepsel, der Sohn des Schusters. Er ist ein wenig seltsam.« Der begeisterte Rekrutierer zeigte sich unbeeindruckt, bis der Nachbar hinzufügte: »Sehen Sie, zuerst schießt Schepsel, und *dann* malt er mit Kreide einen Kreis um das Einschussloch.« Der Rabbi grinste: »Genau so halte ich es auch. Ich suche nicht nach einer Parabel, die zum jeweiligen Thema passt, sondern ich führe überhaupt nur Themen ein, für die ich eine Parabel weiß.«

Louis und seine Kinder lachen herzlich, bis ein abwesender, überwältigter Blick auf seinem Gesicht erscheint. Er schließt sein Buch, scheucht seine Kinder ins Bett, unterbricht Maries Geplapper über ihre neue Perlenkette, wünscht ihr zerstreut eine gute Nacht und zieht sich in sein Arbeitszimmer zurück. Dort beginnt er zu kritzeln, Anrufe zu tätigen und Kalkulationen anzustellen. Am nächsten Tag besucht er seine Bank, die örtliche Postfiliale sowie ein Schreibwarengeschäft, recherchiert ein wenig im Internet und trifft sich dann zu einem ausführlichen Gespräch mit seinem Freund, einem Sportreporter beim Lokalblatt. Dabei geht es um die Namen und Adressen sowie die Intelligenz von Sportwetten-Enthusiasten im ganzen Land.

In seinem Kopf hat die Idee für einen lukrativen Schwindel Gestalt angenommen. In den nächsten Tagen versendet er Briefe und E-Mails an Tausende bekannte Sportwetter, in denen er das Ergebnis eines bestimmten Sportereignisses »prognostiziert«. Seine Frau kann ihm nicht folgen, als er ihr zumurmelt, dass er genau wie Schepsel nicht verlieren könne, da unabhängig vom Spielausgang seine Prognose für die Hälfte aller Wettenden zutreffe. Wie sich herausstellt, ist dies der Fall, weil er der einen Hälfte den Sieg der ersten Mannschaft voraussagt, während die andere Hälfte erfährt, dass die zweite Mannschaft gewinnen werde.

Groß, blond, schlicht und unintelligent, wie sie ist, durchschaut Marie die Pläne ihres hinterlistigen Gatten nicht. Sie entdeckt die neue Frankiermaschine hinter dem Computer, bemerkt die immer häufigeren geheimen Telefonate und geht ihm mit Bemerkungen über den zunehmend beklagenswerten Zustand ihrer Finanzen und ihres Ehelebens auf die Nerven. Er entgegnet, dass sie nicht unbedingt drei volle Kleiderschränke und ein kleines Vermögen an Schmuck benötige, wenn sie doch ohnehin nur vor der Fernseher sitze und sich Seifenopern anschaue. Mit ein wenig mathematischem Kauderwelsch über demografische Forschung und neue statistische Methoden stößt er sie endgültig ab. Sie kann ihm noch immer nicht folgen, lässt sich aber durch das Versprechen beruhigen, dass sein mysteriöses Vorhaben sich schließlich als lukrativ erweisen werde.

Das muss gefeiert werden, und so gehen beide zum Essen aus. Louis, wie immer leidenschaftlich und verschlagen, rühmt genetisch veränderte Nahrung und bittet die attraktive Kellnerin, ihm das Gericht mit den meisten künstlichen Inhaltsstoffen zu servieren. Zum großen Verdruss Maries verwickelt er die Kellnerin nun in einen klassischen mathematischen Trick: Er zeigt ihr drei Spielkarten, von denen eine beidseitig schwarz und die zweite auf beiden Seiten rot ist, während die dritte eine rote und eine schwarze Seite aufweist. Nun bittet er sie um ihre Mütze, wirft die Karten hinein und weist sie an, eine Karte zu ziehen, aber nur deren eine Seite zu betrachten. Diese ist rot, was Louis zu der Feststellung veranlasst, es könne sich somit unmöglich um die beidseitig schwarze Karte handeln, und folglich habe sie eine der anderen beiden Karten gezogen – die rot-rote oder die rot-schwarze. Er tippt auf die rot-rote Karte und bietet ihr an, ihr Trinkgeld von 15 Prozent des Rechnungsbetrags auf das Doppelte zu erhöhen, falls es doch die rot-schwarze Karte sei; im anderen Fall erhalte sie nichts. Er wirft einen Seitenblick auf Marie in der Hoffnung auf Unterstützung, die er nicht erhält. Die Kellnerin geht auf die Wette ein und verliert.

Ohne Maries Unwohlsein zu bemerken, versucht er nun, sich mit der Kellnerin zu versöhnen, indem er ihr seinen Trick erklärt. Sie zeigt sich wenig begeistert. Er erläutert ihr, dass es sich keineswegs um eine faire Wette handele, obwohl es zunächst so aussehe. Schließlich kämen ja nur zwei Karten in Frage, und während er auf die eine Karte gesetzt habe, habe die Kellnerin auf die andere gewettet. Der Haken, fährt er schadenfroh und mit vollem Mund fort, liege aber darin, dass seine Gewinnchance doppelt so hoch wie diejenige der Kellnerin sei. Die sichtbare Seite der ausgewählten Karte könne die rote Seite der rot-schwarzen Karte sein; in diesem Fall gewinne die Kellnerin. Es könne sich aber auch um die eine Seite der rot-roten Karte handeln, wobei er gewänne, oder um die andere Seite derselben Karte, was ihm ebenfalls den Sieg einbrächte. Seine Gewinnchance betrage demnach 2 : 3 frohlockt er abschließend, und seine durchschnittlichen Trinkgeldausgaben seien um ein Drittel gesunken. Marie gähnt und wirft einen Blick auf ihre Rolex. Er verabschiedet sich auf die Männertoilette, von wo er seine Geliebte May Lee anruft, um sich bei ihr für eine vage Indiskretion zu entschuldigen.

Eine Woche später erklärt er May Lee in deren Apartment seinen Sportwettenschwindel. Seine Geliebte erinnert ein wenig an die Schauspielerin Lucy Liu, ist wesentlich intelligenter und noch materialistischer eingestellt als Marie. Sie interessiert sich für die Betrugsmasche und stellt Nachfragen. Enthusiastisch bittet er sie um ihre Unterstützung als seine Sekretärin. Er plant gerade eine zweite Aussendung mit einer weiteren Prognose, die aber nur jene Adressaten erhalten, denen er zuvor eine korrekte Vorhersage ins Haus geschickt hat; die anderen 50 Prozent will er nicht bedenken. Die Hälfte dieser verkleinerten Adressatenschar soll wiederum erfahren, dass ein bestimmtes Team gewinnen werde, die andere Hälfte erhält eine gegenteilige Prognose. Erneut wird sich seine Vorhersage für die eine Gruppe von Adressaten als zutreffend erweisen, sodass er aus der Sicht eines Viertels seiner ursprünglichen Zielgruppe zwei korrekte Prognosen in Folge abgegeben hat. »Und dieses Viertel der Wettenden…?« fragt sie wissend und voller Aufregung. Es entwickelt sich eine mathematisch-sexuelle Spannung.

Er wirft ihr einen verwegenen Blick zu und fährt fort. Einer Hälfte dieses Viertels wird er in der kommenden Woche einen Sieg prognostizieren, der anderen Hälfte eine Niederlage. Wiederum wird er jene ignorieren, die zuvor eine Fehlprognose erhalten haben. Und erneut wird seine Vorhersage zutreffen – nun zum dritten Mal in Folge –, wenn auch nur für ein Achtel seiner ursprünglichen Grundgesamtheit.

May Lee unterstützt ihn bei seinen Aussendungen, welche jeweils nur die Empfänger einer korrekten Prognose erhalten, während alle anderen ausgesiebt werden. Zwischen den Briefstapeln kommt es zu einer Sexszene, und beide belustigen sich darüber, dass sie unabhängig von dem Spielerfolg des fraglichen Teams und der Richtigkeit der Prognose stets gewinnen. Ganz gleich, wie das Pendel ausschlägt, ihr Glück ist gesichert.

Neben den Betrügereien lebt er weiter sein anderes Leben als gelangweilter Berater, Cyber-Surfer und eingefleischter Sportliebhaber. Der Empfängerkreis seiner erfolgreichen Prognosen schrumpft und schrumpft, bis er schließlich voller Erwartung ein Schreiben an die wenigen verbliebenen Wettliebhaber versendet. Darin verweist er auf seine eindrucksvolle Erfolgsserie und bittet um eine Zahlung in beträchtlicher Höhe, um diese wertvollen und scheinbar orakelhaften »Prognosen« weiterhin anbieten zu können.

2. Akt

Louis erhält eine Vielzahl von Überweisungen und erstellt eine weitere Prognose. Erneut trifft diese bei 50 Prozent der Empfänger zu; die anderen scheiden aus. Er bittet die erste Gruppe um eine weitere Zahlung, erhält diese und fährt in gleicher Weise fort. Mit zunehmend gut gefülltem Konto verbessert sich auch sein Verhältnis zu Marie und May Lee. Louis erkennt, dass sein Plan sogar besser funktioniert, als er erwartet hatte. Er lädt seine Kinder und (abwechselnd) seine Frauen zu Sportereignissen oder in exklusive Seebäder ein, wo er sich selbstgefällig über geborene Verlierer äußert, die sich in Wetten mit hohem Unsicherheitsfaktor stürzten. Als Marie ihre Sorge vor Haiangriffen im Wasser äußert, belehrt er sie, dass jährlich mehr US-Amerikaner von herunterstürzenden Flugzeugwrackteilen erschlagen werden als den Folgen eines Haiangriffs erliegen. Ähnliche Kommentare begleiten den gesamten Ausflug.

Er spielt ein wenig Blackjack und zählt dabei die Karten. Ihm missfällt das hohe Maß an Konzentration auf niedrigem Niveau, das man dabei aufbringen müsse, und er beklagt, dass man außer bei bereits vorhandenem Vermögen so langsam und so wenig gleichmäßig zu Geld komme, dass man sich ebenso gut eine feste Stelle suchen könne. Doch immerhin sei es das einzige Spiel mit einer Siegstrategie. Alle anderen Spiele seien dagegen etwas für charakterlich instabile Verlierertypen. Er besucht eines der Kasinorestaurants, wo er seinen Kindern den Trick vorführt, mit dem er die Kellnerin ihres Trinkgelds beraubt. Sie sind begeistert.

Wieder zurück in seinem Haus in der Vorstadt setzt Louis seinen Sportwettenschwindel fort. Die Zahl seiner Prognoseempfänger ist von ursprünglich mehreren Tausend auf wenige Menschen geschrumpft. Einer von ihnen ist Otto, ein raubeiniger Vertreter der Unterwelt. Dieser macht ihn ausfindig und stellt ihn auf dem Parkplatz einer Basketball-Arena. Er bittet ihn zunächst höflich, dann immer eindringlicher um eine Prognose zum Ausgang eines anstehenden Spiels, auf das er eine Wette abgeben möchte. Louis versucht ihn abzuwimmeln, woraufhin Otto, dessen Äußeres durchaus furchteinflößend ist, seine Pistole zückt und ihn in sein Auto bittet. Er droht Louis, seiner Familie etwas anzutun, ihr Wohnort sei ihm bekannt.

Otto, der nicht begreift, warum er so viele zutreffende Prognosen erhalten hat, ignoriert die Beteuerungen Louis', es handele sich um einen Betrug. Louis bemüht sich, mithilfe einiger mathematischer Argumente Otto davon zu überzeugen, dass jede Einzelprognose falsch sein kann. Doch so sehr er sich auch bemüht: Otto will nicht einsehen, dass es immer einige Menschen geben wird, die rein zufällig eine Vielzahl von zutreffenden Prognosen in Folge erhalten.

In Ottos Keller, von der Außenwelt abgeschnitten, sitzen sich der Schwindelkünstler und Mathe-Freak sowie der muskulöse Erpresser gegenüber. Ihre unterschiedlichen Ausdrucksweisen und Bezugssysteme bilden einen scharfen Kontrast. So behauptet Otto beispielsweise, dass jede Wette im Grunde eine 50 : 50-Angelegenheit sei, da man entweder gewinne oder verliere. Louis erzählt von seinen Mentoren, den Mathematikern Lewis Carroll und Bertrand Russell, von denen Otto selbstredend noch nie gehört hat. Erstaunlicherweise gleichen sich ihre Einstellungen gegenüber Frauen sowie in Finanzfragen, und auch dem Kartenspiel frönen beide mit gleicher Leidenschaft. So spielen sie zum Zeitvertreib. Otto zeigt stolz seine Stechtechnik, bei der nach seinen Angaben die Karten vollständig gemischt werden. Louis spielt lieber Solitär und spottet heimlich über Ottos Lotterieeinsätze und falsche Vorstellungen hinsichtlich der Eigenschaften von Wettspielen. Solange sie nicht über den Grund ihrer Anwesenheit nachdenken, kommen sie einigermaßen gut miteinander aus, obwohl Otto gelegentlich seine Drohungen wiederholt und Louis dann erneut beteuert, über keine besonderen Sportkenntnisse zu verfügen, und darum bittet, nach Hause entlassen zu werden.

Schließlich ringt sich Otto doch noch das Zugeständnis ab, dass er gelegentlich eine Falschprognose erhalten könne, besteht aber dennoch darauf, dass ihm Louis den Ausgang eines anstehenden Spiels voraussage. Augenscheinlich ist er nicht nur leicht beschränkt, sondern auch hoch verschuldet. Unter massivem Druck (mit geladener Pistole an seiner Schläfe) gibt Louis eine Prognose ab, die sich zufällig als korrekt herausstellt. Nun möchte der verzweifelte Otto, der immer noch davon überzeugt ist, einen Dukatenesel in Händen zu halten, von Wettkumpanen geliehenes Geld auf Louis' nächste Prognose verwetten.

3. Akt

Louis kann Otto schließlich davon überzeugen, ihn freizulassen, um ihm Gelegenheit zur Vorbereitung auf die nächste Prognose zu geben. Er bespricht seine missliche Lage mit May Lee, deren Bedarf an Geld, Nippes und modischer Kleidung ohnehin den Anlass für den Schwindel bildete. Sie erkennen, dass sie Ottos einzige Schwächen, seine Dummheit und Leichtgläubigkeit, sowie seine einzigen intellektuellen Interessen – Geld und Kartenspiel – zu ihrem Vorteil ausnutzen müssen.

Gemeinsam suchen sie Otto auf. Otto verfällt dem Charme von May Lee, die mit ihm flirtet und ihm ein Abkommen vorschlägt.

Wortlos entnimmt sie ihrer Handtasche zwei Kartenspiele und bittet Otto, beide zu mischen. Dieser ist hocherfreut, seine Kartenmischkünste einem empfänglicheren Publikum präsentieren zu können. Dann reicht sie ihm eines der beiden Spiele und bittet ihn, eine Karte nach der anderen aufzudecken, während sie gleichzeitig dasselbe mit dem anderen Spiel tun werde. Für wie hoch, so fragt sie ihn, halte er die Wahrscheinlichkeit, dass sie im Verlauf dieses Spiels einmal gleichzeitig eine nach Farbe und Wert identische Karte aufdeckten? Er lacht höhnisch, ist aber weiterhin von May Lee hingerissen. Nach ungefähr einer Minute in gespannter Atmosphäre stellt er überrascht fest, dass genau dieser Fall eingetreten ist. Sie erklärt ihm, dass die Chance eines derartigen Aufeinandertreffens bei über 50 Prozent liege, und schlägt ihm vor, aus dieser Tatsache Geld zu schlagen. Schließlich sei Louis ein Mathematikgenie und habe bewiesen, dass dies gelingen könne. Louis lächelt stolz.

Otto ist verblüfft. May Lee klärt ihn erneut darüber auf, dass die Sache mit den Sportwetten ein Schwindel gewesen sei und er mit den Kartentricks, die ihm Louis beibringen könne, aller Wahrscheinlichkeit nach mehr Geld verdienen werde. Louis tritt nach vorne, in seiner Hand dieselben zwei Kartenspiele, die er beide nun so zurechtgelegt hat, dass auf jede Karte eine der anderen Farbe folgt. Das erste Spiel beginnt mit einer roten Karte, sodass die Folge rot–schwarz–rot–schwarz–rot–schwarz … lautet, während im zweiten Spiel eine schwarze Karte zuoberst liegt; hier lautet die Folge somit schwarz–rot–schwarz–rot–schwarz–rot… Er reicht Otto die beiden Spiele und fordert ihn zu einer Demonstration seiner berühmten Stechtechnik auf, bei der die Karten im Reißverschlussverfahren gemischt werden. Otto willigt ein und verkündet in arrogantem Ton, dass die Karten nun vollständig gemischt seien, woraufhin Louis die vereinten Kartenspiele an sich nimmt und hinter seinem Rücken versteckt, wobei er so tut, als würde er sie manipulieren. Er zieht zwei Karten hervor, eine davon schwarz, die andere rot. »Na und?«, fragt Otto. Louis zieht zwei weitere Karten hervor, die ebenfalls verschiedenfarbig sind. Wieder und wieder gelingt ihm dieses Kunststück. »Ich hab' sie doch wirklich gemischt«, bemerkt Otto. »Wie haste das denn gemacht?« Louis erklärt, dass man dazu keinerlei Geschick benötige; zwar trügen die Karten in dem vereinten Kartenspiel nicht mehr abwechselnd die Farben schwarz und rot, doch seien zwei beliebige Karten, sofern man sie von oben her ziehe, stets verschiedenfarbig.

Es folgt eine Collagen-Szene, in der Louis Otto verschiedene Kartentricks erklärt und ihm zeigt, wie man mit diesen Geld verdienen könne. »Es gibt immer irgendeine Ordnung, etwas, das nicht rein zufällig ist und das einem Kartenmenschen wie dir zu Reichtum verhelfen kann«, sagt Louis. Er erklärt Otto sogar, wie er es vermeiden könne, Kellnerinnen Trinkgeld zu geben. Die Abmachung besteht natürlich darin, dass Otto sie entlässt, nachdem er (zumindest vage) das Geheimnis des Sportwettenschwindels versteht, und genauer, wie die neuen Kartentricks funktionieren. Louis verspricht ihm zum Abschied einen eintägigen Crashkurs zum lukrativen Einsatz dieser Tricks.

In der letzten Szene sieht man Louis in alter neuer Rolle: Er betreibt den gleichen Schwindel, prognostiziert jetzt aber die Entwicklung eines Börsenindex. Da er keine weiteren Ottos anlocken möchte, sondern an einer hochwertigeren Klientel interessiert ist, hat er sich nun zum Herausgeber eines Börsenbriefs befördert. Sein neues Haus ist deutlich luxuriöser, und May Lee, mit der er jetzt verheiratet ist, wirbelt in ihrem teuren Kostüm durch die Zimmer, während er mit seinen nun etwas älteren Kindern Karten spielt und dabei gelegentlich geistesabwesend kleine Bullaugen und Zielscheiben auf einen Briefumschlag kritzelt. Er entschuldigt sich und sucht sein Arbeitszimmer auf, um ein geheimes Telefongespräch zu führen, dessen Ziel eine Wohnung im teuersten Stadtviertel ist, die er für seine neue Gespielin erworben hat.

5 Der Wert eines Flaschengeistes – die Grenzen der Analyse

Meine besondere Zuneigung galt der Internet-Sparte von WorldCom, UUNet, die für den Erfolg des Unternehmens eine herausragende Rolle spielte. Da das Internet zweifellos von Dauer sein würde, musste das nach meiner Vorstellung auch für UUNet und WorldCom gelten. Während dieser Flitterwochen kam es vor, dass meine vernünftige Ehefrau ihre hübschen Augen verdrehte und dabei »UUNet, UUNet« skandierte, um auf diese Weise mein Schwärmen über das weltweite IP-Netzwerk von WorldCom und die daraus erwachsenden Fähigkeiten des Unternehmens ins Lächerliche zu ziehen.

Die Vokabeln »Zuneigung« und »Schwärmen« drängen sich nicht unbedingt auf, wenn man an Value-Investing denkt, eine Börsenstrategie, die sich auf den Instrumentenkasten der Fundamentalanalyse stützt. Dieser Analyseansatz, oft mit der sachlich-kühlen Herangehensweise Warren Buffetts an die Aktienmärkte in Verbindung gebracht, wird häufig als die für die Aktienanlage am besten geeignete und nüchternste Strategie beschrieben. Hätte ich mehr auf die Fundamentaldaten von WorldCom, insbesondere seine Schuldenlast von 30 Milliarden US-Dollar, geachtet als auf die vielen bunten Legenden, die es vor allem hinsichtlich seiner leuchtenden Zukunft als »dummes« Netzwerk verbreitete (Nachfragen erübrigen sich), wäre es mir zweifellos besser ergangen. Im beständigen Widerstreit von Statistik und Legenden, der das Börsengeschehen kennzeichnet, schlägt sich die Fundamentalanalyse zumeist auf die Seite der Zahlen.

Dennoch scheint mir die fundamentale Bewertung von Aktien seit jeher ein wenig der allgemeinen Ethik der Börse zu widersprechen.

Schließlich lebt diese von Hoffnungen, Träumen, Visionen sowie von einer gewissen Romantik, die zwar monetär eingefärbt sein mag, aber nichtsdestotrotz echt ist. Dieser These liegen keinerlei Studien oder Statistiken zugrunde; ich stütze mich dabei allein auf meine Eindrücke jener Anleger, die ich persönlich oder aus der Literatur kenne, sowie vielleicht auf meine eigene Besessenheit von WorldCom, die für mich, der ich gemeinhin als Zahlenmensch gelte, recht untypisch ist.

Fundamentaldaten sind für die Aktienanlage das, was (dem Klischee zufolge) die Hochzeit für eine romantische Beziehung oder Gemüse für die Ernährung sind – gesund, aber nicht immer aufregend. Dennoch sollte jeder Anleger, und bis zu einem gewissen Grade jeder intelligente Zeitgenosse, etwas davon verstehen. Wer hat nicht schon von Leuten gehört, die sich angesichts der über viele Jahre zu schulternden Zinslast gegen den Kauf eines Eigenheims entscheiden. (»Mein Gott, nimm bloß keine Hypothek auf. Am Ende zahlst Du das Vierfache.«) Verbreitet anzutreffen sind auch Lottospieler, die davon überzeugt sind, dass sich der Gesamtwert ihrer möglichen Gewinne tatsächlich auf die angepriesene Million beläuft. (»In nur 20 Jahren habe ich die Million beisammen.«) Und schließlich bezweifeln viele Anleger, dass die undurchsichtigen Äußerungen Alan Greenspans irgendeinen Bezug zu dem Geschehen an den Aktien- oder Anleihemärkten hätten.

Diese und ähnliche Überzeugungen gründen auf mangelhaftem Verständnis der Zinseszinsrechnung, die das Fundament der mathematischen Finanzwirtschaft bildet, welche wiederum der Fundamentalanalyse zugrunde liegt.

»e« ist die Wurzel allen Geldes

Apropos Fundamente und Grundlagen: Ich behaupte hiermit, dass »e« die Wurzel allen Geldes darstellt. Mit »e« meine ich e^x wie in exponentiellem Wachstum, sprich wie in der Zinseszinsrechnung. Glaubt man einer alten Weisheit (die vermutlich auf einen alten Banker zurückgeht), dann hat derjenige, der die Zinseszinskalkulation beherrscht, gute Chancen, diesen Zins einzustreichen, während derjenige, der sie nicht beherrscht, diesen Zins eher bezahlen muss. Die Formel für exponentielles Wachstum bildet tatsächlich die Grundlage der meisten finanztechnischen Berechnungen. Zum Glück genügt zur Ableitung einer verwandten, aber leichter verständlichen Formel bereits, die Berechnung von Prozentwerten und Potenzen sowie die Regeln der Multiplikation zu beherrschen. So sollte man beispielsweise wissen, dass 15 Prozent von 300 gleich $0{,}15 \times 300$ (oder $300 \times 0{,}15$) oder auch, dass 15 Prozent von 15 Prozent von 300 gleich $300 \times (0{,}15)^2$ sind.

Nachdem wir diese mathematischen Grundvoraussetzungen formuliert haben, kann das Tutorium beginnen. Nehmen wir also an, wir hätten 1 429,73 Euro auf einem Sparkonto angelegt, das sich jährlich zu 6,9 Prozent zuzüglich Zinseszins verzinste. Nein, verneigen wir uns lieber vor dem großen Gott Rotundia, Herrscher über die runden Zahlen, und unterstellen stattdessen, wir hätten 1 000 Euro zu 10 Prozent per annum angelegt. Nach einem Jahr beläuft sich unser Guthaben auf 110 Prozent des Originalbetrags, sprich auf 1 100 Euro. Wir verfügen nunmehr also über $1\,000 \times 1{,}10$ Euro. (Gleiches gilt beim Kauf von Aktien im Wert von 1 000 Euro und 10-prozentiger Rendite.)

Schauen wir uns nun die weitere Entwicklung an: Im Folgejahr steigt unser Guthaben auf 110 Prozent des im Jahr eins festgestellten Wertes, sprich auf 1 211 Euro. Somit verfügen wir über $(€\,1\,000 \times 1{,}10) \times 1{,}10$ oder, anders ausgedrückt, über $€\,1\,000 \times 10^2$. Man beachte, dass der Exponent »2« lautet.

Nach drei Jahren weist unser Konto einen Saldo von 110 Prozent des in Jahr zwei festgestellten Wertes auf 1 331 Euro. Das Guthaben beträgt nun $(€\,1\,000 \times 1{,}10^2) \times 1{,}10$ oder $€\,1\,000 \times 10^3$. Der Exponent lautet diesmal also »3«.

Das Prinzip sollte nun deutlich geworden sein: Nach vier Jahren verfügen wir über 110 Prozent des Saldos aus Jahr drei, sprich über 1 464,10 Euro. Unser Guthaben beträgt somit $(€\,1\,000 \times 1{,}10^3) \times 1{,}10$ oder $€\,1\,000 \times 10^4$. Der Exponent ist nun die Zahl 4.

Vielleicht sollte ich an dieser Stelle innehalten, um von einem meiner Professoren zu berichten, der einst am linken Ende der ausgesprochen langen Tafel eines großen Vorlesungssaals stand und folgende Reihe zu notieren begann: $1 + 1 : 1! + 1 : 2! + 1 : 3! + 1 : 4! + 1 : 5! \ldots$ (Der Ausdruck »5!« wird übrigens »fünf Fakultät« ausgesprochen und nicht »fünf«

nach Art eines Ausrufs; er entspricht dem Wert $5 \times 4 \times 3 \times 2 \times 1$. Diese Definition gilt analog für jede beliebige ganze Zahl N.) Zunächst lachten meine Kommilitonen, als der Professor langsam und scheinbar in Trance gefangen der Reihe immer neue Elemente hinzufügte. Als er die Mitte der Tafel erreicht hatte und gerade $1:44! + 1:45! \ldots$ schrieb, war das Lachen bereits verstummt. Ich mochte ihn und erinnere mich an mein Gefühl der Unruhe, während ich ihm bei seinen sinnlosen Wiederholungen zusah. Als er schließlich bei 1 : 83! das Ende der Tafel erreichte, drehte er sich um und wandte sich seinem Kurs zu. Seine Hand zitterte, die Kreide fiel zu Boden, und er verließ den Raum auf Nimmerwiedersehen.

Seit dieser Episode bin ich mir der Risiken eines Übermaßes an illustrativen Erläuterungen bewusst. Ich beende unser Beispiel daher nach dem vierten Jahr und stelle lediglich fest, dass sich unser Guthaben nach t Jahren auf € $1\,000 \times 1{,}10^t$ beläuft. Allgemeiner formuliert bedeutet dies, dass ein Guthaben P, dass sich jährlich mit r Prozent verzinst, nach t Jahren genau A Euro wert ist, wobei $A = P\,(1 + r)^t$, womit wir die versprochene Formel für exponentielles Wachstum gefunden hätten.

Soll der Zinseszins nicht auf jährlicher, sondern auf halbjährlicher, monatlicher oder Tagesbasis berechnet werden, so lässt sich diese Formel mühelos anpassen. Wird er beispielsweise viermal jährlich berechnet, so beläuft sich das Endguthaben nach t Jahren auf $A = P\,(1 + r:4)^{4t}$. (Der vierteljährliche Zinssatz beträgt $r:4$, also ein Viertel des Jahreszinssatzes r, und die Anzahl der Zinseszinskalkulationen in t Jahren beträgt 4t – vier pro Jahr über t Jahre.)

Wird der Zinseszins sehr häufig berechnet (etwa n-mal pro Jahr, wobei n eine hohe Zahl ist), so kann die Formel $A = P\,(1 + r:n)^{nt}$ mathematisch ummodelliert werden und erhält dann die Form $A = P\,e^{rt}$, wobei e ungefähr die Zahl 2,718 und damit die Basis des natürlichen Logarithmus darstellt. Diese Variante der Formel wird für fortlaufende Zinseszinsberechnungen verwendet (und liegt natürlich meiner Bemerkung zugrunde, dass e die Wurzel allen Geldes sei).

Die Zahl e spielt in der höheren Mathematik eine bedeutende Rolle. Am besten ist dies vielleicht anhand der Formel $e^{\pi i} + 1 = 0$ ersichtlich, welche die vermutlich wichtigsten fünf mathematischen Konstanten in einer einzigen Gleichung vereint. Die Zahl e tritt auch auf, wenn man lediglich nach dem Zufallsprinzip einige Zahlen zwischen 0 und 1 auswählt. Die durchschnittliche Anzahl von Zahlen, die man selbst (oder vermutlich eher der Computer) auswählen und addieren muss, um einen Wert von 1 zu überschreiten, beträgt e, also rund 2,718. Das allgegenwärtige e ist zufällig auch das Ergebnis der Folge $1 + 1 : 1! + 1 : 2! + 1 : 3! + 1 : 4! + \ldots$, jenes Ausdrucks also, den mein Professor vor vielen Jahren an die Tafel schrieb.

Viele der in der Finanzwirtschaft verwendeten Formeln beruhen auf diesen beiden Gleichungen: $A = P(1 + r)^t$ bei jährlicher sowie $A = Pe^{rt}$ bei fortlaufender Zinseszinsberechung. Ein Beispiel mag dies verdeutlichen: Ein Guthaben von 5 000 Euro, das sich über zwölf Jahre mit einem Zinssatz von 8 Prozent verzinst, ist nach Ablauf dieser Zeit auf $5\,000\,(1{,}08)^{12}$ Euro oder 12 590,85 Euro angewachsen. Wird dasselbe Guthaben von 5 000 Euro fortlaufend verzinst, so steigt es auf $5\,000\,e^{(0{,}08 \times 12)}$ Euro oder 13 058,48 Euro.

Auf der Grundlage dieses Zinssatzes und Zeitintervalls lässt sich feststellen, dass der zukünftige Wert der gegenwärtigen 5 000 Euro genau 12 590,85 Euro beträgt und der Gegenwartswert der zukünftigen 12 590,85 Euro genau 5 000 Euro entspricht. (Bei fortlaufender Zinsberechnung ersetze man den zukünftigen Wert durch 13 058,48 Euro.) Der »Gegenwartswert« oder Barwert eines bestimmten zukünftigen Geldbetrages ist die Summe, die man heute anlegen muss, um nach Ablauf eines vorgegebenen Zeitraums über den fraglichen Betrag verfügen zu können. Anders ausgedrückt (Wiederholungen sind wohl ein Berufsrisiko von Professoren, das Gleiche gilt für Eigenzitate): Bei einem Zinssatz von 8 Prozent ist es unerheblich, ob man heute 5 000 Euro oder in zwölf Jahren rund 13 000 Euro erhält.

Und genauso wie die Aussagen »George ist größer als Martha« und »Martha ist kleiner als George« den gleichen Sachverhalt auf unterschiedliche Weise ausdrücken, lassen sich die Zinsformeln unterschiedlich darstellen, je nachdem ob der Gegenwartswert P oder der zukünftige Wert A betont werden soll. Statt $A = P(1 + r)^t$ kann man auch $P = A : (1 + r)^t$ schreiben und statt $A = Pe^{rt}$ auch $P = A : e^{rt}$. Bei einem angenommenen Zinssatz von 12 Prozent beträgt somit der Gegenwartswert eines fünf Jahre später verfügbaren Guthabens von 50 000 Euro $P = €\,50\,000 : (1{,}12)^5$ oder 28 371,34 Euro. Dieser Betrag, zu einem Zinssatz von 12 Prozent über fünf Jahre angelegt, hätte einen zukünftigen Wert von 50 000 Euro.

Aus diesen Formeln folgt unter anderem, dass die »Verdoppelungszeit«, die Zeit also, innerhalb derer sich der Wert einer Anlage verdoppelt, durch die so genannte 72er-Regel bestimmt wird: Man teile 72 durch das 100fache des Zinssatzes. Wer also zu einem Zinssatz von 8 Prozent investiert, hat sein Geld nach 72 : 8 gleich neun Jahren verdoppelt, nach 18 Jahren vervierfacht und nach 27 Jahren auf das Achtfache des ursprünglichen Wertes gebracht. Ein Glückspilz, dessen Anlage sich jährlich zu 14 Prozent verzinst, muss nur gut fünf Jahre warten, bis sich sein Vermögen verdoppelt hat (72 : 14 ergibt einen Wert von leicht über 5), und nur etwas mehr als zehn Jahre, bis es sich vervierfacht hat. Bei fortlaufender Zinsberechnung verwendet man statt der 72 die Zahl 70.

Die Zinseszinsformeln lassen sich auch zur Ermittlung des so genannten internen Zinsfußes sowie zur Formulierung anderer finanzwirtschaftlicher Konzepte verwenden. Sie liegen im Übrigen der Aufforderung an junge Menschen zugrunde, möglichst früh im Leben mit dem Sparen und Investieren zu beginnen, sollten sie das Bedürfnis verspüren, später einmal der »Millionär von nebenan« zu werden. (Allerdings verraten sie diesem Millionär nicht, was er mit seinem Geld anfangen sollte.)

Das Credo der Fundamentalanalysten: Man erhält, wofür man bezahlt

Das Konzept des Gegenwarts- oder Barwerts trägt entscheidend zum Verständnis des Ansatzes bei, dem Fundamentalanalysten bei der Aktienbewertung folgen. Es sollte aber auch von Lotteriespielern, Hypothekenschuldnern und Werbefachleuten beachtet werden. Die Tatsache, dass der Barwert eines zukünftigen Betrags geringer ist als sein Nominalwert, erklärt, warum ein nominaler Gewinn in Höhe von 1 Million Euro – der beispielsweise durch jährliche Zahlung von 50 000 Euro über einen Zeitraum von 20 Jahren ausgeschüttet wird – deutlich weniger wert ist als 1 Million Euro. Der Barwert dieser Million beträgt zum Beispiel bei einem angenommenen Zinssatz von 10 Prozent per annum lediglich 426 000 Euro. Dieser Wert lässt sich mithilfe von Tabellen und Finanztaschenrechnern oder unmittelbar aus den obigen Formeln ermitteln (sofern diese durch eine weitere Formel, welche die Summe einer so genannten geometrischen Reihe berechnet, ergänzt werden).

Der Vorgang, mit dem der Barwert eines in der Zukunft verfügbaren Betrags berechnet wird, wird oft als »Abzinsung« bezeichnet. Abzinsung macht Geldbeträge, die zu unterschiedlichen Zeiten vereinnahmt werden, miteinander vergleichbar und ist daher von großer Bedeutung. Sie lässt sich auch zur Berechnung des Barwerts oder des zukünftigen Werts eines Einkommensstroms einsetzen – einer Serie von unterschiedlichen Beträgen, die zu verschiedenen Zeitpunkten auf einem Konto ein- oder von diesem abgehen. Dabei werden die fraglichen Beträge lediglich auf der Zeitachse vor- oder zurück»geschoben«, indem man den Ausdruck $(1 + r)$ mit der entsprechenden Potenz ausstattet. Dies ist beispielsweise erforderlich, um die Höhe der monatlichen Rate zu berechnen, mit der eine Hypothek in einer vorgegebenen Zeit getilgt werden kann, oder um zu erfahren, wie viel man monatlich auf die hohe Kante legen muss, um die Universitätsausbildung der eigenen Kinder nach deren 19. Geburtstag finanzieren zu können.

Den Vorgang der Abzinsung beherrschen muss auch, wer den (im Börsenjargon so bezeichneten) fundamentalen Wert einer Aktie ermitteln möchte. Nach Auskunft der Fundamentalanalysten (zum Glück nicht solcher, die ihre moralischen Gewissheiten gerne anderen Zeitgenossen aufdrängen) sollte der Preis einer Aktie grob dem abgezinsten Dividendenstrom entsprechen, den man vereinnahmen würde, wenn man sich niemals wieder von ihr trennte. Erwirtschaftet die Aktie keine Dividenden oder plant man sie zu verkaufen und dabei einen Kursgewinn zu realisieren, so sollte ihr Preis ungefähr dem abgezinsten Wert des Betrags entsprechen, den man beim Verkauf der Aktie aller Voraussicht nach erzielen kann, zuzüglich des abgezinsten Wertes möglicher Dividenden. Mit der Annahme, dass die meisten Aktienkurse höher liegen, trifft man vermutlich ins Schwarze. In den Boomzeiten der neunziger Jahre waren die meisten Investoren viel stärker auf Kursgewinne als auf Dividenden fixiert. Um diesen Trend in den Vereinigten Staaten umzukehren, schlugen der Finanzwissenschaftler Jeremy Siegel und zwei seiner Kollegen kürzlich vor, die dortige generelle Besteuerung von Aktiendividenden aufzuheben und durch eine steuerliche Absetzbarkeit solcher Dividenden zu ersetzen.

Die Grundregel jeder Investition auf der Basis von Ertragszahlen lautet, dass man für eine Aktie höchstens so viel wie den Gegenwartswert aller zukünftigen Erträge aus dieser Aktie bezahlen sollte. Obwohl diese Regel allzu nüchtern und von psychologischen Erwägungen frei zu sein scheint, trifft das in Wirklichkeit nicht zu. Welchen Zinssatz man bei der Abzinsung zukünftiger Dividendenströme und Aktienkurse zugrunde legt, hängt von der Einschätzung künftiger Zinsniveaus, Dividendenhöhen und vieler weiterer unwägbarer Größen ab. Diese mögen zwar als Fundamentaldaten bezeichnet werden, doch macht diese Bezeichnung sie nicht immun gegenüber emotionalen und kognitiven Verzerrungen. Das Wechselspiel aus Überschwang und Verzweiflung kann durchaus die Einschätzung des fundamentalen Werts einer Aktie beeinflussen, und genau dies geschieht auch. Wie der Ökonom Robert Shiller seit langem recht überzeugend behauptet, ändern sich die Fundamentaldaten einer Aktie jedoch längst nicht so rasch wie ihr Preis.

Ponzi und die irrationale Abzinsung der Zukunft

Bevor wir uns weiteren Anwendungen dieser Finanzkonzepte zuwenden, sollten wir vielleicht eine Pause einlegen und uns einem Extremfall der Unterbewertung zukünftiger Ereignisse zuwenden: Die Rede ist von Pyramidensystemen, Ponzi-Schemata und Kettenbriefen. Diese unterscheiden sich in ihren Details und bunten Aufmachungen. In einem Fall aus jüngerer Zeit, der sich in Kalifornien zutrug, ging es um Frauen vorbehaltene Dinnerpartys, bei denen die jeweils neuen Teilnehmerinnen Vorspeisen in bar mitzubringen hatten. Unabhängig von ihrer äußeren Form zielen jedoch nahezu alle diese Betrugsversuche darauf ab, einer ersten Gruppe von »Investoren« einen Geldbetrag unter Verheißung einer rasch erzielten und außerordentlichen hohen Rendite zu entlocken. Diese Rendite entspringt den Zahlungen einer größeren Gruppe von Menschen. Eine nochmals größere Anzahl von Teilnehmern zahlt an beide frühere Gruppen.

Dieser Prozess setzt sich unter ständiger Ausweitung eine Weile fort. Doch die Anzahl von Personen, die benötigt wird, um das Wachstum der Pyramide und den Eingang der erforderlichen Gelder zu sichern, wächst exponentiell an, sodass die Verwaltung des Systems schnell an Grenzen stößt. Einzelne Teilnehmer springen ab, und es fällt zunehmend schwer, Interessenten zu gewinnen. Die Teilnehmer wissen in der Regel nicht, wie viele Personen erforderlich sind, um das System in Gang zu halten. Rekrutiert beispielsweise jedes der zehn Mitglieder der ersten Gruppe zehn weitere Teilnehmer, so zählt die zweite Gruppe 100 Mitglieder. Werben diese wiederum jeweils zehn neue Teilnehmer ein, so umfasst die Gruppe der dritten Generation bereits 1 000 Mitglieder. In der Folge gehören den Gruppen erst 10 000, dann 100 000 und schließlich 1 Million Personen an. Sobald nicht mehr genügend neue Teilnehmer gefunden werden können, bricht das System unter seinem eigenen Gewicht zusammen. Wer früh dabei ist, kann allerdings in der Tat außergewöhnlich hohe Renditen erzielen (wären derartige Schemata nicht illegal).

Die Logik von Pyramidensystemen ist leicht zu durchschauen, doch die meisten Menschen denken nur an die folgenden ein bis zwei Schritte und sind davon überzeugt, vor dem Zusammenbruch rechtzeitig aussteigen zu können. Es ist nicht irrational, den Einstieg zu wagen, wenn man zuversichtlich ist, einen noch größeren Trottel zu finden, der einen ersetzen wird. Manch einer würde behaupten, dass der kometenhafte Anstieg der Kurse von Dotcom-Aktien in den späten neunziger Jahren und ihr nachfolgender steiler Fall von 2000 bis 2002 abgeschwächte Versionen des gleichen allgemeinen Betrugsschemas waren: Beim ersten Börsengang einsteigen, während des steilen Anstiegs investiert bleiben und rechtzeitig vor dem freien Fall abspringen.

Obgleich selbst kein Dotcom-Unternehmen, eroberte WorldCom seine allzu flüchtige Dominanzposition, indem es eine Vielzahl dieser Firmen (und eine Reihe anderer) aufkaufte – oft zu absurd aufgeblähten Preisen. MCI, MFS, ANS Communication, CAI Wireless, Rhythms, Wireless One, Prime One Cable, Digex und Dutzende anderer Unternehmen landeten auf dem Einkaufszettel von Bernie Ebbers, einem Rattenfänger, dessen Weise aus einer einzigen bezaubernden und sich ständig wiederholenden Note zu bestehen schien: kaufen, kaufen, kaufen. Das regelmäßige Trommelfeuer der Akquisitionen WorldComs besaß jene hypnotische Eigenschaft, die auch dem glockenhellen Geklingel innewohnt, das jeden noch so kleinen Gewinn am einarmigen Banditen im Spielkasino begleitet. Als die Aktie zu ihrem Kursverfall auf Raten ansetzte, überprüfte ich jeden Morgen die Finanznachrichten und war beruhigt, wenn ich von einem neuen Zukauf, einem Web-Hosting-Vertrag oder einem neuen Serviceangebot erfuhr.

Obwohl Käuflichkeit und Betrug bei manchen Firmenniedergängen eine Rolle spielte, lässt sich der Zusammenbruch WorldComs und der Dotcom-Firmen nicht auf gezielte Planung von Schwindlern zurückführen. Selbst als Unternehmer und Investoren die Blase als solche erkannten, glaubten sie fälschlicherweise noch, einen Stuhl ergattern zu können, wenn bei der Reise nach Jerusalem die betörende Börsengang-Übernahmen-Musik verklänge. Leider jedoch führte der Weg vom »Habeviel« zum Habenichts allzu oft über »Habe Dotcom«.

Womöglich liegt es ja an unseren Genen (die anscheinend immer den Schwarzen Peter zugeschoben bekommen). Vermutlich bevorzugt die natürliche Auslese solche Organismen, die auf örtlich begrenzte oder zeitlich naheliegende Ereignisse reagieren, während sie räumlich oder zeitlich entfernte ignorieren, wobei letztere Ereignisse in ähnlicher Weise wie zukünftige Geldbeträge abgezinst werden. Selbst der Raubbau an der Umwelt lässt sich als weltweites Pyramidensystem begreifen, bei dem die ersten »Investoren« einen glänzenden Schnitt machen, spätere jedoch zunehmend weniger profitieren, bis schließlich eine Katastrophe alle Gewinne auslöscht.

Auf ganz andere Weise hat uns Robert Louis Stevenson in seinem Buch *Das Flaschenteufelchen* unsere Kurzsichtigkeit vor Augen geführt. Seine Geschichte erzählt von einem Flaschengeist, der imstande ist, jeden romantischen oder auch finanziellen Wunsch zu erfüllen. Man erhält die Gelegenheit, diese Flasche mit ihrem erstaunlichen Bewohner zu einem frei wählbaren Preis zu erstehen – mit einer wichtigen Einschränkung: Wenn die Flasche ihren Zweck erfüllt hat, muss man sie zu einem niedrigeren Preis als dem eigenen Einkaufspreis weiterveräußern. Geschieht das nicht, verkauft man sie also zum gleichen oder einem höheren Preis, verliert man alles und ist furchtbaren und anhaltenden Qualen ausgesetzt.

Welchen Preis sollte man für eine derartige Flasche bezahlen? Sicherlich würde man nicht 1 Cent anbieten, denn dann wäre es ja unmöglich, sie noch preiswerter zu veräußern. Auch 2 Cent wären ein schlechtes Angebot, denn schließlich würde man die Flasche niemals für 1 Cent wieder los, da ja bekannt ist, dass man sie zu einem niedrigeren als dem Einkaufspreis wieder verkaufen muss. Die gleiche Argumentation greift bei einem Angebot von 3 Cent: Man verzichtet darauf, da niemand später bereit wäre, die Flasche für 2 Cent zu erwerben, da er sie nicht für 1 Cent weiterveräußern könnte. Dasselbe gilt für Preise von 4, 5 oder 6 Cent und so weiter. Durch mathematische Induktion kann man dieses Argument formalisieren und beweisen, dass man den Flaschengeist für keinen Preis der Welt kaufen sollte. Dennoch wäre man mit großer Sicherheit bereit, ihn für 1 000 US-Dollar (oder Euro) zu erwerben. Ich jedenfalls hätte da keinerlei Bedenken. Wo aber befindet sich die Schwelle, ab der das Argument gegen den Flaschenkauf sein Gewicht verliert? (Ich ignoriere hier die Möglichkeit, dass eine ausländische Währung eine Münze im Wert von unter einem Cent besitzt. Wir sprechen hier von einem amerikanischen Geist oder bestenfalls einem der Eurozone.)

Diese Frage ist nicht nur akademischer Art, da sich Menschen in unzähligen Situationen nur auf naheliegende Ereignisse konzentrieren und kaum über diesen Tellerrand hinausblicken. Mit großer Kurzsichtigkeit zinsen sie die Zukunft mit absurd hohen Zinssätzen ab.

Durchschnittliche Reichtümer, wahrscheinliche Armut

Die Verbindung von Zeit und Geld kann unerwartete Ergebnisse hervorbringen. Denken Sie noch einmal an die leuchtenden Hausse-Zeiten der späten neunziger Jahre zurück und an den Neid, mit dem viele Menschen auf ihre Zeitgenossen blickten, die augenscheinlich alle viel Geld verdienten. Wer damals die Finanzpresse las, konnte leicht zu dieser

Einschätzung gelangen. In nahezu jeder Tages- oder Wochenzeitung wurde über Neuemissionen oder IPOs (Initial Public Offerings), wie sie im Börsenjargon heißen, berichtet, und Börsengurus, welche die Verwandlung eines Vermögens von 10 000 Euro in eine Million binnen Jahresfrist versprachen, erhielten breiten Raum. (Einverstanden, ich übertreibe hier deren Übertreibungen.) Doch selbst damals war in denselben Presseorganen auch von Unternehmen zu lesen, die dem raschen Untergang geweiht seien, verbunden mit der Warnung, dass die meisten Investoren in derart volatile Emissionen Gefahr liefen, nicht nur ihre 10 000 Euro, sondern auch ihr letztes Hemd zu verlieren.

Das folgende Szenario mag dazu beitragen, solche scheinbar widersprüchlichen Behauptungen zu erklären und miteinander zu versöhnen. Wappnen Sie sich für ein wenig Mathematik, die vielleicht nicht ganz der Intuition folgt, aber nicht schwer zu verstehen ist. Sie verdeutlicht den entscheidenden Unterschied zwischen dem arithmetischen und dem geometrischen Mittelwert einer Renditeserie. (Zur Erläuterung: Das arithmetische Mittel von N verschiedenen Renditen entspricht dem landläufigen Konzept eines Durchschnittswerts, also der Summe dieser Renditen geteilt durch N. Das geometrische Mittel von N verschiedenen Renditen entspricht jener Rendite, die, wenn man sie N-mal hintereinander erzielt, eine ebenso hohe Summe ergibt, als wenn man die N verschiedenen Renditen nacheinander vereinnahmte. Mithilfe der Zinseszinsformel lässt sich dieser Mittelwert mathematisch ableiten, mit folgendem Ergebnis: Das geometrische Mittel ist gleich der N-ten Wurzel aus dem Produkt [(1 + erste Rendite) × (1 + zweite Rendite) × (1 + dritte Rendite) × … (1 + N-te Rendite)] minus 1.)

Jedes Jahr brachte Hunderte von Neuemissionen. (Wie schade, dass es sich hier nur um eine illustrative Rückblende handelt.) Setzen wir einmal voraus, dass in der ersten Woche nach dem Börsengang der Kurs einer Aktie extrem schwankungsanfällig ist und ihre Entwicklung daher kaum prognostiziert werden kann. Dennoch unterstellen wir, dass er in der Hälfte aller Fälle in der ersten Woche nach dem Börsengang um 80 Prozent steigt und in der anderen Hälfte um 60 Prozent sinkt.

Damit bietet sich eine sehr einfache Anlagestrategie an: Man kauft jeden Montag zu Handelsbeginn eine Neuemission und verkauft sie am

Freitag zum Handelsschluss wieder. Dabei erzielt man in etwa 50 Prozent aller Fälle eine Rendite von 80 Prozent, während man in den anderen 50 Prozent der Fälle einen Wochenverlust von 60 Prozent hinnehmen muss. Der durchschnittliche Gewinn beläuft sich also auf 10 Prozent pro Woche: [(80%) + (–60%)] : 2, das arithmetische Mittel.

10 Prozent pro Woche stellen eine beachtliche Rendite dar, und mühelos kann man errechnen, dass es genügt, dieser Strategie ein Jahr zu folgen, um ein Anfangsvermögen von 10 000 Euro auf durchschnittlich mehr als 1,4 Millionen Euro zu vermehren! (Berechnung siehe unten.) Denken Sie nur an die Zeitungsporträts über glückliche Daytrader (oder in diesem Fall vielmehr Wochentrader), die ihre Altwagen verkauft und den Erlös binnen Jahresfrist in nahezu anderthalb Millionen Euro verwandelt haben.

Doch welches Ergebnis stünde zu erwarten, wenn die obigen Annahmen der Wirklichkeit standhielten und man dieser Anlagestrategie folgte? Die Antwort lautet, dass aus den 10 000 Euro zum Jahresende wahrscheinlich ganze 1,95 Euro geworden wären! Die Hälfte aller Anleger, die eine derartige Anlagestrategie verfolgten, würden sogar noch schlechter abschneiden. Der gesamte Betrag von 1,95 Euro ergibt sich aus dem Wachstum des Anfangsvermögens um das geometrische Mittel von 80 Prozent und –60 Prozent über 52 Wochen. (Das geometrische Mittel errechnet sich in diesem Fall aus der Quadratwurzel (der N-ten Wurzel bei N = 2) des Produkts [(1 + 80%) × (1 + (–60%))] minus 1, entsprechend der Quadratwurzel aus [1,8 × 0,4] minus 1, was 0,85 minus 1 oder –0,15 ergibt, ein Verlust von circa 15 Prozent pro Woche.)

Bevor wir uns die zugrunde liegende Rechnung genau anschauen, wollen wir überlegen, worin intuitiv der Grund für die hohe Diskrepanz zwischen 1,4 Millionen und 1,95 Euro liegen könnte. Die Erklärung lautet, dass der typische Anleger in rund 26 von 52 Wochen einen Kursgewinn von 80 Prozent verzeichnen wird, während er in den restlichen 26 Wochen einen Verlust von 60 Prozent erleidet. Wie unten gezeigt wird, lässt sich daraus unschwer berechnen, dass sich sein Vermögen nach einem Jahr auf durchschnittlich 1,95 Euro reduziert.

Der Investor mit glücklicher Hand hingegen wird deutlich öfter als 26-mal im Verlauf eines Jahres einen Kursgewinn von 80 Prozent erzielen. Die Folge sind Renditen in astronomischer Höhe, die den Durchschnittswert hochziehen. Die Anlagen des unglücklichen Investors werden weitaus häufiger als 26-mal um 60 Prozent im Kurs zurückgehen, doch seine Verluste können sich niemals auf mehr als den ursprünglichen Betrag von 10 000 Euro summieren.

Anders formuliert verzerren die enormen Renditen, die aus einem überdurchschnittlich häufigen Kursgewinn von 80 Prozent resultieren, den Durchschnitt weit nach oben, während selbst ein mehrwöchiges Schrumpfen den Wert einer Anlage nicht unter 0 Euro drücken kann.

In diesem Szenario haben sowohl der Börsenguru als auch der Pessimist Recht. Der Durchschnittswert einer Anlage von 10 000 Euro nach einem Jahr beträgt 1,4 Millionen Euro, doch sein wahrscheinlichster Wert liegt bei 1,95 Euro.

Auf welches Ergebnis werden sich die Medien aller Voraussicht nach stürzen?

Vielleicht trägt das folgende Beispiel zur Aufklärung des Sachverhalts bei. Schauen wir uns einmal an, was in den ersten zwei Wochen mit unserem Vermögen von 10 000 Euro geschieht. Es gibt vier gleichermaßen wahrscheinliche Szenarien: Der Wert unserer Anlage kann in beiden Wochen ansteigen, in der ersten Woche ansteigen und in der zweiten sinken, in der ersten Woche sinken und in der zweiten ansteigen oder in beiden Wochen sinken. (Wie wir im Abschnitt zur Zinstheorie festgestellt haben, entspricht ein Anstieg um 80 Prozent einer Multiplikation mit dem Wert 1,8, ein Rückgang um 60 Prozent einer Multiplikation mit dem Wert 0,4.) Bei einem Viertel aller Anleger steigt das Vermögen um den Faktor 1,8 × 1,8 oder 3,24. Der Anstieg um 80 Prozent während zwei aufeinander folgender Wochen führt dazu, dass ihr Vermögen nun € 10 000 × 1,8 × 1,8 oder 32 400 Euro beträgt. Ein weiteres Viertel aller Anleger erzielt in der ersten Woche einen Gewinn von 80 Prozent und in der zweiten Woche einen Verlust von 60 Prozent. Ihr Vermögen steigt damit um den Faktor 1,8 × 0,4 oder 0,72 und beläuft sich nach zwei Wochen auf 7 200 Euro. Dasselbe Ergebnis erzielen jene Anleger, die in der ersten Woche einen Verlust erleiden und in der zweiten Woche einen Gewinn erzielen, da 0,4 × 1,8 mit 1,8 × 0,4 identisch ist. Das unglückliche Viertel schließlich, das in beiden Wochen einen Verlust von 60 Prozent hinnehmen muss, wird am Ende dieses Zeitraums ein Vermögen von 0,4 × 0,4 × € 10 000 gleich 1 600 Euro sein Eigen nennen.

Wenn man 32400 Euro, 7200 Euro, 7200 Euro und 1600 Euro addiert und die Summe durch 4 teilt, ergibt sich für die Investments nach den ersten zwei Wochen ein Mittelwert von 12 100 Euro. Das entspricht einer durchschnittlichen Rendite von 10 Prozent pro Woche, da € 10 000 × 1,1 × 1,1 = € 12 100. Allgemeiner formuliert steigt der Wert der Anlage wöchentlich um 10 Prozent. (Wir erinnern uns: Dies entspricht dem Durchschnitt eines 80-prozentigen Gewinns und eines 60-prozentigen Verlusts.) Nach 52 Wochen beträgt der durchschnittliche Wert der Anlage somit € 10 000 × $(1{,}1)^{52}$ oder 1 420 000 Euro.

Die *wahrscheinlichste* Entwicklung lautet, dass die Neuemissionen in 26 von 52 Fällen im Wert steigen und in den anderen 26 Fällen im Wert sinken. Dies bedeutet, dass der wahrscheinlichste Wert unseres Vermögens nach einem Jahr € 10 000 × $(1{,}8)^{26} \times (0{,}4)^{26}$ und damit lediglich 1,95 Euro beträgt. Und wie lautet das geometrische Mittel von 80 Prozent und –60 Prozent? Dieses errechnet sich wiederum aus der Quadratwurzel des Produkts [(1 + 0,8) × (1 – 0,6)] minus 1, was einem Wert von rund –0,15 entspricht. Unser Portfolio verliert somit durchschnittlich 15 Prozent pro Woche an Wert, und € 10 000 × $(1 - 0{,}15)^{52}$ ergibt ungefähr 1,95 Euro.

Natürlich verändern sich unsere Ergebnisse, wenn man andere Prozentwerte oder Zeiträume ins Spiel bringt, doch das Grundprinzip gilt uneingeschränkt: Das arithmetische Mittel verschiedener Renditen übersteigt bei weitem ihr geometrisches Mittel, das gleichzeitig den so genannten Medianwert und auch den häufigsten Wert darstellt. Ein anderes Beispiel: Wenn sich Ihr Investment in 50 Prozent aller Fälle innerhalb einer Woche verdoppelt und in den anderen 50 Prozent der Fälle binnen Wochenfrist halbiert, ist es sehr wahrscheinlich, dass Sie am Ende mit einem unveränderten Vermögen dastehen. Doch das arithmetische Mittel Ihrer Renditen beträgt 25 Prozent pro Woche – [100% + (–50%)] : 2, wodurch sich Ihr Anfangsvermögen rechnerisch auf € 10 000 × $1{,}25^{52}$ oder mehr als eine Milliarde Euro erhöht hätte! Das geometrische Mittel Ihrer Renditen ist dagegen die Quadratwurzel aus [(1 + 1) × (1 –0,5)] minus 1, was einer Rendite von 0 Prozent entspricht. Der Wert Ihres Vermögens von 10 000 Euro verändert sich somit vermutlich nicht.

Obwohl wir hier mit extremen und unrealistischen Renditen hantiert haben, kommt diesen Beispielen eine weit größere Bedeutung zu, als es den Anschein haben mag. Sie zeigen nämlich, weshalb die Mehrzahl aller Investoren unterdurchschnittliche Renditen erzielt und warum einige Kapitalanlagegesellschaften auf irreführende Weise ihre durchschnittlichen Renditen herausstellen. Um es noch einmal zu wiederholen: Die Täuschung entsteht dadurch, dass der Durchschnitt (das arithmetische Mittel) verschiedener Renditen stets höher liegt als das geometrische Mittel derselben Renditen, das gleichzeitig ihren Medianwert darstellt.

Fette Aktien, fette Leute und das KGV

Man erhält, wofür man bezahlt: Bekanntlich gilt diese Maxime nach Überzeugung der Fundamentalanalysten auch für die Bewertung von Aktien. Die Aktie eines Unternehmens ist demzufolge nicht mehr wert als das, was sie ihrem Besitzer an Dividenden und Kursgewinnen einträgt. Um diesen Wert zu bestimmen, versuchen Fundamentalanalysten daher die Gesamterträge einer Aktie während ihrer Lebensdauer möglichst genau zu schätzen und berechnen in einem zweiten Schritt den Gegenwartswert dieses Zahlungsstroms.

Doch wie lassen sich zukünftige Dividenden und Kursgewinne schätzen? Value-Investoren verwenden dazu in der Regel den Ertragsstrom des Unternehmens, der ihrer Meinung nach eine vertretbare Ersatzgröße für den Dividendenstrom darstellt, da die Gewinne früher oder später in Form von Dividenden an die Anteilseigner ausbezahlt würden. In der Zwischenzeit könnten die Gewinne zu Investitionszwecken oder zur Rückzahlung von Schulden verwendet werden, was in beiden Fällen ebenfalls den Firmenwert steigere. Verdiene ein Unternehmen gut und lasse seine Entwicklung auf weitersteigende Gewinne hoffen, das Ganze bei gesamtwirtschaftlichem Wachstum und dauerhaft niedrigen Zinsen, so rechtfertigten hohe Gewinne auch einen hohen Kurs. Im umgekehrten Fall gelte das Gegenteil.

Damit haben wir eine Abkürzung entdeckt, einen Weg, um auch ohne komplizierte Schätzungen und Berechnungen ein akzeptables

Kursniveau bestimmen zu können: das so genannte Kurs-Gewinn-Verhältnis (KGV) der Aktie. Es ist nahezu unmöglich, die Wirtschaftspresse zu lesen oder Börsensendungen zu verfolgen, ohne andauernd auf diese Kennzahl zu stoßen. Genau wie es sein Name besagt, ist das KGV ein Verhältnis oder Bruch – nicht mehr. Man ermittelt es, indem man den Kurs K einer Aktie durch den auf sie entfallenden Gewinn G (in der Regel des Vorjahres) dividiert. Aktienanalysten beschäftigen sich mit einer Unzahl von Verhältnissen, doch das KGV nimmt zweifellos eine Sonderstellung ein.

Um den Aktienkurs K zu ermitteln, genügt ein Blick in die Tagespresse oder ein Besuch einschlägiger Finanzwebsites. Der Gewinn pro Aktie G errechnet sich aus dem Gesamtgewinn des Unternehmens im Vorjahr geteilt durch die Zahl der umlaufenden Aktien. (Leider sind Gewinne nicht annähernd so eindeutig definiert, wie man früher oft glaubte. Allerlei Tricks, Zweideutigkeiten und glatte Lügen haben daraus ein recht dehnbares Konzept gemacht.)

Doch wie nutzt man diese Information? Eine sehr gängige Interpretation des KGV besteht darin, es als Maß für die Erwartungen der Anleger zu betrachten: Ein hohes KGV geht mit hohen Erwartungen bezüglich der künftigen Ertragslage des Unternehmens einher, während ein niedriges KGV auf niedrige Erwartungen schließen lässt. Eine zweite Möglichkeit wäre, das KGV als Preis anzusehen, der für die Teilhabe an den Gewinnen des Unternehmens (auf dem Umweg über Dividenden und Kursgewinne) zu bezahlen ist. Damit drückt das KGV gleichzeitig eine Art Prognose und eine Einschätzung des Unternehmens aus.

Ein Unternehmen mit hohem KGV muss Leistung zeigen, wenn es dieses KGV beibehalten möchte. Stagnieren seine Gewinne, wird der Kurs seiner Aktie sinken. Denken Sie etwa an Microsoft, das noch vor wenigen Jahren ein dreistelliges KGV aufwies. Heute liegt diese Kennzahl unter 50, obwohl das Unternehmen zu den größeren der in Redmond, Washington, ansässigen Firmen gehört. Zwar ist Microsoft noch immer ein Riese, doch sein Wachstum verläuft heute weniger rasch als in den Anfangsjahren. Dieser Schrumpfungsprozess des KGV ist eine natürliche Begleiterscheinung des Übergangs vom Start-up-Unternehmen zum »Blue Chip«, dem erstklassigen Standardwert.

(Der Verlauf der Wachstumsrate eines Unternehmens erinnert an eine bestimmte mathematische Kurve – die so genannte s-förmige oder logistische Kurve. Diese Kurve charakterisiert anscheinend eine Vielzahl von Phänomenen, darunter die Nachfrage nach neuen Produkten jeder Art. Um sich ihre Form vorzustellen, denke man an einige Bakterien, die sich in einer Petrischale befinden. Ihre Zahl steigt zunächst langsam an, gefolgt von einem rascheren exponentiellen Wachstum, das von der Nährlösung und dem ausreichenden Raum begünstigt wird. Allmählich jedoch führt der immer stärkere Platzmangel zum Absinken der Wachstumsrate, sodass sich bei gleichbleibender Schalengröße die Zahl der Bakterien stabilisiert.

Zu den sehr unterschiedlichen Größen, deren Entwicklung die Kurve offensichtlich beschreibt, gehören der Ausstoß an Symphonien, den ein Komponist produziert, die Zunahme des kommerziellen Luftverkehrs, der Bau von Schnellstraßen, die Anzahl von Rechnerinstallationen, die Verbreitung von Fernsehern und sogar der Bau gotischer Kathedralen. Bisweilen wird spekuliert, ob es nicht eine Art universelles Prinzip gebe, dass viele natürliche und von Menschenhand erzeugte Phänomene bestimme, einschließlich des Wachstums erfolgreicher Unternehmen.)

Natürlich beweist das KGV für sich allein genommen gar nichts. Ein hohes KGV bedeutet nicht notwendigerweise, dass die betreffende Aktie überbewertet ist (also zu teuer angesichts des Ertragsstroms, den sie vermutlich erzeugen wird) und daher verkauft werden sollte, und genauso zeigt ein niedriges KGV nicht unbedingt eine Unterbewertung sowie eine Kaufgelegenheit an. Ein niedriges KGV könnte etwa bedeuten, dass ein Unternehmen trotz seiner Gewinne in finanziellen Nöten steckt.

Als beispielsweise WorldCom kurz vor dem Konkurs stand, wies die Aktie ein extrem niedriges KGV auf. Ein anhaltender Strom von Mitteilungen in den Online-Chatrooms verglich es mit denjenigen von SBC, AT&T, Deutsche Telekom, Bell South, Verizon und anderer Konkurrenten, die alle wesentlich höher ausfielen. Die Kommentare nahmen an Schärfe zu, als offenbar wurde, dass sie ihren Zweck verfehlten: die Anleger dazu zu bewegen, sich vor die Stirn zu schlagen in der plötzlichen Erkenntnis, das WorldCom eine blendende Kaufgelegenheit darstelle. In einem Punkt hatten die Autoren dieser Mitteilungen immerhin Recht: Man sollte das KGV eines Unternehmens an seinen früheren

Werten, an den Werten vergleichbarer Unternehmen sowie an den Durchschnittswerten des jeweiligen Sektors und des Gesamtmarktes messen. Das durchschnittliche KGV in den Vereinigten Staaten schwankt irgendwo zwischen 15 und 25, obwohl es problematisch ist, einen solchen Durchschnitt zu berechnen. So weisen etwa Unternehmen, die Verluste erwirtschaften, ein negatives KGV auf, obwohl es im Allgemeinen (und vermutlich zu Unrecht) nicht als solches dargestellt wird. Trotz des großen Ausverkaufs an den Börsen in den Jahren 2001 und 2002 glauben einige Analysten, dass Aktien gemessen an dem von ihnen zu erwartenden Ertragsstrom noch immer zu teuer seien.

Wie auch andere Kennzahlen, die Fundamentalanalysten gerne verwenden, wirkt das KGV präzise, objektiv und quasi mathematisch. Doch wie bereits festgestellt, wird auch das KGV von gesamtwirtschaftlichen Entwicklungen beeinflusst, wobei eine starke Wirtschaft in der Regel einen höheren Wert rechtfertigt. Und wie nochmals betont werden darf, ist das K im Zähler nicht immun gegenüber psychologischen Einflüssen, ebenso wie das G im Nenner der buchhalterischen Kreativität unterworfen ist.

Immerhin lässt das KGV eher auf die finanzielle Gesundheit eines Unternehmens schließen als der Aktienkurs allein, ebenso wie beispielsweise der Körpermasse-Index (Body Mass Index, BMI) – das Körpergewicht geteilt durch das Quadrat der Körpergröße, ausgedrückt in geeigneten Einheiten – ein besseres Maß der körperlichen Gesundheit darstellt als das Gewicht allein. Der BMI legt auch die Heranziehung anderer Kennzahlen nahe, etwas des Verhältnisses von K und G^2 oder, allgemeiner formuliert, des Verhältnisses von K und G^X. Die Untersuchung dieser Kennzahlen könnte die Analysten derart beschäftigen, dass ihr BMI absinken würde.

(So weit hergeholt, wie es scheinen mag, ist die Parallele zwischen Diäten und Investmentstrategien gar nicht. Auf beiden Gebieten herrscht eine verblüffende Auswahl, und mit ein wenig Disziplin lässt sich mit den meisten Schlankheitskuren Gewicht verlieren und mit den meisten Börsenstrategien Geld verdienen. Man kann eigenständig Diät halten oder investieren oder auch einen Berater anstellen, der eine Gebühr verlangt, aber keine Gewähr bietet. Ob die Diät beziehungsweise Strategie optimal ist oder nicht, ist eine andere Frage; ebenso, ob die zugrunde liegende Theorie plausibel erscheint. Führt die Diät zu einem schnelleren und nachhaltigeren Gewichtsverlust als der konventionelle Rat, mehr Sport zu betreiben und sich ausgewogen, aber in Maßen zu ernähren? Führt die Anlagestrategie zu einer Überrendite gegenüber den Erträgen, die man mit einem passiven Indexfonds erzielen könnte? Leider haben sich die Taillen der meisten US-Amerikaner in den letzten Jahren geweitet, während ihre Geldbörsen schlanker geworden sind.

US-amerikanische Wirtschaftszahlen werden täglich an denjenigen der Weltwirtschaft gemessen, doch Vergleiche des Gesamtgewichts aller Amerikaner mit denjenigen anderer Völker haben in der Regel eher anekdotischen Wert. Obwohl die Vereinigten Staaten nur knapp 5 Prozent der Weltbevölkerung stellen, zeichnen sie vermutlich für einen weit höheren Anteil der Weltkörpermasse verantwortlich.)

Es gibt eine Verfeinerung des KGV, die viele Börsianer als nützlich empfinden. Dabei handelt es sich um das so genannte PEG-Ratio, welches das KGV zum erwarteten prozentualen jährlichen Gewinnwachstum in Bezug setzt. Ein niedriges PEG-Ratio wird gemeinhin als Hinweis auf eine Unterbewertung der Aktie interpretiert, da das Gewinnwachstum im Vergleich zum KGV hoch ist. Gegen ein hohes KGV ist nichts einzuwenden, sofern das Unternehmen schnell genug wächst. Eine Hightech-Firma mit einem KGV von 80 und einem jährlichen Gewinnwachstum von 40 Prozent besitzt ein PEG-Ratio von 2 und mag vielversprechend klingen, doch ein langweiligeres Industrieunternehmen mit einem KGV von 7 und einem Gewinnwachstum von 14 Prozent weist ein deutlich attraktiveres PEG-Ratio von 0,5 auf. (Auch hier werden negative Werte ignoriert.)

Manche Anleger, zu denen auch der Börsenguru Peter Lynch sowie die Finanzwebsite »The Motley Fool« gehören, empfehlen den Kauf von Aktien mit einem PEG-Ratio von 0,5 oder darunter und den Verkauf von Aktien, deren PEG-Ratio über 1,5 steigt, wobei Ausnahmen von dieser Regel definiert werden. Natürlich ist es nicht ganz leicht, Aktien mit derart niedrigem PEG-Ratio zu finden.

Antizyklisches Investieren und das Unglück, auf der Titelseite von *Sports Illustrated* zu erscheinen

Wie bei der technischen Analyse stellt sich auch hier die Frage: Funktioniert das Ganze? Führen die Werkzeuge der Fundamentalanalyse zu höheren Renditen als die Investition in einen breit gestreuten Indexfonds? Bilden Aktien, die von Value-Investoren als unterbewertet eingestuft werden, eine Ausnahme von der Regel der Markteffizienz? (Man beachte, dass schon die Vokabel »unterbewertet« die Theorie effizienter Märkte, der zufolge alle Aktien stets fair bewertet sind, in Frage stellt.)

Die Indizien, die zugunsten der Fundamentalanalyse sprechen, sind ein wenig überzeugender als diejenigen zugunsten der technischen Analyse. Value-Investing scheint in der Tat zu leicht höheren Renditen zu führen. Eine Reihe von Studien deuten beispielsweise darauf hin, dass Aktien mit niedrigem KGV (»unterbewertete« Aktien also) höhere Renditen erwirtschaften als solche mit hohem KGV. Das Ausmaß dieses Effekts hängt von der Art und Größe des Unternehmens ab. Das Konzept des Risikos, das wir in Kapitel 6 behandeln, verkompliziert die Angelegenheit.

Value-Investing wird häufig als Gegenpol zum so genannten Growth-Investing dargestellt, der Suche nach schnell wachsenden Unternehmen mit hohem KGV. Nach Auskunft einiger seiner Anhänger führt es zu höheren Renditen, da man dabei von den Überreaktionen der Marktteilnehmer profitiert. Diese ließen sich allzu leicht von dem Rummel um schnell wachsende Unternehmen betören und unterschätzten die Aussichten solider, wenn auch langweiliger Firmen der Art, wie sie Warren Buffett bevorzugt – etwa Coca-Cola. (Ich schreibe dies in einem Büro, das mit leeren Cola-Light-Dosen übersät ist.)

Der Reiz des Value-Investing liegt in seinem zumeist antizyklischen Charakter, und viele der aus der Fundamentalanalyse abgeleiteten Strategien spiegeln diese Eigenschaft wider. Die »Dogs of the Dow«-Strategie etwa besteht darin, jene zehn Dow-Aktien (aus den insgesamt 30 Werten des Dow Jones Industrial Average) mit dem niedrigsten Kurs-Dividenden-Verhältnis (KDV) auszuwählen. Dividenden und Gewinne sind nicht identisch, doch die Strategie lässt sich ansatzweise mit einem Kauf der zehn Aktien mit dem niedrigsten KGV vergleichen. Da es sich bei den Dow-Mitgliedern um alteingesessene Unternehmen handele, so die Theorie, müsse man kaum mit ihrer Zahlungsunfähigkeit rechnen. Folglich handele es sich bei der relativen Schwäche vermutlich um eine vorübergehende Unterbewertung. Diese Strategie, wiederum eine Abwandlung einer vom Motley Fool propagierten Methode, wurde in den späten achtziger und frühen neunziger Jahren populär. Sie führte tatsächlich zu höheren Renditen als beispielsweise eine Investition in den breit gestreuten S&P 500-Index. Wie bei allen derartigen Strategien sank diese Überrendite jedoch, als immer mehr Anleger ihr Glück damit versuchten.

Eine Relation, die anscheinend stärker als KGV oder KDV zu der Hoffnung auf überdurchschnittliche Renditen berechtigt, ist das Kurs-Buchwert-Verhältnis (KBV). Der Buchwert B eines Unternehmens (pro Aktie gemessen) entspricht dessen Gesamtvermögen abzüglich seiner Verbindlichkeiten und seiner immateriellen Vermögensgegenstände. Das KBV verändert sich im Zeitablauf langsamer als das KGV und liegt im Übrigen erfreulicherweise fast immer im positiven Bereich. Der Buchwert soll Auskunft über die Substanz des Unternehmens geben; er ist jedoch ebenso wie der Gewinn von Bilanzkünstlern beeinflussbar.

Nichtsdestotrotz haben die Ökonomen Eugene Fama und Ken French in einer viel beachteten Studie gezeigt, dass das KBV ein hilfreiches Instrument zur Aktienanalyse darstellt. Ihre Untersuchung bezog sich auf den Zeitraum von 1963 bis 1990 und umfasste nahezu sämtliche an der New York Stock Exchange (NYSE) sowie dem Nasdaq gelisteten Aktien. Die Autoren unterteilten diese Aktien anhand ihres Kurs-Buchwert-Verhältnisses in zehn gleich große Gruppen. Die erste dieser Gruppen umfasste somit die 10 Prozent aller Aktien mit dem höchsten KBV, die zweite diejenigen 10 Prozent mit dem nächstniedrigeren KBV und so weiter. (Man bezeichnet solche Unterteilungen als Dezilen.) Auch in diesem Fall führte eine antizyklische Strategie zu überdurchschnittlichen Renditen. Ausnahmslos schlug jede Dezile mit niedrigerem KBV-Wert solche mit höherem KBV-Wert. Die Dezile mit dem niedrigsten KBV-Wert wies eine durchschnittliche Rendite von 21,4 Prozent aus, bei derjenigen mit dem höchsten KBV-Wert waren es lediglich 8 Prozent. Andere Studien kamen zu ähnlichen, wenn auch weniger ausgeprägten Ergebnissen. Manche Finanzwissenschaftler, darunter insbesondere James O'Shaughnessy, behaupten, dass ein niedriges Kurs-Umsatz-Verhältnis (KUV) ein noch zuverlässigerer Hinweis auf eine künftige Überrendite sei.

Die Beschäftigung mit den fundamentalen Verhältniszahlen eines Unternehmens ist keine neue Entwicklung. Bereits 1934 wiesen die Finanzikonen Benjamin Graham und David Dodd in ihrem grundlegenden Buch *Geheimnisse der Wertpapieranalyse* auf die Bedeutung eines niedrigen KGV sowie eines niedrigen KBV bei der Aktienauswahl hin. Bei manchen gilt diese Verbindung sogar als Definition einer Value-Aktie, wobei im Umkehrschluss ein hohes KGV sowie ein hohes KBV eine Growth-Aktie kennzeichnen. Andere Definitionen sind ein wenig differenzierter, doch allgemein werden Öl- und Finanzwerte, Versorger und Aktien der Fertigungsindustrie als typische Value-Aktien betrachtet, während die meisten Werte der Computer-, Telekommunikations-, Pharma- und Hightech-Branchen als typische Growth-Aktien gelten.

Dieselben Überrenditen für Value-Investoren zeigten sich auch an nichtamerikanischen Finanzmärkten. Verschiedene Studien, die einzelne nationale Börsen anhand von KGV und KBV der dort gelisteten Aktien in Quintilen (sozusagen Fünfer-Schritte) unterteilten, gelangen durchweg zu dem Ergebnis, dass Aktien mit niedrigen Verhältniszahlen in den Folgejahren höhere Renditen erwirtschafteten als solche mit hohen Verhältniszahlen. Wieder einmal war den unterbewerteten, unbeliebten Aktien in den Folgejahren ein größerer Erfolg beschieden.

Es gibt aber auch antizyklische Marktanomalien anderer Art. So untersuchten Richard Thaler und Werner DeBondt für jedes Einzeljahr von den dreißiger bis zu den siebziger Jahren die Entwicklung der 35 Aktien mit der höchsten sowie derjenigen 35 Werte mit der niedrigsten Rendite an der NYSE. Nach jeweils drei bis fünf Jahren schnitten die ehemaligen Spitzenreiter im Mittel schlechter als der Marktdurchschnitt ab, während die Aktien mit der vormals schlechtesten Performance deutlich höhere Renditen als der Index aufwiesen. Die in Kapitel 3 erwähnten Professoren Andrew Lo und Craig MacKinlay gelangten bekanntlich in neuerer Zeit zu ähnlichen Ergebnissen, die einen – allerdings deutlich schwächer ausgeprägten – Erfolg antizyklischer Strategien belegen. Dies spiegelt möglicherweise die zunehmende Beliebtheit und daher abnehmende Wirksamkeit derartiger Strategien wider.

Ein weiteres Untersuchungsergebnis mit antizyklischem Einschlag findet sich in dem Buch des Managementgurus Tom Peters *Auf der Suche nach Spitzenleistungen*. Peters bewertet darin eine Reihe von Unternehmen anhand verschiedener fundamentaler Kennzahlen und Verhältnisse und gelangt so zu einer Spitzengruppe »ausgezeichneter« Unternehmen. Mithilfe derselben Maßstäbe stellte einige Jahre später die Autorin Michelle Clayman eine Liste »abscheulicher« Unternehmen zusammen (meine Bezeichnung, nicht ihre) und verglich die spätere Entwicklung beider Gruppen. Erneut zeigte sich eine Regression zum Mittelwert: Die abscheulichen Unternehmen entwickelten sich in den folgenden fünf Jahren deutlich besser als die ausgezeichneten.

Alle diese Ergebnisse unterstreichen die psychologische Bedeutung eines Phänomens, das ich bislang nur kurz erwähnt habe: der Regression zum Mittelwert. Bildet der Niedergang von Peters' Spitzenunternehmen oder anderer Firmen mit hervorragendem KGV oder KBV das wirtschaftliche Pendant zu dem Unglück, auf der Titelseite der *Sports Illustrated* zu erscheinen?

Für Nichteingeweihte: Bei der Zeitschrift *Sports Illustrated* handelt es sich um eine führende Postille des US-amerikanischen Sports (eine Welt, deren Zahlen im Allgemeinen vertrauenswürdiger sind als jene der dortigen Geschäftswelt). Bei einer Ausgabe von Januar 2002 zierte eine schwarze Katze, das Logo der Zeitschrift, die Titelseite – ein Hinweis darauf, dass sich die Titelgeschichte mit dem berüchtigten Unglück beschäftigte, das einer Abbildung auf der Titelseite der Zeitschrift folgte. Viele Sportbegeisterte in den USA sind fest davon überzeugt, dass jeder, der es auf die Titelseite der *Sports Illustrated* schafft, anschließend in Ungnade fällt. Tatsächlich führte besagter Leitartikel eine Vielzahl von Begebenheiten auf, bei denen ein Sportler oder ein Team plötzlich das Glück verließ, nachdem sie auf der Titelseite abgebildet worden waren.

Angeblich soll der Baseballspieler Kurt Warner von den St. Louis Rams sogar das Angebot abgelehnt haben, mit der schwarzen Katze auf der Titelseite zu posieren. Da er das Trikot mit der Nummer 13 trägt, wird er sich wohl gedacht haben, dass er sein Glück nicht immerzu herausfordern könne. Außerdem hatte er sich, nachdem er im Oktober 2000 schon einmal auf der Titelseite erschienen war, anschließend den kleinen Finger gebrochen und musste für fünf Spiele pausieren.

Die schiere Zahl der Fälle, bei denen auf eine Titelseitenstory eine weniger als berauschende Leistung oder gar Schlimmeres folgte, wirkt zunächst beeindruckend. Der Autor der Titelgeschichte, Alexander Wolff, hatte mit einem Team von Rechercheuren dem Schicksal nahezu sämtlicher 2500 Titelhelden der Zeitschrift nachgespürt, angefangen mit dem ersten Titelbild vom August 1954, das den Baseballspieler Eddie Matthews von den Milwaukee Braves abbildete. Er hatte sich wenig später verletzt. Im Oktober 1982 konnte das Baseballteam von Penn State auf eine lange, ununterbrochene Serie von Siegen zurückblicken, und sein Topspieler, Todd Blackledge, fand sich auf der Titelseite wieder. In der darauf folgenden Woche legte er eine miserable Leistung vor, und das Team verlor haushoch. Im Mai 1993 ereilte das Unheil mit Barry Bonds einen weiteren berühmten Baseballspieler, der nach seiner Abbildung auf der Titelseite innerhalb von nur zwei Wochen in den sportlichen Abgrund stürzte.

Damit will ich es bewenden lassen. Der Artikel führte noch unzählige weitere Fälle auf. Der Gesamtbefund der Rechercheure lautete, dass mehr als ein Drittel aller auf der Titelseite Gewürdigten innerhalb der nächsten Wochen Verletzungen, Formeinbrüche oder sonstige Missgeschicke erlitt. Mittlerweile gibt es eine Vielzahl von Theorien, die diesen Fluch zu erklären suchen. Oft genannt wird beispielsweise der vermeintliche Umstand, dass die abgebildeten Sportler oder Teams durch den Ruhm einem erhöhten Leistungsdruck ausgesetzt seien.

Eine weit schlüssigere Erklärung lautet hingegen, dass es keiner Erklärung bedarf. Geschehen ist genau das, was ohnehin zu erwarten gewesen wäre. Viele Menschen sprechen Phänomenen eine besondere Bedeutung zu, die in Wirklichkeit lediglich der Regression zum Mittelwert unterliegen. Darunter versteht man das mathematische Gesetz, das für alle zumindest teilweise vom Zufall bestimmten Größen gilt und besagt, dass auf einen Extremwert in der Regel ein Wert folgt, der näher am Durchschnitt aller Werte liegt. Der Sport und die Wirtschaft sind zweifellos Branchen, in denen der Zufall eine Rolle spielt. Damit unterliegen sie der Regression. Das Gleiche gilt zu einem gewissen Grad für die Genetik, weswegen die Kinder sehr großer Eltern in der Regel zwar ebenfalls groß, aber kleiner als ihre Eltern sind. Genauso verhält es sich umgekehrt bei den Kindern besonders kleinwüchsiger Eltern.

Wäre ich ein professioneller Dart-Spieler und würde 100 Pfeile auf eine Zielscheibe werfen (oder auf einen Kurszettel in der Wirtschaftspresse) und dabei rekordverdächtige 83-mal ins Schwarze (beziehungsweise eine Überfliegeraktie) treffen, würde ich beim zweiten derartigen Versuch vermutlich nicht annähernd so gut abschneiden. Würde man mich angesichts der 83 Volltreffer auf der Titelseite der *Sports Illustrated* respektive des Wirtschaftsmagazins *Barron's* abbilden, so würde ich wohl ebenso dem Fluch der Titelseite anheim fallen.

Regression zum Mittelwert ist ein weit verbreitetes Phänomen. Die Nachfolgerin einer hervorragenden CD reicht nur selten an das Original heran. Dasselbe gilt für den Folgeband eines Bestsellers, das sprichwörtliche Leistungstief im zweiten Studiumsjahr, Tom Peters' Spitzenunternehmen, die nach einigen guten Jahren enttäuschten, sowie womöglich für die Schicksale von Bernie Ebbers von WorldCom, John Rigas von Adelphia, Ken Lay von Enron, Gary Winnick von Global Crossing, Jean-Marie Messier von Vivendi (um einmal einen Europäer zu erwähnen), Joseph Nacchio von Qwest und Dennis Kozlowski von Tyco – alles CEOs großer Unternehmen, die mit Medienlob überhäuft wurden, bevor sie in den letzten Jahren in Ungnade fielen.

Der Regression haftet aber auch ein optimistischer Aspekt an. *Sports Illustrated* sollte einmal überlegen, auf seiner Rückseite jeweils einen etablierten Spieler abzubilden, der gerade ein Leistungstief durchlebt. Die Zeitschrift könnte dann Titelgeschichten über den *Auftrieb* verfassen, der aus einer derartigen Bildveröffentlichung resultierte. *Barron's* könnte seine Rückseite in gleicher Weise einsetzen.

Natürlich genügt es nicht, auf die Regression zum Mittelwert zu spekulieren, doch immerhin deuten Dutzende von Studien darauf hin, dass ein über einen Zeitraum von drei bis fünf Jahren betriebenes Value-Investing zu höheren Renditen als etwa Growth-Investing führt. Zu beachten ist allerdings, dass die beobachtete Stärke dieses Effekts je nach Studie variiert (und bisweilen bei null oder sogar darunter liegt, was kaum überrascht), dass die Transaktionskosten die zusätzlichen Renditen teilweise oder vollständig aufwiegen können und dass der

Wettbewerb zwischen den Anlegern den Effekt zumeist mit der Zeit weiter reduziert.

In Kapitel 6 geht es um Risiko im Allgemeinen, doch es gibt eine bestimmte Art von Risiko, das womöglich für Value-Aktien von Bedeutung ist. So berufen sich einige Beobachter auf die Binsenwahrheit, dass höhere Risiken auch in effizienten Märkten durch höhere Renditen belohnt werden. Auf dieser Grundlage behaupten sie nun, dass Value-Aktien riskant seien, da sie ihre Farblosigkeit und mangelnde öffentliche Beachtung durch niedrige Kurse kompensieren müssten! Es ist jedoch riskant, das Wort »riskant« in dieser Weise zu verwenden, da es zu viel zu erklären scheint und somit letztlich gar nichts erklärt.

Bilanzierungspraktiken und WorldComs Nöte

Selbst wenn es tatsächlich sinnvoller wäre, sein Geld in Value-Aktien anzulegen, als es in breit streuende Indexfonds zu investieren (was keineswegs bewiesen ist), bliebe ein bedeutendes Problem erhalten: Vielen Anlegern ist nicht ausreichend bewusst, welch begrenzte Aussagekraft dem jeweiligen Nenner der Kennzahlen KGV, KBV und KDV – also dem Gewinn, dem Buchwert sowie der Dividende – zukommt.

Die meisten Menschen lassen sich sogar in Alltagssituationen leicht von Zahlen und Geldbeträgen verwirren. Denken Sie etwa an die bekannte Geschichte von den drei Männern, die sich in einem Hotel zu einer Besprechung treffen und zu diesem Zweck eine Besprechungskabine für 30 Euro buchen. Während der Sitzung bemerkt der Hotelmanager, dass die Kabine nur 25 Euro hätte kosten dürfen und er somit einen zu hohen Preis verlangt hat. Er beauftragt einen Laufboten, den Männern die überzähligen 5 Euro in bar zu erstatten. Der Laufbote, der nicht weiß, wie er 5 Euro gleichmäßig aufteilen soll, beschließt, jedem Mann 1 Euro zu geben und die verbleibenden 2 Euro in die eigene Tasche zu stecken. Später erkennt er, dass die Männer nun jeweils 9 Euro bezahlt haben (10 Euro abzüglich des von ihm erstatteten Euro). Die insgesamt gezahlten 27 Euro (3 × € 9 = € 27) zuzüglich der einbehaltenen 2 Euro addieren sich jedoch zu lediglich 29 Euro. Wo also, fragt sich unser Laufbote verwundert, ist denn nun der fehlende letzte Euro geblieben?

Natürlich lautet die Antwort, dass kein Euro fehlt. Um dies zu erkennen nehmen wir einmal an, dass sich der Manager um einen größeren Betrag vertan hätte: Die Sitzungskabine kostet nur 20 Euro, sodass er den Männern 10 Euro zu viel abgenommen hat. Er beauftragt seinen Laufboten, ihnen das Geld zu erstatten. Dieser weiß nicht, wie er 10 Euro gleichmäßig aufteilen soll; er gibt daher jedem Mann 3 Euro und behält 1 Euro für sich. Abends erkennt er, dass die Männer nun jeweils 7 Euro bezahlt haben (10 Euro abzüglich der von ihm erstatteten 3 Euro). Die insgesamt gezahlten 21 Euro (3 × € 7 = € 21) zuzüglich des einbehaltenen Euro addieren sich zu lediglich 22 Euro. Er fragt sich nun, wo die fehlenden 8 Euro geblieben sind. In diesem Fall ist man weniger geneigt zu glauben, dass die Summe 30 Euro betragen müsste.

Wenn aber bereits dieses »Verschwinden« von Geldbeträgen Menschen verblüfft (und viele verblüfft es in der Tat), mit welchem Recht vermuten wir dann, dass sie die Feinheiten der Bilanzrechnung begreifen, auf deren Grundlage sie womöglich ihre hart (oder auch leicht) verdienten Spargroschen anzulegen planen? Wie die Bilanzierungsskandale der letzten Jahre verdeutlichen, reicht gelegentlich auch ein tieferes Verständnis dieses Gebiets nicht aus, um den Zustand der Finanzen eines Unternehmens zu ergründen. Die Lektüre von betriebswirtschaftlichen Zahlenwerken gehört nicht zu den alltäglichen Aktivitäten der meisten Anleger, und nur wenige von ihnen verstehen, wie Bilanzen, Cashflow- sowie Gewinn- und Verlustrechnungen ineinander greifen. Die meisten Investoren stützen sich daher auf die Aussagen von Analysten und Wirtschaftsprüfern, weshalb die Verwischung der Grenzen zwischen Letzteren und Investmentbankern sowie Unternehmensberatern solche Gefahren birgt.

Fungiert der Wirtschaftsprüfer eines Unternehmens gleichzeitig als dessen Berater, so entsteht ein beunruhigender Interessenkonflikt. (Eine vergleichbare Überschreitung beruflicher Trennlinien, die ich noch bestürzender finde, wurde von Eliot Spitzer, dem Generalstaatsanwalt des US-Bundesstaates New York, unterbunden. In einem typischen Fall stellte sich heraus, dass Jack Grubman, der vermutlich einflussreichste Analyst von Telekommunikationsunternehmen wie WorldCom, auf inzestuöse Weise in die Emissions- und Anlagegeschäfte derselben Unternehmen, die er mit kühlem Kopf hätte analysieren sollen, verwickelt war.)

Der persönliche Tutor eines Studenten, der dafür bezahlt wird, die Leistung seines Schützlings zu verbessern, sollte nicht auch für die Bewertung seiner Klausuren zuständig sein. Ebenso wenig sollte der persönliche Trainer eines Sportlers in einem Spiel, an dem der Sportler teilnimmt, als Schiedsrichter mitwirken. Im Unternehmensbereich stellt sich die Lage womöglich ein wenig anders dar, da nach Aussage mancher Wirtschaftsprüfer unterschiedliche Abteilungen ihrer Unternehmen für die Prüfung und die Beratung von Kunden zuständig seien. Nichtsdestotrotz entsteht zumindest der Eindruck einer Unregelmäßigkeit, und oft genug ist dieser Verdacht auch berechtigt.

Solche Unregelmäßigkeiten nehmen eine Vielzahl von Formen an. Die von Enron an den Tag gelegten Finten und Ablenkungsmanöver, bei denen es um Offshore-Ableger und komplizierte Derivatengeschäfte ging, waren zumindest subtil und beinahe elegant. WorldCom dagegen bediente sich derart simpler und offensichtlicher Tricks, dass die augenscheinliche Blindheit der Wirtschaftsprüfungsgesellschaft Arthur Andersen nur ungläubiges Kopfschütteln hervorrufen kann. Das Unternehmen hatte Ausgaben in Höhe von 3,8 Milliarden US-Dollar als Investitionen ausgewiesen. Da betriebliche Ausgaben im selben Jahr mit den betrieblichen Einnahmen saldiert werden müssen, Investitionen dagegen über viele Jahre hinweg abgeschrieben werden, gelang es WorldCom durch dieses »Versehen«, mindestens zwei Jahre lang einen Betriebsgewinn statt eines Verlusts zu melden. Nach Aufdeckung dieser Tatsache fanden die Ermittler heraus, dass die Erträge um weitere 3,3 Milliarden US-Dollar aufgebauscht worden waren. Das Unternehmen hatte den erwähnten Schwindel mit einem anderen Bilanztrick verknüpft: Übertriebene gewinnmindernde Rückstellungen (etwa für unsichere Forderungen) wurden je nach Bedarf als Erträge gebucht, wodurch letztlich eine riesige schwarze Kasse entstand. Schließlich (oder doch nicht?) warf die amerikanische Börsenaufsichtsbehörde im November 2002 dem Unternehmen vor, seine Erträge um weitere 2 Milliarden US-Dollar aufgebläht zu haben, womit sich die falsch ausgewiesenen Beträge auf 9 Milliarden US-Dollar summierten! (Man findet unzählige Vergleiche, mit denen sich die Höhe dieser Zahl veranschaulichen lässt – so entsprechen 9 Milliarden US-Dollar beispielsweise dem Zweifachen des Bruttosozialprodukts von Somalia.)

Der Bilanzierungsskandal bei WorldCom wurde im Juni 2002 ruchbar. Zu diesem Zeitpunkt hatte ich bereits viel Geld in das Unternehmen investiert und untätig zugesehen, wie der Wert meiner Anlage ins Bodenlose sank. Bernie Ebbers und Co hatten nicht nur (wie in dem obigen Beispiel) einen Dollar weggezaubert, sondern während ihrer Amtszeit rund 190 Milliarden US-Dollar an Wert vernichtet – so viel betrug die Marktkapitalisierung des Unternehmens im Jahre 1999 (64 US-Dollar pro Aktie mal 3 Milliarden Aktien). Aus diesem Grunde und einer Vielzahl von anderen ließe sich behaupten, dass der Billionen-Boom der neunziger Jahre und der ähnlich ausgeprägte Zusammenbruch nach der Jahrtausendwende vor allem von der Telekommunikationsbranche ausgelöst wurde. (Angesichts derart gewaltiger Zahlen ist es hilfreich, sich der grundlegenden Regel der Finanzschätzung zu erinnern: Eine Billion Dollar oder Euro plus oder minus einiger Milliarden ist noch immer eine Billion, ebenso wie eine Milliarde abzüglich oder zuzüglich einiger Millionen noch immer eine Milliarde ist.)

Ich war ein Betrugsopfer geworden, doch der Hauptbetrüger war zu meinem großen Bedauern nicht das WorldCom-Management, sondern ich selbst. Es war schlicht dumm von mir, so viel Geld in eine einzige Aktie zu investieren, auf das Setzen von Stop-Loss-Marken sowie auf den Kauf von Put-Optionen zur Absicherung meiner Position zu verzichten und auf Kredit zu spekulieren. (Puts sowie kreditfinanzierte Aktiengeschäfte werden wir in Kapitel 6 behandeln.) Mit einer Beachtung der Fundamentaldaten des Unternehmens hatte das jedenfalls nichts zu tun. Diese Fundamentaldaten und andere Warnsignale hätte man im Übrigen auch durch die Nebelkerzen der Bilanzen hindurch erkennen müssen.

Das erste Anzeichen für drohendes Ungemach war das zunehmende Überangebot in der Telekommunikationsbranche. Mehrere Beobachter haben festgestellt, dass die Erfolgskurve der Branche im vergangenen Jahrzehnt mit der Entwicklung der US-Eisenbahnindustrie nach dem amerikanischen Bürgerkrieg (1861–1865) vergleichbar ist. Die Erschließung des amerikanischen Westens, staatliche Anreize sowie die

Verfügbarkeit neuer Technologien verführten die Eisenbahnunternehmen dazu, Tausende von überflüssigen Schienenkilometern zu verlegen. Im Kampf um die Rolle des führenden Mitspielers verschuldeten sie sich hoch, ihre Erträge konnten mit dem steigenden Schuldendienst nicht mithalten, und ihr nachfolgender Zusammenbruch führte unmittelbar in die wirtschaftliche Depression von 1873.

Ersetzen Sie nun Eisenbahnschienen durch Glasfaserkabel, die Erschließung des Westens durch die Erschließung der globalen Märkte, das interkontinentale Eisenbahnnetz durch das Internet und staatliche Anreize durch staatliche Anreize, und schon haben Sie die gewünschte Parallele. Millionen von Kilometern an ungenutzten Glasfaserkabeln zum Preis von Milliarden von Euro wurden verlegt, um die sich unzureichend entwickelnde Nachfrage nach Online-Musik oder Spezialanbietern für den Haustierbedarf zu befriedigen. Um es kurz zu machen: Die Schulden der beteiligten Unternehmen explodierten, der Wettbewerb nahm an Schärfe zu, die Erträge sanken, und Konkurse drohten oder traten ein. Zum Glück aber ist die Depression jedenfalls bis heute ausgeblieben.

Rückblickend betrachtet besteht kein Zweifel daran, dass die Situation unhaltbar war und dass die Täuschungsmanöver und Tricks, derer sich WorldCom, Global Crossing und andere bedienten, lediglich übertünchten, was ohnehin wenig später ans Licht gekommen wäre: Diese Unternehmen erwirtschafteten hohe Verluste. Dennoch kann man es niemandem verübeln, das Problem der Überkapazitäten nicht erkannt oder die Bilanzmanipulationen nicht bemerkt zu haben. (Nicht viel weniger frei von eigenem Verschulden, wenn ich meine Selbstkasteiung fortsetzen darf, war mein miserables Finanzgebaren, das man nicht dem Management oder den Buchhaltern von WorldCom zuschreiben kann.) Ich vermute allerdings, dass der wahre Grund für die Verzweiflung und die Besorgnisse vieler Menschen nicht in den Missetaten der Buchhalter, sondern in der anhaltenden Börsenschwäche zu suchen ist. Würden die Kurse nachhaltig steigen, so würde das Interesse an den verschiedenen Bilanzreformen, die vorgeschlagen und zum Teil auch umgesetzt wurden, zumindest aufgewogen durch eine lebhafte Faszination der Anlegergemeinschaft mit partiellen Ableitungen oder Cantors Kontinuumhypothese.

Reformen haben immer nur eine begrenzte Tragweite. Es gibt unzählige Möglichkeiten, Bilanzwerte zu frisieren, viele davon im Grenzbereich zur Legalität. Diese Tatsache beleuchtet ein anderes Spannungsverhältnis, das den Berufsstand der Wirtschaftsprüfer kennzeichnet: Die Präzision und Objektivität ihrer Buchhaltung steht in einem ungemütlichen Kontrast zu der Ungenauigkeit und Subjektivität vieler ihrer Praktiken. Wirtschaftsprüfer nehmen täglich Bewertungen vor und fällen Entscheidungen, viele davon strittig, hinsichtlich der Bewertung von Beständen sowie von Leistungsverpflichtungen in Bezug auf Pensionen und Gesundheitsvorsorge, der Quantifizierung von Goodwill, der Kosten von Garantieleistungen oder der Klassifizierung von Ausgaben. Sind diese Bewertungen jedoch erst einmal getroffen, folgen daraus Zahlen, die bis auf den Cent genau sind und unangreifbar erscheinen.

Die Situation gleicht derjenigen der angewandten Mathematik, wo die Angemessenheit eines mathematischen Modells stets bestritten werden kann. Passt dieses Modell wirklich auf diese Situation? Sind diese Annahmen berechtigt? Sobald aber die Entscheidung für ein bestimmtes Modell gefallen und die Annahmen getroffen sind, entstehen Zahlen und eine Klarheit der Anordnung, von denen ein großer Reiz ausgeht. Schon Goethe ließ sich vor 200 Jahren von diesem Reiz betören, wie sein Ausspruch belegt, wonach »die doppelte Buchführung (...) eine der schönsten Erfindungen des menschlichen Geistes« sei.

Die ausschließliche Konzentration auf buchhalterische Aspekte sowie auf das quantitative Ergebnis – ohne jede Überprüfung der zugrunde liegenden Annahmen – kann auf geradem Weg ins Verderben führen. Das gilt für die Mathematik ebenso wie für das Rechnungswesen. Denken Sie an den Stamm der Bärenjäger, der, nachdem er die komplizierten Berechnungen der Vektoranalyse erlernt hatte, zum Aussterben verdammt war. Vor ihrer Begegnung mit der höheren Mathematik hatten die Stammesangehörigen mit ihren Pfeilen und Bögen so viele Bären erlegt, wie sie nur verspeisen konnten. Kaum beherrschten sie jedoch die Vektoranalyse, verhungerten sie. Wenn sie beispielsweise im Nordosten einen Bären erblickten, schossen sie getreu den Regeln der Vektoranalyse jeweils einen Pfeil gen Norden und einen gen Osten ab.

Noch entscheidender als die Frage, ob bestimmte Bilanzregeln und -modelle angemessen sind, ist diejenige, ob diese Praktiken transparent sind. So erscheint es beispielsweise zwingend logisch, Aktienoptionen für Manager und Angestellte zu den Ausgaben eines Unternehmens zu zählen. In der Praxis geschieht das zwar äußerst selten, doch solange diese Tatsache allgemein bekannt ist, hält sich der Schaden noch in Grenzen – immerhin weiß dann jeder, was gespielt wird, und kann sich darauf einstellen.

Sofern eine Bilanzierungspraxis transparent ist, kann ein unabhängiger und vertrauenswürdiger externer Wirtschaftsprüfer bei Bedarf eine Erklärung abgeben, die der Warnung der unabhängigen und allgemein geachteten Matriarchin aus Kapitel 1 entspricht. Durch die Umwandlung einer bestimmten Information in Allgemeinwissen kann der Wirtschaftsprüfer (oder die Börsenaufsichtsbehörde) die Öffentlichkeit auf eine Regelverletzung aufmerksam machen und deren Urheber dazu anregen, sie abzustellen. Ist der Wirtschaftsprüfer nicht unabhängig oder allgemein geachtet (wie im Falle des zwischenzeitlich zurückgetretenen Vorsitzenden der amerikanischen Börsenaufsichtsbehörde SEC, Harvey Pitt), so ist er lediglich ein weiterer Spieler. Regelverletzungen stellen dann, selbst wenn sie vielleicht weithin und allen Beteiligten bekannt sind, kein Allgemeinwissen dar. (Wir erinnern uns: Eine Information stellt Allgemeinwissen dar, wenn jeder sie besitzt und weiß, dass auch die anderen sie besitzen und diese wiederum wissen, dass man selbst sie besitzt, und so weiter.) Die Folge: Nichts geschieht. In ähnlicher Weise verändert sich der Charakter von familiären Geheimnissen, wenn sie von lediglich geteiltem Wissen in Allgemeinwissen überführt werden: Es besteht dann Hoffnung auf ihre Lösung. »Geheimnisse« innerhalb von Familien und in der Unternehmenswelt (wie die falsche Zuordnung von Ausgaben bei WorldCom) sind in Wirklichkeit oft wohl bekannt, man redet nur nicht darüber.

Ohne Transparenz, Vertrauen, Unabhängigkeit und Autorität kann ein Bilanzierungssystem nicht funktionieren. Alle vier Qualitäten werden dringend benötigt, doch gelegentlich ist das Angebot an ihnen mehr als knapp.

6 Die Erwartungen hässlicher Physiker – das Risiko und die Insider

Versetzen wir uns gedanklich in eine Kneipe, die Abend für Abend von einem recht unattraktiven mathematischen Physiker aufgesucht wird. Dieser besetzt stets den vorletzten freien Platz und scheint sodann den leeren Stuhl neben ihn in ein Gespräch zu verwickeln, als säße dort jemand. Dem Barkeeper ist dies nicht entgangen, und als der Physiker sich am Valentinstag besonders leidenschaftlich zu unterhalten scheint, fragt er ihn, warum er denn ins Nichts hinein rede. Der Herr Barmann verstehe wohl nichts von Quantenmechanik, antwortet der Physiker spöttisch. »So etwas wie ein Vakuum gibt es nicht. Virtuelle Partikel entstehen und zerfallen mit rasender Geschwindigkeit, und die Wahrscheinlichkeit, dass eine schöne Frau neben mir Gestalt annimmt, ist größer null. Und wenn das geschieht, möchte ich hier sein, um sie einzuladen.« Der Barkeeper ist verblüfft und fragt den Physiker, warum er nicht einfach eine der echten Frauen anspreche, die an der Bar säßen. »Man weiß ja nie – vielleicht zeigt sich eine von ihnen interessiert.« – »Wissen Sie, wie unwahrscheinlich das ist?«, erwidert der Physiker höhnisch.

Die Fähigkeit zur korrekten Einschätzung von Wahrscheinlichkeiten, insbesondere wenn diese verschwindend klein sind, ist beim Handel mit Aktienoptionen unentbehrlich. Wir werden uns in Kürze der mit Kauf- und Verkaufsoptionen verbundenen Terminologie zuwenden und dabei rasch erkennen, warum die Calls auf WorldCom vom Januar 2003 zum Ausübungspreis von 15 mit der gleichen Wahrscheinlichkeit im Geld enden werden, mit der unser hässlicher Physiker damit rechnen darf, dass plötzlich Britney Spears an seiner Seite erscheint.

Optionen und der Ruf der Wildnis

Machen wir ein gedankliches Experiment: Zwei Personen (oder die gleiche Person in Parallelwelten) führen ein weitgehend vergleichbares Leben, bevor jede von ihnen ein bedeutendes Unterfangen wagt. Diese Unterfangen sind gleichermaßen berechtigt und erfolgsträchtig, doch das eine führt letztlich für X sowie für dessen Familie und Freunde zu einem guten Ergebnis, während das andere für Y und dessen Familie und Freunde einen ungünstigen Ausgang nimmt. Die Entscheidungen beider Personen sollten von Außenstehenden eigentlich ungefähr gleich bewertet werden, doch wird dies zumeist nicht der Fall sein. Auch wenn es vielleicht nicht berechtigt ist, wird man X wohlwollend, Y dagegen harsch beurteilen. Ich erzähle das teilweise, weil ich gerne den Status eines schuldlosen Herrn Y für mich beanspruchen würde, um mich auf diese Weise von meinem Investmentverhalten freizusprechen. Leider erfülle ich dafür die Voraussetzungen nicht.

Ende Januar 2002 war der Kurs der WorldCom-Aktie auf rund 10 US-Dollar gesunken, und ich fühlte mich nicht nur entmutigt, sondern auch schuldig dafür, so viel Geld mit dieser Aktie verspielt zu haben. Viele Menschen, die an der Börse Geld verloren haben, entwickeln Schuldgefühle, gleich ob sie sich schuldhaft verhalten haben oder nicht. Unabhängig von der Frage, ob die Börsenentwicklung vollständig dem Zufall unterliegt, steht zweifelsohne fest, dass Letzterer eine wesentliche Rolle spielt. Es macht daher keinen Sinn, sich schuldig zu fühlen, wenn Zahl erscheint, obwohl man auf Kopf getippt hat. Hätte ich lediglich genau das getan, könnte ich die Rolle des Herrn Y für mich in Anspruch nehmen: Mich träfe keine Schuld. Leider sollte man, wie schon erwähnt, es sich durchaus vorhalten, wenn man rücksichtslos auf eine bestimmte Aktie (oder auf die zugehörigen Optionsscheine) gewettet hat.

An der Wall Street gibt es einen bestimmten Ausdruck, mit dem Händler und andere Marktteilnehmer belegt werden, die »hochgegangen« sind (sprich: ein Vermögen verloren haben) und dadurch zu leeren, von Leichengeruch umwehten Figuren geworden sind: »Gespenst«. Ich habe mehr Mitgefühl für Gespenster entwickelt, als mir lieb ist. Viele von ihnen haben ihren Leichenstatus dadurch erlangt, dass sie *unnötige* Risiken eingingen, die sie »wegdiversifizieren« hätten können und müssen. Eine intuitiv vielleicht wenig einleuchtende Möglichkeit, das Anlagerisiko zu reduzieren, besteht im Kauf und Verkauf von Aktienoptionen.

Viele Menschen denken bei Aktienoptionen an einarmige Banditen, Rouletteschüsseln oder Pferderennen; sie halten sie also für reine Glücksspiele. Andere sehen sie als völlig überzogene Anreize, bei einem Unternehmen zu bleiben, oder als Belohnung für diejenigen, die ein Unternehmen an die Börse brachten. Diese Beschreibungen haben durchaus ihre Berechtigung, doch in der Regel gleicht ein Optionsschein viel eher einer herkömmlichen und langweiligen Versicherungspolice. Genauso wie man eine Police für den Fall erwirbt, dass die Waschmaschine ihren Geist aufgibt, kauft man oft Aktienoptionen, um sich gegen den Wertverlust des eigenen Depots abzusichern. Optionen mindern das Risiko, jenes schwarze Schaf, Schreckgespenst und Gift des Aktionärs sowie Thema dieses Kapitels.

Die Funktionsweise von Optionsscheinen lässt sich am besten anhand einiger Zahlenbeispiele ersehen. (Ihr Missbrauch ist Gegenstand des nächsten Abschnitts.) Nehmen wir einfach an, wir besäßen 1 000 AOL-Aktien (um einmal von WorldCom wegzukommen), deren Kurs bei 20 Euro läge. Wir trauen der Aktie langfristig zwar durchaus einen weiteren Anstieg zu, rechnen aber gleichzeitig für die nächsten sechs Monate mit einem nicht unerheblichen Rückschlagpotenzial. Gegen dieses Risiko können wir uns mit dem Kauf von 1 000 Verkaufsoptionen oder »Puts« zu einem angemessenen Preis absichern. Wir erwerben damit das Recht, 1 000 AOL-Aktien innerhalb der nächsten sechs Monate zum Preis von beispielsweise 17,50 Euro zu verkaufen. Steigt die Aktie oder fällt sie um weniger als 2,50 Euro, so verfallen die Puts nach Ablauf von sechs Monaten wertlos (genauso wie die Garantie einer neuen Waschmaschine nach Ablauf der Garantiefrist wertlos verfällt, wenn bis dahin kein Schaden aufgetreten ist). Sofern der Kurs der Aktie über 17,50 Euro liegt, besteht keinerlei Anreiz, sie zu diesem Preis zu verkaufen. Sinkt der Kurs hingegen im Verlauf der sechsmonatigen Frist auf zum Beispiel 10 Euro, so ist das Recht, Aktien zu 17,50 Euro zu verkaufen, mindestens 7,50 Euro pro Aktie wert. Der Erwerb von Verkaufsoptionen stellt ein Absicherungs- oder »Hedge«-Geschäft gegen einen markanten Kursverlust der zugrunde liegenden Aktie dar.

Als ich diese Zeilen zuerst schrieb, wenige Tage und Absätze nach dem Sturz der WorldCom-Aktie auf 10 US-Dollar, fiel sie weiter auf 8 US-Dollar – und ich wünschte mir, eine ganze Schiffsladung voller Puts auf die Aktie zu einem Zeitpunkt gekauft zu haben, als sie noch für ein paar Cent erhältlich waren.

Neben Verkaufsoptionen gibt es auch Kaufoptionen oder »Calls«. Der Käufer einer Kaufoption erwirbt das Recht, eine Aktie innerhalb eines bestimmten Zeitraums zu einem bestimmten Preis zu erwerben. Zu einem derartigen Geschäft könnte man sich entschließen, weil man davon überzeugt ist, dass etwa der Kurs der Intel-Aktie sein derzeitiges Niveau von 25 Euro im nächsten Jahr deutlich übertreffen wird. Vielleicht hat man nicht die erforderlichen Finanzmittel, um viele Intel-Aktien zu erwerben; leisten kann man sich dagegen den Kauf von Calls, die mit dem Recht ausgestattet sind, Intel-Aktien innerhalb des nächsten Jahres zum Preis von beispielsweise 30 Euro zu erwerben. Fällt die Aktie oder steigt sie innerhalb des Jahres um weniger als 5 Euro, so verfallen die Calls wertlos. Steigt der Aktienkurs jedoch vor Ablauf des Jahres auf 40 Euro, so ist jeder Call mindestens 10 Euro wert. Der Erwerb von Kaufoptionen stellt eine Wette auf einen substanziellen Kursanstieg einer Aktie dar. Gleichzeitig bietet er eine Absicherung dagegen, dass man an diesem Kursanstieg nicht teilnimmt, weil man es sich nicht leisten konnte, die Aktie unmittelbar zu kaufen. (Die Werte 17,50 Euro beziehungsweise 30 Euro in den obigen Beispielen bezeichnet man als »Ausübungspreis« der jeweiligen Option. Bei diesem Kurs der zugrunde liegenden Aktie gelangt die Option »ins Geld«, das heißt, sie besitzt einen inneren Wert.)

Eine der verführerischsten Eigenschaften von Kauf- oder Verkaufsoptionen besteht darin, dass die möglichen Verluste sich auf den Einstandspreis beschränken, während die potenziellen Gewinne von Calls unbegrenzt und im Falle von Puts immerhin sehr beträchtlich sind. Dieses märchenhafte Gewinnpotenzial ruft bei so manchem Anleger vermutlich ebenso märchenhafte Phantasiegebilde hervor – etwa nach dem Motto: »Die Kaufoption auf Intel zum Ausübungspreis von 30 Euro kostet ungefähr 1 Euro. Steigt die Aktie im nächsten Jahr auf 45 Euro, hat sich mein Einsatz auf das Fünfzehnfache erhöht. Und sollte sie gar auf 65 Euro anziehen, steigt meine Anlage auf das 35fache ihres Kaufpreises.« Aus der Sicht mancher Spekulanten unterscheidet sich der Reiz einer solchen Wette nur unwesentlich von einem Lottospiel.

Obwohl ich oft zustimmend die spöttische Bemerkung Voltaires zitiert habe, wonach Lotterien eine Steuer auf Dummheit (oder zumindest auf numerischen Analphabetismus) seien, gebe ich hiermit zu: Ja, ich habe eine Schiffsladung voller Calls auf WorldCom gekauft, die inzwischen alle wertlos sind. Genauer gesagt waren es viele Tausend Calls zum Ausübungspreis von 15 US-Dollar mit Verfallstermin Januar 2003, die ich während meiner zweijährigen Verwicklung mit der Aktie erwarb. Ich hielt alle Schwierigkeiten des Unternehmens für vorübergehend und war davon überzeugt, dass sich diese Probleme bis 2003 erledigt haben würden, ebenso wie in der Folge die meinigen. Schimpfen Sie mich ruhig einen hässlichen Physiker.

Für Kauf- und Verkaufsoptionen besteht natürlich ein entsprechender Markt, was bedeutet, dass sie nicht nur gekauft, sondern auch verkauft werden. Für Optionsverkäufer (auch »Stillhalter« genannt) sieht das Gewinnkalkül verständlicherweise genau umgekehrt aus. Verkauft man Calls auf Intel, die in einem Jahr verfallen, zum Ausübungspreis von 30 Euro und der Kurs übersteigt diese Schwelle nicht, dann behält man den Erlös aus dem Verkauf der Option und bezahlt nichts. Steigt der Kurs aber beispielsweise auf 35 Euro, so muss man dem Käufer der Calls Intel-Aktien zum Preis von 30 Euro liefern. Der Stillhalter von Calls geht also eine Wette ein, dass der Kurs der Aktie entweder sinkt oder nur leicht steigt. Umgekehrt wettet der Verkäufer eines Puts darauf, dass der Aktienkurs entweder zulegt oder nur leicht zurückgeht.

Eine beliebte Investmentstrategie besteht darin, Aktien eines Unternehmens zu kaufen und gleichzeitig Calls auf diese Aktien zu verkaufen. So könnte man zum Beispiel einige Intel-Aktien zum Kurs von 25 Euro pro Aktie kaufen und eine entsprechende Zahl von Kaufoptionen mit Verfallstermin in sechs Monaten zum Ausübungspreis von 30 Euro verkaufen. Steigt der Kurs der Aktie nicht auf 30 Euro, so vereinnahmt man den Erlös aus dem Optionsgeschäft. Im anderen Fall kann man dem Optionskäufer seine eigenen Aktien verkaufen und hat damit das beträchtliche Risiko eines derartigen Geschäfts beschränkt. Ein solcher Verkauf von »gedeckten« Optionsscheinen (die so heißen, weil man die betreffenden Aktien selbst besitzt und nicht zu einem hohen Preis einkaufen muss, um die Ansprüche des Call-Erwerbers zu befriedigen) ist eines von vielen möglichen Absicherungsgeschäften, um den Gewinn zu maximieren und das Risiko zu minimieren.

Den Variationsmöglichkeiten an Gewinn- und Verlustszenarien sind kaum Grenzen gesetzt: Man kann die zugrunde liegende Aktie kaufen oder verkaufen und eine beliebige Kombination von Calls und Puts mit unterschiedlichen Ausübungspreisen und Verfallsterminen erwerben. Solche Kombinationen tragen Namen wie »Straddle«, »Strangle«, »Condor« oder »Butterfly«, doch unabhängig von der jeweiligen exotischen Bezeichnung kosten sie genau wie der Erwerb einer Versicherungsleistung stets Geld. Als erstaunlich vertracktes Problem für die Finanzwissenschaft hat sich die korrekte Bewertung von Optionen erwiesen. Zu den Bestimmungsgrößen einer Hausversicherungsprämie gehören die Wiederbeschaffungskosten des Hauses, die Vertragslaufzeit sowie die Höhe der steuerlichen Freibeträge. Diese Faktoren spielen auch bei der Ermittlung von Optionspreisen eine Rolle, hinzu kommen andere, die mit den Schwankungen von Aktienkursen zu tun haben.

Obwohl die Theorie und Praxis des Versicherungswesens auf eine lange Geschichte zurückblicken kann (der Londoner Versicherer Lloyd's wurde im späten 17. Jahrhundert gegründet), wurde erst 1973 ein rational begründetes Optionspreismodell entwickelt. In diesem Jahr veröffentlichten die Finanzwissenschaftler Fischer Black und Myron Scholes eine entsprechende Formel, die trotz zwischenzeitlicher Verfeinerungen noch immer das Hauptinstrument zur Bewertung von Optionen jeder Art darstellt. Für diese Leistung erhielten sie 1997 zusammen mit Robert Merton den Nobelpreis für Wirtschaftswissenschaften.

Schon Louis Bachelier, den ich in Kapitel 4 erwähnt habe, hatte vor mehr als einem Jahrhundert eine Optionspreisformel entwickelt. Diese Formel war ein Nebenprodukt seiner berühmten Doktorarbeit von 1900, in der er als Erster das Börsengeschehen als einen Zufallsprozess beschrieb, bei dem die Häufigkeit von Auf- und Abwärtsbewegungen einer Normalverteilung folge. Seine Arbeit, die auf der mathematischen Theorie der Brownschen Bewegung gründet, war ihrer Zeit weit voraus, und folglich wurde sie kaum beachtet. Auch seine Optionsformel zeigte Voraussicht, doch führte sie letztlich in die Irre. (Ein Fehler lag darin, dass Bachelier vergaß, den Zinseszins von Aktienerträgen zu berücksichtigen. Mit der Zeit entsteht dadurch eine so genannte »lognormale« Kurve anstatt einer Normalverteilung.)

Die Optionspreisformel nach Black-Scholes beruht auf fünf Parametern: dem aktuellen Kurs der Aktie, der Zeitspanne bis zum Verfallstermin der Option, dem Zinssatz, dem Ausübungspreis der Option und der Volatilität der zugrunde liegenden Aktie. Auch ohne Analyse der genauen Konstruktion der Formel können wir erkennen, dass bestimmte allgemeine Beziehungen zwischen diesen Parametern auf der Hand liegen. So muss etwa ein Call mit Verfallstermin in zwei Jahren zwangsläufig mehr kosten als ein ansonsten gleichwertiger Optionsschein, der in drei Monaten verfällt, da die Aktie aufgrund des späteren Verfallstermins länger Gelegenheit hat, am Ausübungskurs vorbeizuziehen. Ebenso wird ein Call, dessen Ausübungspreis 1 bis 2 Euro über dem aktuellen Kurs der Aktie liegt, teurer sein als ein anderer mit einem Ausübungspreis von 5 Euro über dem aktuellen Kurs. Und Optionsscheine auf Aktien mit hoher Volatilität kosten mehr als solche auf Aktien, deren Kurs sich kaum vom Fleck bewegt (genauso wie ein Zwerg mit einem Pogo-Stab eher über eine drei Meter hohe Mauer blicken wird als ein Riese, der nicht springen kann). Weniger unmittelbar einleuchtend ist die Tatsache, dass sich der Preis einer Option im Gleichklang mit dem Zinsniveau entwickelt, sofern alle anderen Parameter unverändert bleiben.

Zwar gibt es mittlerweile unzählige Veröffentlichungen und Websites, die sich mit der Black-Scholes-Formel beschäftigen, doch in der Regel werden diese Formel und ihre Abwandlungen eher von professionellen Händlern als von Spielertypen verwendet, die mehr auf ihren gesunden Menschenverstand und ihre Intuition vertrauen. Zocker, die Optionen als reine Wettscheine betrachten, interessieren sich für die korrekte Bewertung solcher Papiere ungefähr so viel wie Kasinogänger für die Gewinnquote von einarmigen Banditen.

Der Reiz des verbotenen Hebels

Die mögliche Hebelwirkung, die sich mit dem Kauf, Verkauf oder auch nur dem Besitz von Optionsscheinen erzielen lässt, wirkt bisweilen wie ein Magnet auf Zeitgenossen, denen es nicht genügt, die Einwurfschlitze mit Münzen zu füttern, sondern die lieber den Finger unmittelbar auf die Drehscheiben legen, um so das Spielergebnis zu beeinflussen. Eine solche Personengruppe sind CEOs und andere Führungskräfte, denen riesige Profite winken, wenn es ihnen irgendwie (allzu oft durch Bilanztricksereien) gelingt, den Aktienkurs ihres Unternehmens in die Höhe zu treiben. Selbst wenn dieser Kursanstieg nur vorübergehender Natur ist, können sie mit ihren plötzlich im Wert gestiegenen Call-Optionen Millionen »verdienen«. Dies ist die Luxusvariante des »Pump and dump«, die den Anreiz für einen Großteil des unternehmerischen Fehlverhaltens der letzten Jahre bildete.

(Dieses Missverhalten könnte den Stoff eines interessanten Romans abgeben. Im US-amerikanischen Fernsehen werden gelegentlich Phantasiegespräche zwischen verschiedenen historischen Figuren gezeigt. So unterhielten sich beispielsweise einmal Leonardo da Vinci, Thomas Edison und Benjamin Franklin über das Thema Innovation. Bisweilen ist auch ein Zeitgenosse Teil der Gesprächsrunde oder wird mit einem berühmten Vorgänger zusammengebracht – etwa Karl Popper mit David Hume, Stephen Hawking mit Isaac Newton oder Henry Kissinger mit Macchiavelli. Neulich dachte ich darüber nach, mit wem ich wohl einen heutigen Top-CEO, -Investor oder -Analysten zusammenbringen würde. Eine Reihe von Büchern behandeln die angebliche Relevanz der Erkenntnisse von Platon, Aristoteles und anderen weisen Männern der Antike für die Geschäftspraktiken der Gegenwart. Mich würde jedoch vielmehr ein Gespräch zwischen einem heutigen Geschäftemacher und einem verdienten Schwindler der Vergangenheit interessiert. Wie wäre es zum Beispiel mit dem Ringer Dennis Koslowski neben dem großen Showmaster des 19. Jahrhunderts, P. T. Barnum, dem ehemaligen Enron-Chef Kenneth Lay neben dem legendären Zauberer Harry Houdini oder vielleicht Bernie Ebbers neben dem Verkäufer und Schwindler Elmer Gantry?)

Die Hebelwirkung von Optionsscheinen funktioniert auch in umgekehrter Richtung, der optionsgetriebenen Variante des »Short and distort«. Ein besonders abstoßendes Beispiel könnte sich im Zusammenhang mit dem Angriff auf das World Trade Center ereignet haben. Unmittelbar nach dem 11. September kursierten Berichte, denen zufolge europäische Al-Qaida-Zellen sich Anfang des Monats mit Puts auf verschiedene Aktienindizes im Wert von Millionen Euro eingedeckt hatten, da sie damit rechneten, dass die bevorstehenden Angriffe zu einem starken Einbruch dieser Indizes führen und ihre Puts somit erheblich an Wert zulegen würden. Dieses Kalkül könnte aufgegangen sein, obwohl das Bankgeheimnis in der Schweiz und anderswo eine letzte Gewissheit darüber verhindert.

Ein weitaus üblicheres und weniger wahllos mörderisches Vorgehen besteht darin, Puts auf eine Aktie zu kaufen und sodann zu versuchen, ihren Kurs zu drücken. Ein befreundeter Börsenmakler erzählte mir beispielsweise von seiner fixen Idee, eines Tages einen Kriminalroman zu schreiben, in dem Spekulanten Puts auf ein Unternehmen kaufen, dessen Wohl und Wehe vom Schicksal seines oberen Managements abhängt. Die Spekulanten gehen nun daran, die Unternehmensleitung zu diskreditieren, zu untergraben und schließlich umzubringen, um so von der erwarteten Wertsteigerung der Puts zu profitieren. Im WorldCom-Chatroom, einem beliebten Ort für haltlose Gerüchte jeder Art, entspann sich einst eine kurze Diskussion darüber, ob das Management von WorldCom womöglich unter der Drohung, einige furchtbare Geheimnisse zu enthüllen, zu all seinen unüberlegten Taten erpresst worden sei. Die Vermutung bestand darin, dass die Erpresser Puts auf die Aktie des Unternehmens erworben hätten.

Natürlich gibt es viele Feinheiten, doch das Grundprinzip von Aktienoptionsscheinen gilt auch für andere so genannte Derivate, die mit algebraischen Ableitungen nichts zu tun haben. Man versteht darunter vielmehr Finanzinstrumente, deren Wert sich aus einem zugrunde liegenden Vermögenswert ableitet, etwa aus einer Aktie oder einer Ware wie Baumwolle, Schweinebäuche oder Erdgas – als Basiswert kann nahezu jeder Gegenstand dienen, dessen Wert im Zeitablauf erheblich schwankt. Derivate bieten stets einen Anreiz, die Bedingungen unmittelbar zu verändern, zu beeinflussen oder zu manipulieren. Möglichkeiten dazu gibt es im Überfluss, und sie böten reichlich Stoff für einen packenden Kriminalroman aus der Finanzwelt.

Die Hebelwirkung beim Handel mit Optionsscheinen und anderen Derivaten erinnert an ein klassisches Zitat des Archimedes, der behauptete, man müsse ihm nur einen Hebepunkt, einen ausreichend langen Hebel und einen Ort zum Stehen geben und er könne die Erde bewegen. Die weltbewegenden Träume, die zur Gründung etwa der suggestiv benannten Unternehmen WorldCom, Global Crossing und Quantum führten (hinter letzterem Namen verbirgt sich die Unternehmensgruppe von George Soros, dem das Spekulieren nicht gerade fremd ist), mögen ebenso weit gespannt gewesen sein. Das metaphorische Beiwerk, bei dem es um Hebel und Optionen (Möglichkeiten) geht, ist jedenfalls verräterisch.

Auch in scheinbar nichtfinanziellen Situationen lässt sich ein Verhalten beobachten, dass dem Kauf, Verkauf und der Manipulation von Optionen vergleichbar ist. So ist zum Beispiel die Praxis, AIDS-Patienten die Übernahme ihrer Behandlungskosten anzubieten, wenn diese einen im Gegenzug als Begünstigten ihrer Lebensversicherungen einsetzen, nicht mehr anzutreffen, seit die Lebenserwartung dieser Menschen gestiegen ist. Würde diese Vereinbarung jedoch dergestalt modifiziert, dass die Vertragspartner eine Laufzeit festlegten, so ließe sie sich mit einem herkömmlichen Optionsgeschäft vergleichen. Der »Optionskäufer« würde eine bestimmte Summe bezahlen, während der Patient/Optionsverkäufer den Käufer für eine bestimmte Zeit als Begünstigten einsetzen würde. Verfällt der Patient bis zum Ablauf dieser Zeit nicht, so tut dies die »Option«. Vielleicht ein weiterer Stoff für einen Kriminalroman?

Weniger makabre Varianten des Kaufs und Verkaufs sowie der Beeinflussung von Optionen spielen in verschiedenen Bereichen des Alltags eine Rolle, etwa im Bildungswesen, bei der Familienplanung oder in der Politik. Politische Optionen, besser bekannt als Wahlspenden für relativ unbekannte Kandidaten, sind eine Spezialität US-amerikanischer Politik. In der Regel verfallen sie wertlos, wenn der Kandidat sein Rennen verliert. Wird er jedoch gewählt, steigt die »Call-Option« ungemein im Wert, denn der Spender kann nun im Wortsinn mit einem Call, sprich einem Telefonat, bei dem Kandidaten vorstellig werden. Dagegen ist nichts einzuwenden, doch die unmittelbare Einflussnahme mit dem Ziel, den Wert politischer Optionen zu erhöhen, bezeichnet man allgemein als »Anwendung schmutziger Tricks«.

Trotz aller Exzesse, die Optionen gelegentlich auslösen, sind sie an sich nützlich. Sie bilden ein wertvolles Schmiermittel, das es vorsichtigen »Hedgern« und abenteuerlustigen Spielern ermöglicht, einen Markt zu bilden, der beiden Seiten zugute kommt. Nur dann, wenn Optionsbesitzer etwas unternehmen, um den Wert ihrer Optionen unmittelbar zu beeinflussen, schlägt der Reiz des Hebels ins Düstere um.

Leerverkäufe, kreditfinanzierte Aktiengeschäfte und Familienfinanzen

Ein alter Reim an der Wall Street lautet: »He who sells what isn't his'n must buy it back or go to prison« (deutsch etwa: »Was Du verkauft, doch nicht besessen hast, das kaufe zurück oder wandere in den Knast«). Der Vers spielt auf so genannte Leerverkäufe an, den Verkauf von Aktien, die man nicht besitzt, in der Hoffnung, dass ihr Kurs sinken wird und man sie später zu einem günstigeren Preis zurückkaufen kann. Es handelt sich um ein äußerst riskantes Unterfangen, denn der Kurs könnte stattdessen erheblich zulegen. Leerverkäufe stehen bei vielen Marktteilnehmern jedoch aus anderem Grunde in einem schlechten Ruf: Man empfindet die Wette auf fallende Kurse als unfreundlichen oder unsozialen Akt. Es sei akzeptabel, so die Logik, auf den Sieg des Lieblingspferdes zu setzen, nicht aber darauf, dass sich eines der anderen Pferde ein Bein bricht. Ein einfaches Beispiel legt jedoch nahe, dass Leerverkäufe ein notwendiges Korrektiv gegen die bisweilen übertrieben optimistischen Aktienmärkte bilden.

Stellen wir uns vor, eine Gruppe von Anlegern verträte eine große Bandbreite von Einschätzungen gegenüber der Aktie X, die von einer äußerst pessimistischen 1 über eine neutrale 5 oder 6 bis zu einer extrem optimistischen 10 reicht. Wer wird die Aktie nun vermutlich kaufen? Antwort: In der Regel diejenigen Investoren, welche die Aktie mit 7 bis 10 bewerten. Die durchschnittliche Beurteilung dieser Anleger wird bei etwa 8 oder 9 liegen. Doch wären die Anleger, deren Bewertung zwischen 1 und 4 angesiedelt ist, ebenso willig, die Aktie leer zu verkaufen, wie diejenigen, welche die Aktie mit 7 bis 10 beurteilen, bereit sind, sie zu kaufen, würde die durchschnittliche Bewertung bei deutlich realistischeren 5 bis 6 liegen.

Ein weiterer Vorzug von Leerverkäufen besteht darin, dass sich die Anzahl der nützlichen Aktientipps verdoppelt. Tipps hinsichtlich einer schlechten Aktie werden ebenso wertvoll wie solche bezüglich einer guten, immer vorausgesetzt, man glaubt an derartige Hinweise. Leerverkäufe bezeichnet man gelegentlich auch als »Margin-Selling«; dieses ist eng verwandt mit dem »Margin-Buying«, der Spekulation mit Finanzmitteln, die man sich von seinem Broker geliehen hat.

Leerverkäufe sind in den Vereinigten Staaten allgemein zulässig; in Europa hält diese Praxis hingegen erst sehr allmählich Einzug – jedenfalls im privaten Anlagegeschäft. Anders sieht es hinsichtlich des Margin-Buying aus, das vor allem während der Hausse-Phase gegen Ende der neunziger Jahre florierte. Wie es funktioniert, sei anhand eines Beispiels erläutert: Angenommen, wir besäßen 5 000 WorldCom-Aktien zum Kurs von 20 US-Dollar (oh süße Erinnerungen an vergangene Reichtümer). Da unser Gesamtdepotwert somit 100 000 US-Dollar beträgt, können wir bei unserem Broker oder unserer Hausbank einen Kredit bis zu dieser Höhe aufnehmen. Wir unterstellen dabei eine (typische) Beleihungsgrenze von 50 Prozent des Depotwerts. Online-Broker und Geschäftsbanken begrenzen stets das mögliche Kreditvolumen, wobei je nach Broker beziehungsweise Bank, Wertpapiertyp und Kontoart unterschiedliche Grenzwerte gelten.

Glauben wir felsenfest an den weiteren Kursanstieg der WorldCom-Aktie und neigen ein wenig zum Leichtsinn, so können wir nun weitere 5 000 Aktien auf Kredit (»Margin«) erwerben und den Marktwert unseres Depots auf 200 000 US-Dollar erhöhen ($ 20 × 10 000 Aktien). Steigt der Kurs der WorldCom-Aktie auf 25 US-Dollar, verläuft unser Geschäft reibungslos, da die geliehenen 100 000 US-Dollar lediglich 40 Prozent des Gesamtdepotwerts von nun 250 000 US-Dollar ausmachen ($ 25 × 10 000). Doch bedenken wir den Fall, dass der Kurs auf 15 US-Dollar sinkt. Die Kreditsumme von 100 000 US-Dollar stellt nun 67 Prozent des Marktwerts in Höhe von 150 000 US-Dollar dar ($ 15 × 10 000). Die Folge: Wir erhalten einen so genannten »Margin-Call«, eine Nachschussforderung unseres Kreditgebers. Dieser verlangt von uns, unverzüglich ausreichend Finanzmittel – in diesem Fall 25 000 US-Dollar – aufzubringen, um das 50-Prozent-Kriterium wieder zu erfüllen. Fällt die Aktie weiter, folgen erneute Margin-Calls.

Es ist mir peinlich, wiederum zu berichten, dass meine Verehrung gegenüber der WorldCom-Aktie (andere würden weniger freundliche Vokabeln verwenden) mich dazu veranlasste, sie auf Pump zu kaufen und den vielen Nachschussforderungen, die mich während ihres langen und unablässigen Falls erreichten, nachzukommen. Der Erhalt eines Margin-Calls (oft handelt es sich tatsächlich um einen »Call«, also einen Telefonanruf) ist, das können Sie mir glauben, zermürbend und zwingt zu einer harten Entscheidung: Entweder verkauft man und steigt mit sofortiger Wirkung aus, oder man kratzt schnell ein paar Scheine zusammen und bleibt am Spieltisch sitzen.

Mein erster Margin-Call auf WorldCom zeigt sehr anschaulich, welche Verwicklungen damit verbunden sind. Obwohl ein vergleichsweise geringer Einschuss gefordert wurde, erschien es mir ratsamer, einige Anteile zu verkaufen, als meinem Depot weitere Finanzmittel zuzuführen. Leider (rückblickend betrachtet) benötigte ich gerade ein bestimmtes Buch und suchte daher die Buchhandlung Borders in meinem Wohnort Philadelphia auf. Während ich die Regale durchstöberte, stieß ich auf die Wendung »im Spiel bleiben«, und mir wurde deutlich, dass ich noch immer genau das tun wollte. Weiterhin fiel mir ein, dass mein Brokerhaus Schwab ganz in der Nähe eine Filiale besaß und ich mein Scheckheft dabei hatte.

Meine Frau hatte mich in die Buchhandlung begleitet. Obwohl sie von meinem WorldCom-Engagement wusste, war sie zu diesem Zeitpunkt weder über dessen wirkliches Ausmaß noch über die Tatsache im Bilde, dass ich auf Kredit spekuliert hatte. (Natürlich wirft dies ein schlechtes Licht auf die Transparenz meiner Finanzpraktiken, die wohl selbst vor der nachlässigsten Familienaufsichtsbehörde keinen Bestand hätten. Im Übrigen bekenne ich mich der Irreführung des Ehepartners für schuldig.) Als sie in die obere Etage ging, schlich ich mich aus dem Laden, um meinen Einschuss zu leisten. Meine unzulässige Affäre mit WorldCom nahm ihren Lauf. Sie erwies sich bisweilen als aufregend, zumeist jedoch als beunruhigend und freudlos, von ihren Kosten ganz zu schweigen.

Ich tröstete mich ein wenig damit, dass meine Margin-Käufe entfernt diejenigen von Bernie Ebbers widerspiegelten, der sich rund 400 Millionen US-Dollar zum Kauf von WorldCom-Aktien geliehen hatte. (Neueren Behauptungen zufolge hat er sogar knapp 1 Milliarde US-Dollar aufgenommen, einen Teil davon aus persönlichen Gründen, die nichts mit WorldCom zu tun hatten. Der ehemalige CEO von Enron, Ken Lay, hat dagegen nur Kredite in Höhe von 10 bis 20 Millionen US-Dollar aufgenommen.) Als er seinen explodierenden Margin-Calls nicht mehr nachkommen konnte, räumte ihm der Board of Directors des Unternehmens einen sehr niedrig verzinsten Kredit ein – ein Umstand, der zu erneuter Unruhe bei den Anlegern, massiven Verkäufen und in meinem Fall zu weiteren Besuchen bei Borders führte.

Auch in den Vereinigten Staaten tätigen vergleichsweise wenige Privatanleger Leerverkäufe oder kreditfinanzierte Aktiengeschäfte. Beliebt sind diese Praktiken hingegen bei Hedge-Fonds, jenen privaten, wenig regulierten Investmentportfolios, deren Manager sich nahezu jedes bekannten Anlageinstruments bedienen. Diese Spezialisten verkaufen leer, spekulieren auf Kredit oder tätigen komplizierte Arbitrage-Geschäfte (darunter versteht man den nahezu gleichzeitigen Kauf und Verkauf derselben Aktie oder Anleihe, desselben Rohstoffs oder anderen Vermögensgegenstands, um von kleinsten Preisunterschieden zu profitieren). Hedge-Fonds (von englisch »to hedge« = absichern) dienen oft als Instrument zur Minimierung des Risikos reicher Investoren, daher ihre Bezeichnung. Manchen gelingt es allerdings nicht einmal, ihre eigenen Wetten abzusichern.

Ein herausragendes Beispiel für den zuletzt genannten Fall bietet der Zusammenbruch des Hedge-Fonds Long-Term Capital Management im Jahre 1998. Zu seinen Gründungspartnern gehörten auch die oben erwähnten Nobelpreisträger Robert Merton und Myron Scholes, die zusammen mit Fischer Black die viel gepriesene Optionspreisformel entwickelten. Obgleich derart schöpferische Geister im Führungsgremium von LTCM vertreten waren, trat das Debakel, das die Finanzmärkte weltweit erschütterte, ein, und wären nicht Notfallmaßnahmen ergriffen worden, hätte es diese Märkte sogar nachhaltig beschädigen können. (Natürlich könnte man auch im Sinne eines Laisser-faire für den Konkurs eines solchen Fonds plädieren.)

Ich gestehe, dass mir diese Geschichte ein gewisses eigennütziges Vergnügen bereitet, da meine eigenen Eskapaden im Vergleich dazu verblassen. Unklar ist hingegen, ob der Zusammenbruch von LTCM den Nobelpreisträgern und ihren Modellen angelastet werden kann. Viele Beobachter halten ihn für die Folge eines »perfekten Sturms«, eines höchst unwahrscheinlichen Zusammentreffens zufälliger Ereignisse. (Die Behauptung, dass Merton und Scholes nichts damit zu tun hatten, ist dennoch ein wenig unaufrichtig, denn viele Anleger hatten sich gerade deshalb für LTCM entschieden, weil der Fonds mit diesen Aushängeschildern und ihren Modellen warb.) Die Krise bei LTCM entzündete sich insbesondere an mangelnder Liquidität in den Weltmärkten, ein Umstand, der durch die versteckte Abhängigkeit einer Reihe von Faktoren, die zuvor als unabhängig angesehen worden waren, verstärkt wurde. Zur Verdeutlichung überlegen wir einmal, wie hoch die Wahrscheinlichkeit ist, dass 3000 ausgewählte Bewohner New Yorks an ein und demselben Tag sterben. Besteht keine Abhängigkeit zwischen diesen Menschen, so ist die Wahrscheinlichkeit dafür verschwindend gering – ein ohnehin sehr niedriger Wert in der dreitausendsten Potenz. Arbeiten jedoch die meisten dieser Menschen in denselben Zwillingstürmen, so versagt die Unabhängigkeitsvermutung, die es uns gestattet, Wahrscheinlichkeiten miteinander zu multiplizieren. Die Wahrscheinlichkeit für 3000 gleichzeitige Todesfälle ist noch immer äußerst niedrig, aber nicht nahe null. Natürlich waren die mit den möglichen LTCM-Szenarien verknüpften Wahrscheinlichkeiten nicht annähernd so niedrig, und so mancher Beobachter vertritt die Auffassung, dass sie hätten vorhergesehen werden können – und sollen.

Insidergeschäfte und Kursmanipulationen

Die Einnahme einer moralistischen Haltung gegenüber den Betrugsfällen und Exzessen der letzten Jahre in der Unternehmenswelt kann als eine natürliche Reaktion angesehen werden. Ganz gewiss ist eine solche Einstellung diesem Buch nicht völlig fremd. Ein einfaches Wahrscheinlichkeitsrätsel und dessen Erweiterungen deuten jedoch darauf hin, dass manches Argument gegen Insidergeschäfte und Kursmanipulationen auf tönernen Füßen steht. Die entschiedene Ablehnung, die viele Menschen gegenüber diesen Praktiken bekunden, scheint weniger in realem Schaden für Anleger zu gründen als in moralischer Empörung.

Beginnen wir mit dem Originalrätsel: Welche der beiden folgenden Situationen würden Sie bevorzugen? Sie erhalten eine faire, also eine nicht manipulierte Münze und erfahren, dass Sie 1 000 Euro gewinnen, wenn die Münze beim Wurf auf Kopf landet, und 1 000 Euro verlieren, wenn Zahl erscheint. Zweite Situation: Sie erhalten eine stark gezinkte Münze und müssen sich nun vorab für Kopf oder Zahl entscheiden. Gewinnen Sie, erhalten Sie wiederum 1 000 Euro, im anderen Fall verlieren Sie 1 000 Euro. Die meisten Menschen bevorzugen die faire Münze, doch die Gewinnchance beträgt in beiden Fällen 1 : 2, da die Wahrscheinlichkeit, die günstige Seite der gezinkten Münze zu wählen, ebenso hoch ist wie diejenige, sich für die ungünstige zu entscheiden.

Betrachten wir nun ein vergleichbares Situationenpaar. In der ersten Situation müssen Sie aus einer Urne, die zehn grüne und zehn rote Bälle enthält, mit verbundenen Augen einen Ball herausziehen. Ist er grün, gewinnen Sie 1 000 Euro; ist er rot, verlieren Sie 1 000 Euro. In der zweiten Situation füllt jemand, dem Sie von ganzem Herzen misstrauen, die Urne mit einer unbestimmten Anzahl von grünen und roten Bällen. Sie müssen nun auf Grün oder Rot wetten und dann wiederum mit verbundenen Augen einen Ball herausziehen. Trägt dieser Ball die Farbe, auf die Sie gewettet haben, gewinnen Sie 1 000 Euro, im anderen Fall verlieren Sie 1 000 Euro. Auch hier beträgt die Gewinnchance jeweils 1 : 2.

Schließlich betrachten wir ein drittes, ebenfalls vergleichbares Situationenpaar. In der ersten Situation kaufen Sie eine Aktie in einem vollkommen effizienten Markt. Steigt ihr Kurs am folgenden Tag, verdienen Sie 1 000 Euro; fällt er jedoch, so sinkt Ihr Depotwert um 1 000 Euro. (Dabei nehmen wir an, dass die kurzfristigen Wahrscheinlichkeiten für einen Kursanstieg sowie für einen Kursrückgang jeweils 1 : 2 betragen.) In der zweiten Situation ist der Markt von Insidergeschäften und Kursmanipulationen geprägt, welche die Richtung des Kursverlaufs am folgenden Tag mit großer Wahrscheinlichkeit beeinflussen. Sie müssen nun entscheiden, ob Sie die Aktie kaufen oder verkaufen wollen. Liegen Sie richtig, verdienen Sie 1 000 Euro, im anderen Fall verlieren Sie

1000 Euro. Wiederum beträgt Ihre Gewinnchance in beiden Fällen 1:2. (Im zweiten Fall könnte sie sogar etwas höher liegen, sofern Sie die Motive der Insider kennen.)

Bei jedem dieser Paare ist Situation 2 nur scheinbar unfair – die Gewinnchancen sind ebenso hoch wie in Situation 1. Es geht mir hier keinesfalls darum, Insidergeschäfte und Kursmanipulationen zu verteidigen – beide sind aus einer Vielzahl von anderen Gründen abzulehnen –, doch einiges spricht dafür, dass es sich nur um zwei von vielen Unwägbarkeiten handelt, die den Kurs einer Aktie beeinflussen.

Ich vermute, dass in mehr als nur vereinzelten Fällen von Insiderhandel und Kursmanipulationen der jeweilige Schurke sich hinsichtlich der Reaktion der Märkte auf sein illegales Tun verrechnet. Dies muss für den Täter sehr frustrierend sein (und umso belustigender für alle anderen).

Erwartungswert ist nicht gleich erwarteter Wert

Was lässt sich vorhersehen? Womit kann man rechnen? Wo liegt der Höchst-, Mittel- und Tiefstwert einer Verteilung? Unabhängig davon, ob es um Größen, das Wetter oder persönliches Einkommen geht: Extremwerte sind weitaus schlagzeilenträchtiger als die informativeren Durchschnittswerte. Die Schlagzeile »Die Spitzenverdiener« wird für gewöhnlich eher Aufmerksamkeit erregen als diejenige, die einen Bericht über »Das Durchschnittseinkommen« ankündigt (wenngleich beide Vokabeln mit Vorsicht zu genießen sind, denn nicht nur Unternehmen, sondern – wen wundert's? – auch Privatleute lügen hinsichtlich ihres Einkommens).

Informativer noch als Durchschnittswerte sind jedoch Verteilungen. Wie sind beispielsweise die Einkommen verteilt, und wie stark sind sie um den Mittelwert gestreut? Beträgt das durchschnittliche Jahreseinkommen in einer Gemeinde beispielsweise 100 000 Euro, so könnte dies bedeuten, dass jedes Mitglied ein Einkommen zwischen 80 000 Euro und 120 000 Euro aufweist, aber auch, dass die Mehrzahl weniger als 30 000 Euro verdient und ihre Einkäufe im Billigmarkt tätigt, dessen

Besitzer ebenfalls in der Gemeinde lebt und den Durchschnitt auf 100 000 Euro hochzieht. Mit dem »Erwartungswert« und der »Standardabweichung« stehen uns zwei mathematische Konzepte zur Verfügung, die Licht ins Dunkel bringen.

Ein Erwartungswert ist eine besondere Form eines Durchschnitts. Um es genauer auszudrücken: Der Erwartungswert einer Grundgesamtheit ist der Durchschnitt ihrer Einzelwerte, die jedoch gemäß ihrer jeweiligen Wahrscheinlichkeit gewichtet sind. Nehmen wir beispielsweise aufgrund der Empfehlung eines Analysten, unserer eigenen Analyse, eines mathematischen Modells oder aus anderen Gründen an, dass die Rendite einer Aktie in der Hälfte aller Fälle 6 Prozent, in einem Drittel aller Fälle –2 Prozent und in dem verbleibenden Sechstel aller Fälle 28 Prozent beträgt, so liegt die Rendite dieser Aktie in einer beliebigen Folge von sechs Perioden dreimal bei 6 Prozent, zweimal bei –2 Prozent sowie einmal bei 28 Prozent. Der Erwartungswert ihrer Rendite ist nichts anderes als der nach Wahrscheinlichkeiten gewichtete Durchschnitt, also $(6\% + 6\% + 6\% + (-2\%) + (-2\%) + 28\%) : 6 = 7\%$.

Der Erwartungswert einer Grundgesamtheit wird also nicht durch Berechnung des arithmetischen Durchschnitts, sondern durch Multiplikation der möglichen Einzelwerte mit ihren jeweiligen Wahrscheinlichkeiten, gefolgt von der Addition dieser Produkte, gebildet. Der Erwartungswert unserer Aktie berechnet sich daher mithilfe der Gleichung $0{,}06 \times 1/2 + (-0{,}02) \times 1/3 + 0{,}28 \times 1/6 = 0{,}07$, was 7 Prozent entspricht. Er wird oft auch als mittlere Rendite bezeichnet, abgekürzt mit dem griechischen Buchstaben μ (My).

Das Konzept des Erwartungswerts hilft auch, ein kleines Rätsel aus der Finanzwelt aufzuklären. Ein Analyst kann gleichzeitig und widerspruchsfrei erklären, dass eine Aktie sehr wahrscheinlich gut abschneiden werde, aber unter dem Strich ein Verliererpapier sei. So könnte er prognostizieren, dass sie mit einer Wahrscheinlichkeit von 95 Prozent im Verlauf des nächsten Monats um 1 Prozent zulegen und mit einer Wahrscheinlichkeit von 5 Prozent im gleichen Zeitraum um 60 Prozent einbrechen werde. (Diese Wahrscheinlichkeitswerte könnten beispielsweise von seiner Beurteilung des wahrscheinlichen Ausgangs eines laufenden Gerichtsverfahrens herrühren.) Der Erwartungswert des Kursverlaufs beträgt somit $(0{,}01 \times 0{,}95) + [(-0{,}60) \times 0{,}05] = -0{,}021$, was einem erwarteten Verlust von 2,1 Prozent entspricht. Wir erkennen, dass der Erwartungswert (–2,1%) nicht mit dem erwarteten Wert (1%) identisch ist.

Mithilfe derselben Wahrscheinlichkeiten und Kursänderungen lassen sich zwei komplementäre Anlagestrategien veranschaulichen. Die erste dieser Strategien führt üblicherweise zu kleineren Gewinnen, aber gelegentlich zu hohen Verlusten, während die andere in der Regel kleinere Verluste, aber bisweilen auch hohe Gewinne zeitigt. So könnte ein Investor, der in der Hoffnung auf einen regelmäßigen »schnellen« Gewinn bereit ist, ein Risiko einzugehen, Puts auf die oben genannte Aktie verkaufen, die in einem Monat verfallen wird und deren Ausübungskurs etwas unter dem aktuellen Kurs liegt. Er wettet damit letztlich darauf, dass die Aktie im Folgemonat nicht einbricht. In 95 Prozent aller Fälle behält er Recht und kann die Verkaufserlöse der Puts vereinnahmen. Analog dazu verliert der Käufer dieser Puts in 95 Prozent aller Fälle ein wenig Geld (die Optionsprämie). Treffen die genannten Wahrscheinlichkeiten aber zu, so fällt die Aktie – wenn sie denn fällt – um 60 Prozent, wodurch die Puts (die das Recht verbriefen, die Aktie knapp unter dem ehemaligen Kurs zu verkaufen) in 5 Prozent aller Fälle erheblich an Wert zulegen. In diesem Fall gewinnt der Käufer der Puts eine Menge Geld, und der Verkäufer (Stillhalter) verliert entsprechend viel.

Das gleiche Spiel kann auch in größerem Maßstab gespielt werden, indem man beispielsweise Puts auf den S&P 500 statt auf eine bestimmte Aktie kauft und verkauft. Die Voraussetzung für eine erfolgreiche Teilnahme an diesem Spiel ist, dass es gelingt, realistische Wahrscheinlichkeiten für die möglichen Szenarien zu ermitteln. Die Einschätzungen der Investoren werden diesbezüglich ebenso auseinander fallen wie ihre Präferenzen für eine der beiden obigen Strategien. Zwei Beispiele, welche die unterschiedlichen Anlegertypen widerspiegeln, sind Victor Niederhoffer, ein bekannter Futures-Trader und Autor des Buches *The Education of a Speculator*, der vor einigen Jahren mit dem Verkauf von Puts ein Vermögen verlor, und Nassim Taleb, ein weiterer Trader und Autor des Buchtitels *Fooled by Randomness* (deutsch: *Narren des Zufalls*), der mit dem Kauf solcher Puts seinen Lebensunterhalt verdient.

Etwas prosaischer lässt sich das Ganze anhand des Kalküls eines Versicherungsunternehmens veranschaulichen. Aus den Erfahrungen der Vergangenheit schließt es, dass in jedem Jahr durchschnittlich jede Zehntausendste seiner Hausversicherungspolicen zu einer Schadenersatzforderung von 400 000 Euro führen wird, jede Tausendste zu einer Forderung von 60 000 Euro und jede Fünfzigste zu einer Forderung von 4 000 Euro, während die übrigen Policen keine Forderungen auslösen. Der Versicherer möchte nun wissen, wie hoch seine durchschnittliche Schadenersatzleistung pro abgeschlossener Police ausfallen wird. Die Antwort liegt in dem Erwartungswert, in diesem Fall (€ 400 000 × 1/10 000) + (€ 60 000 × 1/1 000) + (€ 4 000 × 1/50) + (€ 0 × 9789/10 000) = € 40 + € 60 + € 80 + € 0 = € 180. Die Prämie für eine Hausversicherung wird somit mindestens 181 Euro betragen

Verknüpft man die Techniken der Wahrscheinlichkeitsrechnung mit dem Konzept des Erwartungswerts, so lassen sich weit interessantere Größen berechnen. So schreiben etwa die Regeln des amerikanischen Baseball vor, dass die jährliche Endrunde – die so genannten World Series – beendet ist, wenn eines der beiden teilnehmenden Teams vier Spiele für sich entschieden hat. Weiterhin gilt die Regel, dass Team A die Spiele 1 und 2 sowie, falls erforderlich, die Spiele 6 und 7 im eigenen Stadion bestreitet, während Team B für die Spiele 3 und 4 sowie gegebenenfalls für Spiel 5 das Heimrecht erhält. Sind beide Teams gleich stark, kann man berechnen, mit wie vielen Spielen vor heimischem Publikum jedes Team rechnen darf. Ich erspare Ihnen die genaue Kalkulation und beschränke mich auf deren Ergebnis, wonach Team A voraussichtlich 2,9375 Spiele und Team B 2,875 Spiele im eigenen Stadion bestreiten darf.

Lassen sich die jeweiligen Wahrscheinlichkeiten der Einzelwerte einer Größe berechnen (oder einigermaßen zutreffend schätzen), so ist es nahezu immer möglich, den Erwartungswert dieser Größe zu bestimmen. Ein gefügigeres Beispiel als das Baseball-Problem ist beispielsweise die Entscheidung, ob man auf einem bewachten Parkplatz oder illegal auf der Straße parken soll. Die Gebühr für die Nutzung des Parkplatzes beträgt in unserem Gedankenspiel 14 Euro beziehungsweise 10 Euro, falls man kürzer als eine Stunde parkt, wofür wir eine Wahrscheinlichkeit von 25 Prozent annehmen. Entscheidet man sich hingegen für das illegale Parken auf der Straße, so kann man berechtigterweise vermuten, dass in 20 Prozent aller Fälle ein Strafzettel in Höhe von 30 Euro droht, in 5 Prozent der Fälle eine Abschleppgebühr von 100 Euro und man in 75 Prozent der Fälle ungeschoren davonkommt.

Der Erwartungswert bei einer Nutzung des Parkplatzes beträgt (€ 10 × 0,25) + (€ 14 × 0,75) = € 13, derjenige bei einem Parken auf der Straße (€ 100 × 0,05) + (€ 30 × 0,25) + (€ 0 × 0,75) = € 11. Denjenigen, die vor griechischen Buchstaben nicht zurückschrecken, können wir also sagen, dass μ_p, die durchschnittlichen Kosten einer Nutzung des Parkplatzes, und μ_s, die durchschnittlichen Kosten des Parkens auf der Straße, 13 Euro beziehungsweise 11 Euro betragen.

Obwohl das Parken auf der Straße also im Durchschnitt billiger ist (einmal unterstellt, dies sei das einzige Kriterium), sind die dortigen Ausgaben weit ungleichförmiger verteilt als auf dem Parkplatz. Dies führt uns zu dem Konzept der Standardabweichung und des Risikos von Aktien.

Was ist normal? Jedenfalls nicht Six Sigma

Risiko an sich ist Angst einflößend, was einen Teil des Reizes begründet, der darin liegt, es zu messen. Wer einen Kinderschreck benennt, trägt in der Regel zu dessen Zähmung bei, und der Zufall ist einer der meistgefürchteten Kinderschrecke, jedenfalls aus der Sicht von Erwachsenen.

Wie kann man sich nun mathematisch dem Risikobegriff annähern? Beginnen wir mit der »Varianz«, einem von mehreren mathematischen Ausdrücken für Ungleichförmigkeit. Jede vom Zufall abhängige Größe variiert (schwankt) und weicht dabei von ihrem Mittel- oder Durchschnittswert ab; manchmal liegt sie oberhalb, manchmal unterhalb dieses Durchschnitts. So liegt die aktuelle Temperatur manchmal über dem Mittelwert, manchmal darunter. Diese Abweichungen vom Mittelwert stellen das Risiko dar; sie sind die Größe, die wir messen möchten. Sie können positiv oder negativ sein (ebenso wie die Differenz aus aktueller Temperatur und Mittelwert eine positive oder negative Zahl sein kann) und neigen daher dazu, sich gegenseitig aufzuheben. Quadrieren wir sie jedoch, sind sämtliche Abweichungen positiv, und wir erhalten folgende Definition: Die Varianz einer zufallsabhängigen Größe ist der Erwartungswert aller ihrer quadrierten Abweichungen vom Mittelwert. Bevor ich Ihnen ein Zahlenbeispiel vorstelle, möchte ich Ihre Aufmerksamkeit auf die etymologische/psychologische Verknüpfung des Risikobegriffs mit der »Abweichung vom Durchschnitt« lenken. Sie zeugt vermutlich von unserer Furcht nicht nur vor dem Risiko, sondern vor allem, was in irgendeiner Weise ungewöhnlich, seltsam und abweichend ist.

Wechseln wir von den Temperaturen wieder zurück zu unserem Park-Szenario. Wir erinnern uns, dass die durchschnittlichen Kosten der Parkplatznutzung 13 Euro betrugen. Somit bilden $(€\,10 - €\,13)^2$ und $(€\,14 - €\,13)^2$, entsprechend 9 Euro beziehungsweise 1 Euro, die Quadrate der Abweichungen der beiden möglichen Kosten vom Mittelwert. Beide Abweichungen treten jedoch nicht mit gleicher Häufigkeit auf: Die erste tritt mit einer Wahrscheinlichkeit von 25 Prozent ein, die zweite mit einer Wahrscheinlichkeit von 75 Prozent. Die Varianz, der Erwartungswert dieser Zahlen, beträgt daher $(€\,9 \times 0{,}25) + (€\,1 \times 0{,}75) = €\,3$. Ein in der finanzwirtschaftlichen Statistik und anderswo weitaus häufiger verwendetes Maß ist die Quadratwurzel der Varianz, die üblicherweise mit dem griechischen Buchstaben σ (Sigma) abgekürzt und als »Standardabweichung« bezeichnet wird. Sie errechnet sich in diesem Fall als Quadratwurzel von 3 Euro und beläuft sich auf rund 1,73 Euro. Die Standardabweichung entspricht (nicht ganz exakt, aber landläufig gesprochen) der durchschnittlichen Abweichung vom Mittelwert und stellt das am häufigsten verwendete mathematische Risikomaß dar.

Unsere Zahlenbeispiele dürfen Sie getrost vergessen; denken Sie aber stets daran, dass für eine beliebige Größe die Höhe der Standardabweichung anzeigt, wie stark ihre möglichen Einzelwerte um den Mittelwert gestreut sind. Eine hohe Standardabweichung entspricht einer starken Streuung der Einzelwerte, während eine niedrige Standardabweichung auf eine Häufung dieser Werte nahe des Mittelwerts hinweist. Wenn Sie daher beispielsweise lesen, dass die Standardabweichung der Einkommen der privaten Haushalte in Japan deutlich niedriger ist als in den Vereinigten Staaten, sollten Sie daraus schließen, dass die Einkommen in Japan eine weitaus geringere Schwankungsbreite aufweisen als diejenigen in den USA.

Wenden wir uns noch einmal der Straße zu: Sie mögen sich fragen, wie hoch die Varianz und die Standardabweichung unserer dortigen Parkkosten sind. Der Mittelwert der Parkkosten auf der Straße beträgt bekanntlich 11 Euro, und die Quadrate der Abweichungen der drei möglichen Kosten vom Mittelwert betragen $(€\,100 - €\,11)^2$, $(€\,30 - €\,11)^2$ und $(€\,0 - €\,11)^2$, entsprechend 7921 Euro, 361 Euro beziehungsweise 121 Euro. Die erste Abweichung tritt mit einer Wahrscheinlichkeit von 5 Prozent auf, die zweite mit einer Wahrscheinlichkeit von 20 Prozent und die dritte mit einer Wahrscheinlichkeit von 75 Prozent. Die Varianz, der Erwartungswert dieser Zahlen, beträgt somit $(€\,7921 \times 0{,}05) + (€\,361 \times 0{,}20) + (€\,0 \times 0{,}75) = €\,468{,}25$. Bilden wir hieraus die Quadratwurzel, so erhalten wir die Standardabweichung in Höhe von 21,64 Euro, mehr als das Zwölffache derjenigen, die sich bei einer Nutzung des Parkplatzes errechnet.

Diesem Zahlenfeuerwerk zum Trotze möchte ich wiederholen, dass wir nichts weiter getan haben, als die offensichtliche Tatsache, dass die möglichen Kosten des Parkens auf der Straße weit stärker gestreut und schlechter prognostizierbar sind als diejenigen der Parkplatznutzung, zu quantifizieren. Obwohl die Durchschnittskosten des Parkens auf der Straße (11 Euro) niedriger sind als diejenigen der Parkplatznutzung (13 Euro), würden die meisten Menschen es vorziehen, ein möglichst geringes Risiko einzugehen, und daher aus reiner Vorsicht, wenn schon nicht aus moralischen Beweggründen, den Parkplatz nutzen.

Dies führt uns zu der Verwendung der Standardabweichung an den Finanzmärkten, wo sie zur Messung der Volatilität einer Aktie herangezogen wird. Bedienen wir uns des gleichen Rechenvorgangs, um die Varianz der möglichen Erträge unserer Aktie zu ermitteln, deren Rendite in rund der Hälfte aller Fälle 6 Prozent, in rund einem Drittel aller Fälle –2 Prozent und in dem verbleibenden Sechstel aller Fälle 28 Prozent beträgt. Der Erwartungswert ihrer Renditen beläuft sich auf 7 Prozent, und so betragen die Quadrate der Abweichungen von diesem Mittelwert $(0{,}06 - 0{,}07)^2$, $(-0{,}02 - 0{,}07)^2$ und $(0{,}28 - 0{,}07)^2$, entsprechend 0,0001, 0,0081 beziehungsweise 0,0441. Die Abweichungen treten mit den Wahrscheinlichkeiten 1/2, 1/3 und 1/6 auf, sodass die Varianz, der

Erwartungswert der Quadrate dieser Abweichungen vom Mittelwert, $(0{,}0001 \times 1/2) + (0{,}0081 \times 1/3) + (0{,}0441 \times 1/6) = 0{,}01$ beträgt. Die Quadratwurzel von 0,01 lautet 0,10 oder 10 Prozent, und dies ist die gesuchte Standardabweichung der Renditen dieser Aktie.

Zurück zum Griechischunterricht: Der Erwartungswert einer Größe entspricht dem (nach Wahrscheinlichkeiten gewichteten) Durchschnitt ihrer Einzelwerte und wird mit dem Buchstaben μ (My) abgekürzt; die Standardabweichung einer Größe ist ein Maß ihrer Schwankungsbreite und wird mit dem Buchstaben σ (Sigma) abgekürzt. Handelt es sich bei der untersuchten Größe um die Rendite einer Aktie, so wird die Standardabweichung allgemein als Synonym für ihre Volatilität verwendet.

Kann eine Größe nur zwei oder drei mögliche Werte annehmen, so ist die Standardabweichung vergleichsweise wenig aufschlussreich. Als ungemein nützlich erweist sie sich jedoch, wenn eine Größe eine Vielzahl von Werten annehmen kann und diese Werte, wie so oft, eine weitgehend normale glockenförmige Verteilung aufweisen – ein starker Ausschlag in der Mitte, flankiert von allmählich abfallenden Schultern. Der Erwartungswert entspricht in diesem Fall dem höchsten Ausschlag der Verteilung. Darüber hinaus liegen ungefähr zwei Drittel aller Werte (68 Prozent) innerhalb einer Standardabweichung von dem Erwartungswert, und 95 Prozent aller Werte befinden sich innerhalb von zwei Standardabweichungen von dem Erwartungswert.

Bevor wir fortfahren, wollen wir einige Größen aufzählen, die eine Normalverteilung aufweisen: altersspezifische Körpergröße und Gewicht, der Erdgasverbrauch einer Stadt an einem beliebigen Wintertag, der Wasserverbrauch einer gegebenen Stadt zwischen 2 Uhr und 3 Uhr nachts, der Durchmesser eines bestimmten maschinengefertigten Teils, welches das Fließband verlässt, der Abstand von geworfenen Darts-Pfeilen zum Mittelpunkt der Zielscheibe, die Größe von Blättern, die Größe von Nasen, die Zahl der Rosinen in Frühstücksflockenpackungen sowie die möglichen Renditen einer Aktie. Würden wir eine beliebige dieser Größen grafisch darstellen, so erhielten wir glockenförmige Kurven, deren Werte sich nahe des Mittelwerts häuften.

Betrachten wir als Beispiel die Anzahl der Rosinen in einer großen Frühstücksflockenpackung. Beträgt der Erwartungswert für die Zahl der Rosinen 142 und die Standardabweichung 8, so befände sich der

Gipfel der Glockenkurve bei 142. Rund zwei Drittel der Packungen enthielten 134 bis 150 Rosinen, und 95 Prozent der Packungen würden 126 bis 158 Rosinen beinhalten.

Wie verhält es sich bezüglich der Rendite einer konservativen Aktie? Weisen die möglichen Werte eine Normalverteilung mit einem Erwartungswert von 5,4 und einer Volatilität (also Standardabweichung) von nur 3,2 Prozent auf, so liegt die Rendite in rund zwei Drittel aller Fälle zwischen 2,2 Prozent und 8,6 Prozent sowie in 95 Prozent aller Fälle zwischen –1 Prozent und 11,8 Prozent. Vielleicht wird man diese Aktie gegenüber einer riskanteren bevorzugen, die den gleichen Erwartungswert, aber eine Volatilität von beispielsweise 20,2 Prozent aufweist. Eine solche Aktie wird in rund zwei Drittel aller Fälle eine Rendite zwischen –14,8 Prozent und 25,6 Prozent verzeichnen, in 95 Prozent aller Fälle wird die Rendite zwischen –35 Prozent und 45,8 Prozent liegen.

Stets gilt: Je höher die Anzahl der Standardabweichungen von dem Erwartungswert, desto ungewöhnlicher das Ergebnis. Vielleicht erklärt diese Tatsache die Häufung von Sachbüchern aus den Bereichen Management und Qualitätssicherung, deren Titel die Vokabeln »Six Sigma« enthalten. Die Einbandtexte vieler dieser Bücher suggerieren, dass man durch die Befolgung ihrer Rezepte zu Ergebnissen gelangen kann, welche die Norm um sechs Standardabweichungen übertreffen, etwa zu einer verschwindend geringen Zahl an Produktfehlern. In Wirklichkeit ist ein Six-Sigma-Ergebnis derart unwahrscheinlich, dass die meisten Statistiklehrbücher noch nicht einmal Werte dafür enthalten. Wirft man jedoch einen Blick in die entsprechenden Managementbücher, so erfährt man, dass Sigma (anders als im englischen Sprachgebrauch üblich) hier in der Regel großgeschrieben wird und etwas anderes bedeutet als die Standardabweichung einer zufallsabhängigen Größe. Ein neues Oxymoron: geringfügiges Kapitalverbrechen.

Ob es sich nun um Defekte, Nasengrößen, Rosinen oder den städtischen Wasserverbrauch handelt: Nahezu alle normalverteilten Größen lassen sich als Durchschnitt oder Summe einer Vielzahl von (genetischen, physischen, sozialen oder finanziellen) Faktoren interpretieren. Das ist kein Zufall: Der so genannte Zentrale Grenzwertsatz besagt, dass die Durchschnittswerte und Summen einer ausreichend großen Zahl von zufallsabhängigen Größen stets normalverteilt sind.

Wie wir in Kapitel 8 sehen werden, glaubt jedoch längst nicht jeder an die Normalverteilung von Aktienrenditen.

7 Strategie, Standardabweichung und die Schlossallee

Lange bevor sich meine Kinder für Super Mario Brothers, Tetris und andere Computerspiele mit Suchtcharakter begeisterten, verbrachten meine beiden Brüder und ich während unserer eigenen Kindheit zahllose Stunden mit dem vorsintflutlichen Lowtech-Spiel Monopoly. Bei diesem Spiel müssen die Spieler, der Augenzahl eines Würfels folgend, sich über das Spielfeld bewegen, wobei sie Immobilien kaufen und verkaufen sowie mit ihnen Tauschhandel betreiben. Obwohl ich auf die Wahrscheinlichkeiten und Erwartungswerte verschiedener Spielzüge achtete (nicht jedoch darauf, was heute als die für eine Markov-Kette typischen Eigenschaften des Spiels bezeichnet wird), verfolgte ich eine einfache Strategie: aggressiv spielen, immer kaufen, gleich ob es sinnvoll erscheint oder nicht, und dann handeln, um ein Monopol zu erlangen. Bahnhöfe und Versorger stieß ich nach Möglichkeit ab; viel wichtiger war es mir, auf meinen Grundstücken Hotels zu errichten.

Eine Erinnerung und eine Parabel

Obwohl die Karte »Du kommst aus dem Gefängnis frei« einen der wenigen Bezugspunkte des Spiels zur heutigen Börse darstellte, hatte ich neulich eine kleine Erleuchtung. Auf irgendeiner atavistischen Ebene habe ich einmal die Errichtung von Hotels mit dem Kauf von Aktien sowie Bahnhöfe und Versorger mit Anleihen verglichen. Bahnhöfe und Versorger schienen kurzfristig betrachtet sichere Anlagen zu sein, doch die scheinbar riskante Strategie, das meiste Geld in den Bau von Hotels zu investieren, erhöhte letztlich die eigenen Siegchancen (insbesondere da wir gelegentlich die Regeln änderten und die unbegrenzte Errichtung von Hotels gestatteten).

War mein exzessives Engagement in WorldCom-Aktien die Folge einer unzulässigen Verallgemeinerung des Monopoly-Spiels? Wohl kaum, doch solche »Genauso-wie«-Geschichten fallen einem oft ein. Einmal abgesehen von der Gefängniskarte hätte ein Brettspiel namens WorldCom nur wenige Gemeinsamkeiten mit Monopoly (doch vermutlich einige mit dem Computer-Kultspiel Grand Theft Auto). Die Spielfelder eines solchen Brettspiels würden etwa Ermittlungen der Börsenaufsichtsbehörde, strafrechtliche Verfolgungen, Aktiengeschenke bei Erstemissionen oder freundliche Analystenbeurteilungen auslösen. Wer es bis zum CEO brächte, dürfte Kredite von bis zu 400 Millionen US-Dollar aufnehmen (oder bis zu einer Milliarde US-Dollar in späteren Versionen des Spiels). Angestellte hingegen müssten nach jedem Spielzug einen Groschen in die Kaffeekasse werfen und einen bestimmten Teil ihrer Ersparnisse in Aktien des Unternehmens anlegen. Wer das Pech hätte, ein Aktionär zu werden, müsste während des Spiels sein Hemd ausziehen, während man als Finanzchef des Unternehmens Aktienoptionen erhielte und das Hemd des Aktionärs behalten dürfte. Das Spielziel bestünde darin, so viel Geld und so viele Hemden der Mitspieler wie möglich anzuhäufen, bevor das Unternehmen in den Konkurs fällt.

Mit Spielgeld wäre dies womöglich ein lustiges Spiel; im wirklichen Leben war es alles andere als das.

Die folgende Analogie scheint mir das Geschehen an den Finanzmärkten treffender widerzuspiegeln: Stellen Sie sich einen riesigen labyrinthartigen Basar voller Menschen vor. Gelegentlich ziehen einige der Verkaufsstände eine Traube von Besuchern an, die sich um das Recht streiten, die ausgestellten Waren zu kaufen. Andere Stände wiederum finden gelegentlich keinen einzigen potenziellen Kunden. Die meiste Zeit jedoch haben alle Stände einige Kunden. An den Wegkreuzungen innerhalb des Basars trifft man auf Verkäufer einiger größerer Stände sowie auf weit gereiste Hellseher. Letztere verfügen über intime Kenntnisse verschiedener Teilbereiche des Basars und geben vor, die Schicksale einer Vielzahl von Ständen sowie Ansammlungen von Ständen vorhersagen zu können. Einige der Verkäufer und manche der Weissager besitzen gewaltige Megaphone und sind überall im Basar zu hören, während andere sich mit lautem Rufen behelfen müssen.

Bereits in diesem recht primitiven Szenario lassen sich viele Elemente der Aktienmärkte entdecken. Die Vorfahren der technisch orientierten Aktienhändler könnten diejenigen sein, die an zunehmend umlagerten Ständen kaufen, während die Ahnen der fundamental ausgerichteten Händler jene sein könnten, die kühlen Kopfes die Qualität der angebotenen Waren begutachten. Die Hellseher sind die Vorfahren der Analysten, die Verkäufer diejenigen der Broker. Als rudimentäre Vorform der Finanzmedien dienen die Megaphone, und natürlich handelt es sich bei den angebotenen Waren um Aktien. Auch die Ahnen der Gauner und Schwindler sind vertreten, denn einige Stände verstecken ihre Ramschware unter den Gütern besserer Qualität.

Könnten nicht nur die Standinhaber, sondern alle Basarbesucher kaufen und verkaufen, so wäre das Ganze ein genaueres Grundmodell eines Aktienmarkts. (Natürlich stellt dies keine historische Abhandlung, sondern lediglich eine idealisierte Erzählung dar.) Dennoch erkennt man meines Erachtens, dass es sich bei Aktienbörsen um ein natürliches wirtschaftliches Phänomen handelt. Unschwer könnte man sich frühe Analogien für den Optionshandel, Unternehmensanleihen oder verzweigte Holdings ausdenken, die aus einem derartigen Basar hervorgingen.

Vielleicht gäbe es ja sogar einige Arithmetiker, die damit beschäftigt wären, die Verkaufszahlen der Stände zu analysieren und Kaufstrategien zu entwickeln. Bei der Ausführung dieser Strategien könnten einige sogar ihre Togen und Winkelmesser verlieren.

Sind Aktien weniger riskant als Anleihen?

Vielleicht wegen Monopoly, ganz sicher wegen WorldCom und aus einer Reihe von weiteren Gründen haben wir uns bislang vorwiegend mit Aktien und nicht mit Anleihen (oder Immobilien, Rohstoffen sowie anderen lohnenden Anlageobjekten) befasst. Natürlich verbriefen Aktien einen Anteil am Eigentum einer Gesellschaft, während Anleihen Kredite darstellen, die Unternehmen oder der Staat aufnehmen, und »jeder weiß«, dass Anleihen allgemein sicherer und weniger schwankungsanfällig als Aktien sind, obwohl Letztere im Gegenzug eine höhere Rendite bieten. Wie Jeremy Siegel in seinem Buch *Stocks for the Long Run* berichtet, betrug die durchschnittliche Rendite von Aktien im Zeitraum von 1802 bis 1997 tatsächlich 8,4 Prozent; im gleichen Zeitraum warfen US-amerikanische Schatzwechsel eine Rendite zwischen 4 Prozent und 5 Prozent ab. (Die folgenden Angaben sind Nominalwerte, welche die Inflation nicht berücksichtigen. Es versteht sich hoffentlich von selbst, dass eine Rendite von 8 Prozent in einem Jahr, in dem die Inflationsrate 15 Prozent beträgt, weitaus verheerender ist als eine Rendite von 4 Prozent bei gleichzeitiger Inflationsrate von nur 3 Prozent.)

Im Gegensatz zu dem, was »jeder weiß«, argumentiert Siegel in seinem Buch, dass – analog zu den Bahnhöfen und Hotels beim Monopoly – Aktien in Wirklichkeit weniger riskant seien als Anleihen, da sie langfristig so viel besser als diese oder als Schatzwechsel rentiert hätten. Je länger der Betrachtungszeitraum, desto häufiger sei dies der Fall. (Bemerkungen wie »Das weiß doch jeder«, »Das machen doch alle so« oder »Alle kaufen das« lösen bei mir zumeist Unruhe aus. Angesichts meiner Ausbildung in mathematischer Logik fällt es mir schwer, unter der Vokabel »alle« irgendetwas anderes zu verstehen als »alle«.) »Jeder« hat allerdings ein wichtiges Argument auf seiner Seite: Wie soll man eingedenk der Tatsache, dass die Standardabweichung der Jahresrendite von Aktien in der Vergangenheit 17,5 Prozent betrug, Siegels Behauptung Glauben schenken?

Wenn wir eine Normalverteilung unterstellen und bereit sind, uns für die Dauer einiger Absätze ins Reich der Zahlen zu begeben, können wir erkennen, wie erschreckend hoch diese Volatilität ist. Sie bedeutet, dass in rund zwei Drittel aller Jahre die Rendite zwischen –9,1 Prozent und 25,9 Prozent liegt (dies entspricht dem Durchschnittswert von 8,4 Prozent plus oder minus der Standardabweichung von 17,5 Prozent). In circa 95 Prozent aller Jahre beträgt die Rendite zwischen –26,6 Prozent und 43,4 Prozent (was 8,4 Prozent plus oder minus zweimal 17,5 Prozent entspricht). Obwohl die Genauigkeit dieser Zahlen absurd ist, folgt aus der letzten Feststellung unter anderem, dass die Rendite in 2,5 Prozent aller Fälle niedriger als –26,6 Prozent ist (und ebenso häufig höher als 43,4 Prozent). Demnach büßt man einmal in 40 Jahren (1/40 entspricht 2,5 Prozent) mehr als ein Viertel seines Depotwerts ein, und weitaus häufiger schneidet man deutlich schlechter als mit Anleihen ab.

Diese Zahlen scheinen in keiner Weise darauf hinzudeuten, dass Aktien langfristig betrachtet weniger riskant als Anleihen sind. Das statistische Gütesiegel für die Behauptung Siegels liegt aber darin, dass die unterschiedlichen Renditen sich mit der Zeit ausgleichen und die Abweichungen schrumpfen. Genauer formuliert, errechnet man die annualisierte Standardabweichung für Renditen bezogen auf N Jahre, indem man die Standardabweichung durch die Quadratwurzel von N teilt. Je größer N, desto kleiner ist die Standardabweichung. (Die kumulierte Standardabweichung ist jedoch größer.) Für jeden gegebenen Vierjahreszeitraum beträgt die annualisierte Standardabweichung daher 17,5 % : 2 oder 8,75 Prozent. Betrachtet man in gleicher Weise einen beliebigen Zeitraum von 30 Jahren, so errechnet sich – da die Quadratwurzel von 30 rund 5,5 beträgt – eine annualisierte Standardabweichung von nur 17,5 % : 5,5 oder 3,2 Prozent. (Beachten Sie, dass dieser Wert identisch ist mit der jährlichen Standardabweichung der konservativen Aktie, die in dem Beispiel am Ende von Kapitel 6 erscheint.)

Trotz der beeindruckenden historischen Belege besteht keinerlei Garantie dafür, dass Aktien auch künftig höher rentieren werden als Anleihen. So betrug beispielsweise im Zeitraum von 1982 bis 1997 die durchschnittliche Jahresrendite von Aktien 16,7 Prozent bei einer Standardabweichung von 13,1 Prozent, während Anleihen gleichzeitig zwischen 8 Prozent und 9 Prozent Rendite abwarfen. Von 1966 bis 1981 jedoch erreichte die durchschnittliche Jahresrendite von Aktien nur 6,6 Prozent bei einer Standardabweichung von 19,5 Prozent; gleichzeitig rentierten Anleihen mit etwa 7 Prozent.

Muss man daher angesichts der vielen Debakel, Schmarotzer und dem Untergang geweihten Aktien wie WorldCom und Enron die Behauptung nicht anzweifeln, dass Aktien langfristig die weniger riskante Anlageform seien? Es überrascht wenig, dass ein Gegenargument existiert: Demnach haben sich Aktien als Ganzes trotz ihrer Volatilität langfristig als weniger riskant als Anleihen erwiesen, da sie im Durchschnitt deutlich höher rentiert haben. Der Grund für diese höheren Renditen lag in den vergleichsweise niedrigen Preisen von Aktien. Und die vergleichsweise niedrigen Preise wiederum lassen sich darauf zurückführen, dass Aktien seit jeher als riskant angesehen werden, weshalb man einen Anreiz schaffen muss, der Anleger dazu bewegt, dieses riskante Engagement einzugehen.

Doch was geschieht, wenn die Anleger Siegel und anderen folgen und Aktien nicht mehr als riskante Anlageform betrachten? Dann steigen ihre Preise, denn risikofeindliche Anleger benötigen weniger Anreize für einen Kauf; die »Risikoprämie auf Aktien«, also der Wert, um den die Rendite von Aktien diejenige von Anleihen übersteigen muss, damit Aktien für Investoren noch attraktiv sind, nimmt ab. Mit steigenden Preisen sinkt aber die Rendite. Und aufgrund der gesunkenen Rendite von Aktien steigt ihr Risiko.

Werden Aktien als weniger riskant eingestuft, steigt ihr Risiko; gelten sie als riskant, sinkt es – ein weiteres Beispiel für das kapriziöse, zur Selbstwiderspiegelung und -korrektur neigende Wesen der Märkte. Interessanterweise schließt Robert Shiller, ein persönlicher Freund Siegels, aus den vorliegenden Daten auf deutlich niedrigere Aktienrenditen in den kommenden zehn Jahren.

Manche Börsenteilnehmer und Wissenschaftler stimmen dem nicht zu. Anfang Oktober 2002 nahm ich an einem Streitgespräch zwischen dem Wall-Street-Veteranen und Kommentator des Börsenfernsehens CNBC Larry Kudlow und dem technischen Analysten und Anhänger der Elliot-Wellen-Theorie Bob Prechter teil. Das Publikum im großen Hörsaal der City University of New York erschien mir wohlhabend und gebildet, und beide Kontrahenten gaben sich sehr selbstsicher und von ihren Prognosen überzeugt. Keiner von beiden erweckte den Eindruck, als könnten ihn die diametral entgegengesetzten Ansichten des anderen auch nur im Mindesten beunruhigen. Prechter sagte sehr umfangreiche Kursverluste der Märkte voraus, während Kudlow sich recht zuversichtlich gab. Im Gegensatz zu Siegel und Shiller gingen beide nicht auf Einzelheiten ein und redeten ohnehin zumeist aneinander vorbei.

Mich erstaunt an solchen Begegnungen immer, wie typisch sie für Diskussionen über das Börsengeschehen sind. Menschen mit beeindruckenden Referenzen verbreiten sich regelmäßig über Aktien und Anleihen und gelangen dabei zu Schlüssen, die denen anderer Menschen mit ebenso beeindruckenden Referenzen genau entgegengesetzt sind. Ein weiteres gutes Beispiel lieferte im November 2002 ein Artikel der *New York Times*. Er beschrieb drei plausible Börsenprognosen – pessimistisch, neutral und optimistisch –, die von den Wirtschaftsanalysten Steven H. East, Charles Pradilla und Abby Joseph Cohen stammten. Derart krasse Meinungsverschiedenheiten sind in der Physik oder Mathematik nur sehr selten anzutreffen (einmal abgesehen von den Äußerungen von Spinnern, die zwar viel Medienrummel verursachen, doch von niemandem mit etwas Sachverstand ernst genommen werden).

Womöglich liegt die Zukunft der Märkte hinter dem, was ich in Kapitel 9 als »Komplexitätshorizont« bezeichne. Dennoch bleibe ich, neben ein wenig Immobilienbesitz, voll in Aktien investiert. Ob ich dadurch mein Hemd verliere oder aber angezogen bleibe, wird die Zukunft zeigen.

Das St. Petersburg-Paradox und der Nutzenbegriff

Ähnlich wie die vollkommen gewöhnliche Frau in Virginia Woolfs berühmtem Essay »Mr. Bennett and Mrs. Brown« ist auch die Realität unendlich komplex und lässt sich mit keinem denkbaren Modell vollständig abbilden. Erwartungswert und Standardabweichung scheinen in den meisten Fällen die landläufige Bedeutung von Durchschnitt und Ungleichförmigkeit widerzuspiegeln; man findet jedoch unschwer bedeutende Situationen, wo dies nicht der Fall ist.

Einen derartigen Fall stellt das so genannte St. Petersburg-Paradox dar, das sich anhand eines Spiels verdeutlichen lässt. Dabei wird eine Münze so lange geworfen, bis zum ersten Mal Zahl erscheint. Geschieht dies bereits beim ersten Münzwurf, gewinnt man 2 Euro. Erscheint beim zweiten Wurf zum ersten Mal Zahl, so erhält man 4 Euro. Zeigt die Münze erst beim dritten Wurf Zahl an, gewinnt man 8 Euro und so weiter: Erscheint also beim Nten Münzwurf Zahl, so gewinnt man 2^N Euro. Wie viel Geld sollte man für das Recht bieten, an diesem Spiel teilzunehmen? Tatsächlich lässt sich begründet argumentieren, dass man bereit sein sollte, dafür jeden Preis zu bezahlen.

Um zu erkennen, warum dem so ist, erinnern wir uns, dass man die Wahrscheinlichkeit einer Kette von unabhängigen Ereignissen wie etwa Münzwürfe berechnet, indem man die Wahrscheinlichkeiten dieser Ereignisse miteinander multipliziert. Die Wahrscheinlichkeit, dass beim ersten Münzwurf Zahl erscheint, beträgt 1/2; diejenige, dass beim ersten Wurf Kopf und beim zweiten Wurf Zahl erscheint, beträgt $(1/2)^2$ oder 1/4; diejenige, dass bei den ersten beiden Würfen Kopf und beim dritten Wurf Zahl erscheint, beträgt $(1/2)^3$ oder 1/8; und so weiter. Setzen wir diese Wahrscheinlichkeiten sowie die damit verbundenen möglichen Gewinne in unsere Formel für den Erwartungswert ein, so erkennen wir, dass der Erwartungswert dieses Spiels (€ 2 × 1/2) + (€ 4 × 1/4) + (€ 8 × 1/8) + (€ 16 × 1/16) + … + (€2^N × $(1/2)^N$) + … beträgt. Alle diese Produkte ergeben 1, und da es unendlich viele davon gibt, ist ihre Summe unendlich. Man erkennt unschwer, dass der Erwartungswert in diesem Fall nicht der Intuition entspricht: Es genügt, sich zu fragen, warum man kaum bereit wäre, auch nur magere 1 000 Euro für das Privileg einer Teilnahme an diesem Spiel zu bezahlen.

Die gängigste Auflösung dieses Paradoxes entspricht grob der Beobachtung des im 18. Jahrhundert wirkenden Mathematikers Daniel Bernoulli, der zufolge die Befriedigung, die Menschen bei jedem Zuwachs an Vermögen empfinden (oder das Bedauern, das sie bei jedem Verlust verspüren), sich »umgekehrt proportional zur Menge der zuvor besessenen Güter« verhält. Je weniger Euro man besitzt, desto mehr schätzt man den Zugewinn eines weiteren Euro und fürchtet den Verlust eines solchen. Für nahezu alle Menschen wiegt die Aussicht auf den wahrscheinlichen Verlust von 1 000 Euro daher weit schwerer als die entfernte Möglichkeit, beispielsweise eine Milliarde Euro zu gewinnen.

Entscheidend ist der »Nutzen« der zufließenden Geldbeträge, und dieser sinkt mit zunehmendem Vermögen (eine Tatsache, die im Übrigen nicht ohne Bedeutung für das Prinzip der progressiven Besteuerung ist). Aus diesem Grunde orientieren Menschen sich nicht an der absoluten Höhe des mit einem Investment (oder Spiel) verbundenen Geldbetrags, sondern an dessen Nutzen aus ihrer jeweiligen Perspektive. Das

St. Petersburg-Paradox löst sich auf, wenn wir beispielsweise eine so genannte logarithmische Nutzenfunktion betrachten. Diese spiegelt die allmählich sinkende Befriedigung durch weiteren Vermögenszuwachs wider und führt im obigen Spiel zu einem endlichen Erwartungswert. Verändert man die Regeln des Spiels dergestalt, dass die Auszahlungen rascher ansteigen, so muss die Nutzenfunktion entsprechend flacher verlaufen, damit der Erwartungswert endlich bleibt.

Ganz offensichtlich bestehen Unterschiede hinsichtlich des Nutzens, den verschiedene Menschen Geldbeträgen zuweisen. Manch einer ist so habsüchtig, dass ihm der 741 783 219te Euro fast ebenso viel bedeutet wie der erste; ein anderer wiederum ist derart unbekümmert, dass er seinen 25 000ten Euro als nahezu wertlos betrachtet. Vermutlich gibt es vergleichsweise wenige Menschen der letzteren Sorte, obwohl mein Vater in seinen späteren Lebensjahren diesem Typus recht nahe kam. Seine Einstellung legt die These nahe, dass sich Nutzenfunktionen nicht nur von Mensch zu Mensch unterscheiden, sondern sich auch im Zeitablauf verändern. Darüber hinaus wäre es denkbar, dass sich Nutzen nicht durch einfache Funktionen beschreiben lässt, da sich beispielsweise der Nutzen von Geld beim Erreichen eines bestimmten Alters oder eines bestimmten Schwellenwerts wie etwa X Millionen Euro verändern könnte. Womit wir wieder beim Essay der Virginia Woolf angelangt wären.

Portfolios: Wie man von den Hatfields und McCoys profitiert

John Maynard Keynes schrieb einmal: »Praktiker, die sich ganz frei von intellektuellen Einflüssen glauben, sind gewöhnlich die Sklaven irgendeines verblichenen Ökonomen. Verrückte in hoher Stellung [madmen in authority], die Stimmen in der Luft hören, zapfen ihren wilden Irrsinn aus dem, was irgendein akademischer Schreiber ein paar Jahre zuvor verfasste.« Eine natürliche Folge dieses Umstands ist, dass Fondsmanager und Börsengurus ihre aalglatten Investmentratschläge zumeist dem Ideengebäude eines nobelpreistragenden Professors der Finanzwissenschaft aus einer früheren Generation entliehen haben.

Um einen kleinen Geschmack von den Theorien einiger dieser Nobelpreisträger zu erhalten, versetzen wir uns in die Rolle eines Fondsmanagers, der den Erwartungswert und die Volatilität (das Risiko) eines Portfolios ermitteln möchte. Im Börsenkontext meint der Begriff Portfolio lediglich eine Zusammenstellung unterschiedlicher Aktien. Das kann zum Beispiel ein Investmentfonds sein, Onkel Fritzens Sammelsurium kurioser Einzelwerte oder auch eine albtraumhafte Erbschaft, bestehend aus verschiedenen Aktien, allesamt von Unternehmen der Telekommunikationsbranche. Portfolios, denen es wie das zuletzt Genannte völlig an Diversifizierung fehlt, mangelt es nicht selten rasch auch an Euros. Wie kann man umsichtiger an die Aktienauswahl herangehen, sodass es gelingt, die Rendite eines Portfolios zu maximieren und dessen Risiko möglichst weitgehend zu senken?

Betrachten wir zunächst ein einfaches Portfolio, das nur aus den drei Aktien Abbey Roads, Barkley Hoops und Consolidated Fragments besteht. Wir unterstellen weiterhin, dass 40 Prozent eines 100 000 Euro starken Portfolios, also 40 000 Euro, in Abbey investiert sind, 25 Prozent in Barkley und die verbleibenden 35 Prozent in Consolidated. Der Erwartungswert der Rendite von Abbey beträgt 8 Prozent, im Falle von Barkley sind es 13 Prozent, und bei Consolidated sind mit 7 Prozent Rendite zu rechnen. Mithilfe dieser Gewichte können wir nun den Erwartungswert des Gesamtportfolios ermitteln: $(0{,}40 \times 0{,}08) + (0{,}25 \times 0{,}13) + (0{,}35 \times 0{,}07) = 0{,}089$ oder 8,9 Prozent.

Warum sollten wir nicht unser gesamtes Kapital in die Aktie von Barkley Hoops investieren, deren erwartete Rendite doch am höchsten ist? Die Antwort lautet, dass der Verzicht auf Diversifizierung – also das sprichwörtliche Legen aller Eier in denselben Korb – die Volatilität und somit das Risiko des Portfolios erhöht. (Die möglichen Folgen sind ein rohes Ei im Gesicht sowie die Verwandlung der wohl gehüteten Eier in Rührei, wenn nicht gar in verlorene Eier. So erging es mir jedenfalls mit meinem unglücklichen WorldCom-Abenteuer. Tut mir leid, aber der Gedanke an diese Aktie bringt mich noch heute vorübergehend aus dem Gleichgewicht.) Wenn das Risiko für uns aber keine Rolle spielte und wir lediglich unsere Rendite maximieren wollten, könnten wir durchaus zu dem Entschluss gelangen, allein in Barkley Hoops zu investieren.

Wie bestimmt man nun die Volatilität – also das Sigma oder die Standardabweichung – eines Portfolios? Genügt es dazu, die Volatilitäten der in ihm vertretenen Einzelaktien zu gewichten, so wie wir ihre Renditen gewichtet haben? Antwort: In der Regel ist dies nicht möglich, da oft eine Abhängigkeit zwischen den Kursbewegungen verschiedener Aktien besteht. Steigt eine Aktie aufgrund guter Nachrichten, so kann sich dies auf die Wahrscheinlichkeit, dass andere Titel steigen oder fallen, auswirken, was wiederum ihre Gesamtvolatilität beeinflusst.

Zur Veranschaulichung betrachten wir ein noch simpler gestricktes Portfolio aus nur zwei Aktien, Hatfield Enterprises und McCoy Productions.* Beide stellen irgendwelchen Plunder her, doch die Vergangenheit lehrt, dass der Erfolg des einen mit dem Misserfolg des anderen einhergeht und die Branchenführerschaft mit schöner Regelmäßigkeit zwischen den beiden Kontrahenten wechselt. Hatfield könnte beispielsweise Schneeschaufeln und McCoy Sonnencreme herstellen. Um konkrete Zahlen ins Spiel zu bringen, wollen wir annehmen, dass Hatfield in der Hälfte aller Fälle eine Rendite von 40 Prozent und in der anderen Hälfte der Fälle eine Rendite von –20 Prozent erzielt. Der Erwartungswert seiner Rendite beträgt damit $(0{,}50 \times 0{,}40) + (0{,}50 \times (-0{,}20)) = 0{,}10$ oder 10 Prozent. McCoy verzeichnet identische Renditen, doch bekanntlich geht es dem Unternehmen genau dann gut, wenn es Hatfield schlecht geht und umgekehrt.

Die Volatilität beider Unternehmen ist ebenfalls identisch. Erinnern wir uns an die Definition dieser Variablen: Zunächst quadrieren wir die Abweichungen vom Mittelwert, der 10 Prozent oder 0,10 beträgt. Wir erhalten somit $(0{,}40 - 0{,}10)^2$ und $(-0{,}20 - 0{,}10)^2$ oder 0,09 und 0,09. Da beide Werte jeweils in der Hälfte aller Fälle auftreten, beträgt die Varianz $(0{,}50 \times 0{,}09) + (0{,}50 \times 0{,}09) = 0{,}09$. Die Quadratwurzel dieser Zahl lautet 0,3 oder 30 Prozent, womit wir die Standardabweichung oder Volatilität der Rendite jedes Unternehmens ermittelt hätten.

Doch wie verhält es sich, wenn wir uns nicht für das eine oder andere

* Die beiden Namen und der nachfolgende Text spielen auf eine Familienfehde an, die sich in den achtziger Jahren des 19. Jahrhunderts zwischen den Familien Hatfield und McCoy entspann. In der amerikanischen Geschichtsfolklore gilt dieser Konflikt als Symbol für die Rückständigkeit und Gewaltbereitschaft der Menschen in den Bergregionen der Appalachen [A. d. Ü.].

Unternehmen entscheiden, sondern stattdessen unser Kapital je zur Hälfte in beide Aktien investieren? In diesem Fall erzielen wir stets mit der Hälfte unseres Investments einen Gewinn von 40 Prozent und mit der anderen einen Verlust von –20 Prozent. Der Erwartungswert unserer Rendite beträgt weiterhin 10 Prozent. Doch beachten Sie, dass diese Rendite konstant ist. Die Volatilität des Portfolios ist null! Dies ist deshalb der Fall, weil die Renditen dieser Aktien nicht unabhängig voneinander sind: Zwischen beiden besteht vielmehr eine perfekt negative Korrelation. Wir erzielen dieselbe Durchschnittsrendite wie bei einem ausschließlichen Kauf der Hatfield- oder der McCoy-Aktie, doch ohne jedes Risiko. Das ist für uns sehr vorteilhaft; unser Vermögen nimmt zu, ohne dass wir uns darum kümmern müssten, welches der beiden Unternehmen gerade die Nase vorn hat.

Natürlich ist es schwierig, Aktien mit perfekt negativer Korrelation ausfindig zu machen, aber dies ist auch gar nicht erforderlich. Solange die in einem Portfolio vertretenen Aktien nicht vollständig positiv miteinander korrelieren, werden sie dessen Volatilität in einem gewissen Umfang senken. Selbst ein Portfolio, das ausschließlich Aktien einer bestimmten Branche enthält, wird weniger volatil sein als die betreffenden Einzelaktien. Ein aus den Branchenführern Wal-Mart, Pfizer, General Electric, Exxon und Citigroup bestehendes Portfolio wird sogar erheblich mehr Schutz gegen Volatilität bieten.

Um die Volatilität eines gegebenen Portfolios ermitteln zu können, benötigen wir die so genannte Kovarianz (eng verwandt mit dem Korrelationskoeffizienten) zweier beliebiger Aktien X und Y, die in diesem Portfolio vertreten sind. Die Kovarianz zweier Aktien entspricht grob dem Umfang ihrer gemeinsamen Schwankung, also dem Maß, in dem sich der Kurs der einen Aktie proportional zum Kurs der anderen Aktie entwickelt.

Interessant ist, dass im Gegensatz zu vielen anderen Situationen, in denen der Unterschied zwischen Kovarianz (oder Korrelation, wie es landläufig heißt) und Kausalzusammenhang eine Rolle spielt, dies an der Börse nicht der Fall ist. Die Börse interessiert sich in der Regel kaum dafür. Besteht zwischen einem Kursanstieg der Eiskremaktien und einem Kursanstieg der Rasenmäheraktien eine Korrelation, so wollen nur wenige ergründen, ob es dafür eine kausale Erklärung gibt. Das Ziel besteht darin, diesen Zusammenhang auszunutzen – Recht zu haben, auch wenn die Gründe die falschen sein mögen.

Da dem nun einmal so ist, möchte mancher Leser vielleicht die folgenden drei Absätze, in denen es um die Herleitung der Kovarianz geht, überspringen. Setzen Sie in diesem Fall die Lektüre bitte bei »Stellt beispielsweise H den Wert eines ...« fort.

Technisch gesprochen ist die Kovarianz der Erwartungswert des Produkts der Abweichung vom Mittelwert der einen Aktie und der Abweichung vom Mittelwert der anderen Aktie. Die Kovarianz ist somit der Erwartungswert des Produkts $[(X - \mu_X) \times (Y - \mu_Y)]$, wobei μ_X und μ_Y die Mittelwerte von X beziehungsweise Y darstellen. Schwanken die Kurse beider Aktien im Gleichlauf und bewegt sich einer der Kurse nach oben, so wird der andere Kurs vermutlich ebenfalls steigen. In diesem Fall sind beide Abweichungen vom Mittelwert positiv, und Gleiches gilt folglich für ihr Produkt. Bewegt sich umgekehrt einer der Kurse nach unten, so wird auch der andere Kurs vermutlich sinken. In diesem Fall sind beide Abweichungen vom Mittelwert negativ, was wiederum zu einem positiven Produkt führt. Besteht jedoch eine entgegengesetzte Schwankung, so bedeutet dies, dass bei einem Kursanstieg (Kursrückgang) der einen Aktie der Kurs der anderen Aktie fällt (steigt). Eine positive Abweichung der einen Aktie geht also mit einer negativen Abweichung der anderen Aktie einher, und das Produkt ist negativ. Im Allgemeinen und kurz gesagt suchen wir eine solche negative Kovarianz.

Wir können dieses Konzept der Kovarianz nun verwenden, um die *Varianz* eines aus zwei Aktien bestehenden Portfolios zu ermitteln, bei dem p Prozent des Kapitals in Aktie X und q Prozent in Aktie Y investiert sind. Die mathematischen Anforderungen beschränken sich auf das Quadrieren zweier Klammerausdrücke. (Dabei sollten wir uns jedoch daran erinnern, dass $(A + B)^2 = A^2 + B^2 + 2AB$.) Definitionsgemäß ist die Varianz des Portfolios, $(pX + qY)$, gleich dem Erwartungswert der Quadrate seiner Abweichungen vom Mittelwert, $p\mu_X + p\mu_Y$. Die Varianz von $(pX + qY)$ ist somit der Erwartungswert von $[(pX + qY) - (p\mu_X + p\mu_Y)]^2$ beziehungsweise, nach entsprechender Umschreibung, der Erwartungswert von $[(pX - p\mu_X) + (qY - q\mu_Y)]^2$. Mithilfe der oben erwähnten algebraischen Regel ergibt dies den Erwartungswert von $[(pX - p\mu_X)]^2 + [(qY - q\mu_Y)]^2 + 2 \times$ den Erwartungswert von $[(pX - p\mu_X) + (qY - q\mu_Y)]$.

Wenn wir nun sorgfältig unsere ps und qs ausmultiplizieren, stellen wir fest, dass die Varianz des Portfolios, $(pX + qY)$, gleich $[p^2 \times$ der Varianz von $X) + (q^2 \times$ der Varianz von $Y) + (2pq \times$ der Kovarianz von X und Y)] ist. Schwanken die Aktien entgegengesetzt zueinander (das heißt, besitzen sie eine negative Kovarianz), so vermindert sich die Varianz des Portfolios um den letzten Faktor. (Im Fall der Hatfield- und McCoy-Aktien sank die Varianz auf null.) Schwanken beide Aktien dagegen im Gleichlauf, so erhöht sich die Varianz des Portfolios um den letzten Faktor, was wir gerne vermeiden möchten, da sich Volatilität und Risiko abträglich auf unseren Gemütszustand auswirken.

Stellt beispielsweise H den Wert eines willkürlich ausgewählten privaten Wohnhauses in einer gegebenen Gemeinde und E das Einkommen des Haushaltsvorstands dar, so übersteigt die Varianz von $(H + E)$ die Summe der Varianzen von H und E. Menschen, die in teuren Häusern leben, haben in der Regel ein höheres Einkommen als solche, bei denen dies nicht der Fall ist. Die Extremwerte der Summe aus Hauswert und Einkommen werden daher beträchtlich größer sein, als sie wären, wenn Hauswert und Einkommen keine positive Kovarianz aufwiesen.

Analog hierzu gilt: Stellt V die Zahl der von einem willkürlich ausgewählten Studenten während eines Semesters versäumten Vorlesungen und N die Note seiner Abschlussprüfung dar, so unterschreitet die Varianz von $(V + N)$ die Summe der Varianzen von V und N. Studenten, die gerne Vorlesungen ausfallen lassen, schneiden in der Regel (doch natürlich nicht immer) in Prüfungen schlechter ab. Die Extremwerte der Summe aus versäumten Vorlesungen und Prüfungsnote werden daher beträchtlich niedriger sein, als sie wären, wenn zwischen versäumten Vorlesungen und Prüfungsnote keine negative Kovarianz bestünde.

Bei der Auswahl der Aktien für ein diversifiziertes Portfolio suchen Anleger, wie oben erwähnt, in der Regel nach Werten, die eine negative Kovarianz aufweisen. Sie möchten Aktien wie Hatfield und McCoy und nicht WorldCom neben anderen Telekommunikationswerten besitzen, um nur ein Beispiel zu nennen. Enthält das Portfolio drei oder mehr Aktien, so verwendet man die Gewichte der Aktien innerhalb des Portfolios sowie die hier besprochenen Variablen, um die Varianz sowie die Standardabweichung des Portfolios zu berechnen. (Der erforderliche Rechenvorgang ist mühselig, aber nicht kompliziert.) Bedauerlicherweise benötigt man die Kovarianzen sämtlicher möglicher Aktienpaare innerhalb des Portfolios, doch leistungsfähige Software, Berge von Kursdaten und schnelle Rechner gestatten es dem Investor, das Risiko (die Volatilität, Standardabweichung) eines Portfolios recht schnell zu ermitteln. Mit etwas Sorgfalt kann es gelingen, das Risiko eines Portfolios zu minimieren, ohne seine erwartete Rendite zu senken.

Diversifizierung und politisch unkorrekte Fonds

Es gibt unzählige offene Investmentfonds. Ihre Zahl übersteigt diejenige der Einzelaktien, wie verschiedene Kommentatoren festgestellt haben, als sei dies eine überraschende Tatsache. Sie ist es nicht. Aus mathematischer Sicht stellt ein Investmentfonds lediglich eine Gruppe von Aktien dar; in der Theorie könnte es daher weitaus mehr unterschiedliche Fonds als Aktien geben. Jede Gruppe von n Aktien (Menschen, Büchern, CDs) besitzt 2^n Untergruppen. Gäbe es beispielsweise weltweit nur 20 Aktien, so ließen sich daraus 2^{20} oder rund eine Million Untergruppen bilden – eine Million mögliche Investmentfonds. Natürlich würde den meisten dieser Untergruppen eine triftige Existenzbegründung fehlen. Ein weiteres Element ist also gefordert: das finanztechnische Ausbalancieren, das für die erforderliche Diversifizierung und eine niedrige Volatilität sorgt.

Die Zahl der Möglichkeiten lässt sich noch steigern, wenn wir das Konzept der Diversifizierung ein wenig erweitern. Anstatt nach negativ korrelierten Einzelaktien oder Branchen Ausschau zu halten, suchen wir nach eigenen Zielsetzungen, die eine negative Korrelation aufweisen – beispielsweise finanzielle und politische. Eine Reihe von Fonds behaupten von sich, sozial fortschrittlich und politisch korrekt zu sein, ihre Performance ist in der Regel jedoch nicht gerade berauschend. Als weniger attraktiv gelten bei manchem Anleger Fonds, die sozial rückschrittlich und politisch unkorrekt, aber erfolgreich sind. Zur letzteren Kategorie werden oft Fonds gezählt, die in Aktien der Tabak-, Alkohol-, Rüstungs- oder Fast-Food-Industrie investieren, um nur einige mögliche Beispiele zu nennen.

Die Existenz solcher politisch unkorrekter Fonds ermöglicht es jenen Anlegern, die sich einer Vielzahl unterschiedlicher Ziele verpflichtet fühlen, eine etwas ungewöhnliche Strategie zu verfolgen. Diese macht sich die negative Korrelation, die bisweilen zwischen finanziellen und sozialen Zielsetzungen besteht, zunutze. Sie lautet: Man investiere überwiegend in Fonds, deren Portfolio Aktien von Unternehmen enthält, die man ablehnt. Schneiden diese Fonds ordentlich ab, so verdient man Geld, mit dem man in dem gewünschten Umfang die eigenen politischen Ziele fördern kann. Entwickeln sie sich unbefriedigend, so kann man sich an der Tatsache erfreuen, dass es den ungeliebten Firmen schlecht geht, und die psychologische Rendite steigt.

In der Praxis gibt es zahlreiche Abwandlungen dieser Strategie. So sind viele Menschen für Unternehmen tätig, deren Ziele oder Produkte sie ablehnen – sie verwenden jedoch einen Teil ihres Einkommens darauf, diesen Zielen oder Produkten entgegenzuwirken. Überspitzt formuliert könnte man sagen, dass Diversifizierung Teil unserer Alltagsstrategie bildet; wir bedienen uns ihrer auf ganz natürliche Weise, um die unvermeidlichen Kompromisse des täglichen Lebens zu bewältigen.

Natürlich stößt der Versuch, das Konzept der Diversifizierung auf andere Lebenslagen zu übertragen, unweigerlich auf Schwierigkeiten. Wie soll man beispielsweise Ein- und Auszahlungen quantifizieren, also den eigenen Bemühungen und ihren möglichen Konsequenzen einen Zahlenwert zuordnen? Zudem wächst die Anzahl der möglichen »Fonds«, das heißt der Untergruppen von Zielsetzungen, ins Exponentielle.

Ein weiteres Problem ergibt sich aus der Logik des Diversifizierungskonzepts. Im täglichen Leben erscheint Diversifizierung oft als sinnvoll – so erreicht man Zufriedenheit vermutlich eher durch eine Kombination aus Arbeit, Spiel, Familienleben, persönlichen Erfahrungen, Lernen, Freunden, Geld und anderem mehr als allein durch Arbeit oder puren Hedonismus. Dennoch mag Diversifizierung unangebracht sein, wenn es darum geht, etwas seinen eigenen Stempel aufzudrücken. Denken Sie beispielsweise an Wohlfahrtsprojekte.

Wie der Ökonom Steven Landsburg schreibt, ist Diversifizierung zum Schutz der eigenen Finanzanlagen ein sinnvolles Unterfangen. Anders sieht es bei den Spenden für große Wohlfahrtsprojekte oder -organisationen aus, wo der eigene Beitrag im großen Spendentopf unterzugehen droht, das Ziel aber vermutlich darin besteht, so viel wie nur möglich zu helfen. Da hier keinerlei Risiko besteht, spricht nichts dafür, das eigene Spendenbudget auf die Aktionsgemeinschaft gegen Alkohol am Steuer, die Krebsgesellschaft und die Herzvereinigung aufzuteilen, wenn man erstere Organisation für die förderungswürdigste hält. Schließlich geht es nicht darum, sicherzustellen, dass die eigenen Spenden Gutes bewirken, sondern darum, ihre segensreichen Wirkungen zu maximieren. Auch in anderen Situationen ist die Bündelung der eigenen Anstrengungen einer Diversifizierung vorzuziehen.

Metaphorische Erweiterungen des Diversifizierungskonzepts können nützlich sein, doch sollte man sie nicht unkritisch verwenden. Man liefe sonst nämlich Gefahr, eine – wie es der Schriftsteller W. H. Auden formuliert hat – »Sozialwissenschaft zu begehen«.

Beta – wofür taugt es?

Kehren wir nun zu quantitativeren Dingen zurück: Wir stellen unser Portfolio so zusammen, dass bei einem Kursrückgang einiger darin enthaltener Aktien andere im Kurs steigen (oder zumindest nicht ebenso stark fallen), sodass wir eine annehmbare Rendite bei möglichst geringem Risiko erzielen. Genauer gesagt untersuchen wir für ein beliebiges Portfolio von Einzelaktien deren Performancedaten der Vergangenheit und errechnen daraus die geschätzten Erwartungswerte, Volatilitäten und Kovarianzen, mithilfe derer wir wiederum den Erwartungswert sowie die Volatilität des Gesamtportfolios ermitteln. Verfügten wir über ausreichend Zeit, die notwendigen Kursdaten sowie über leistungsfähige Rechner, so könnten wir dieses Procedere auf eine Vielzahl unterschiedlicher Portfolios anwenden. Der Wirtschaftsnobelpreisträger Harry Markowitz, einer der Begründer dieses Ansatzes, entwickelte in den frühen fünfziger Jahren des 20. Jahrhunderts mathematische Techniken zur Ausführung dieser Berechnungen. Er trug seine Ergebnisse für einige Portfolios (Rechner waren damals noch sehr langsam) auf einem Diagramm ein und definierte damit die von ihm so benannte »Effizienzgrenze«.

Worum geht es dabei? Stellen Sie sich vor, wir würden mithilfe dieser Techniken vergleichbare Diagramme für eine Vielzahl aktueller Portfolios konstruieren. Tragen wir nun die Volatilitäten dieser Portfolios entlang der horizontalen Achse und die Erwartungswerte der Renditen entlang der vertikalen Achse eines Koordinatenkreuzes ein, so erhalten wir einen Schwarm von Punkten. Jeder dieser Punkte spiegelt ein Portfolio wider, dessen Koordinaten durch seine Volatilität und seine erwartete Rendite definiert sind. Wir können weiterhin leicht erkennen, dass für alle Portfolios mit einem gegebenen Risikoniveau (sprich: Volatilität, Standardabweichung) jeweils ein Portfolio existiert, das die höchste erwartete Rendite aufweist. Kennzeichnen wir für jedes Risikoniveau das jeweilige Portfolio mit der höchsten erwarteten Rendite und verbinden wir diese Punkte miteinander, so erhalten wir eine Kurve: die Markowitzsche Effizienzgrenze optimaler Portfolios.

Entlang der Kurve, welche die Effizienzgrenze beschreibt, gilt: Je risikobehafteter ein Portfolio, desto höher seine erwartete Rendite. Zum Teil erklärt sich dies aus der Tatsache, dass die meisten Anleger risikofeindlich (»risikoavers«) sind, was riskante Aktien verbilligt. Als Anleger kann man nun je nach persönlicher Risikoneigung ein passendes Risikomaß bestimmen und im zweiten Schritt dasjenige Portfolio mit der höchsten erwarteten Rendite auswählen. Bezeichnen wir diesen Vorgang als Variante 1 der Portfoliotheorie.

Diese mathematische Formulierung sollte nicht darüber hinwegtäuschen, dass man die psychologischen Grundlagen dieser Entscheidung durchaus verallgemeinern kann. So mussten beispielsweise die Entwickler von Kraftfahrzeugen feststellen, dass Fortschritte bei der Sicherheitsausstattung ihrer Modelle (wie die Einführung von Antiblockiersystemen) bei vielen Fahrern zu einem rasanteren und waghalsigeren Fahrstil führte. Nicht die Sicherheit der Fahrer verbesserte sich, sondern lediglich ihre Fahrkünste. Offensichtlich entscheiden sich Menschen jeweils für ein Risikomaß, mit dem sie sich wohl fühlen, und suchen in der Folge nach dem höchstmöglichen Ertrag (der besten Performance), den sie auf dieser Grundlage erzielen können.

Diese Abwägung zwischen Risiko und Ertrag veranlasste in den sechziger Jahren des vergangenen Jahrhunderts den späteren Wirtschaftsnobelpreisträger William Sharpe, ein Performancemaß für Portfolios zu entwickeln, das heute als allgemein anerkannt gilt. Das so genannte Sharpe-Ratio setzt die Überrendite eines Portfolios (den erwarteten Mehrertrag gegenüber dem risikofreien Zinssatz etwa eines Schatzwechsels) ins Verhältnis zu seiner Volatilität (Standardabweichung). So mag ein Portfolio eine beachtliche Rendite verzeichnen; muss der Anleger dafür jedoch eine Volatilität in Kauf nehmen, die einer Achterbahnfahrt gleicht, so wird das Sharpe-Ratio nicht sonderlich hoch sein. Ein Portfolio dagegen, das eine gemäßigtere Rendite, aber gleichzeitig auch eine weniger beunruhigende Volatilität aufweist, besitzt ein höheres Sharpe-Ratio.

Die Portfolioselektionstheorie ist ein recht verschlungenes Konzept. Zu ihren Grundbausteinen gehört die anhand des Sharpe-Ratios ersichtliche Annahme, dass es risikofreie Anlagen gibt, zu denen etwa US-amerikanische Schatzwechsel oder auch deutsche Bundesanleihen gehören. Diese sind mit einem festen Zinssatz ausgestattet und weisen eine Volatilität von nahezu null auf. Es steht Investoren stets frei, in solche risikolosen Anlagen zu investieren oder auch zu entsprechenden risikolosen Zinssätzen selbst Kredite aufzunehmen. Darüber hinaus können sie eine risikolose Anlage in Staatsanleihen mit einem risikobehafteten Aktienportfolio kombinieren.

Variante 2 der Portfoliotheorie besagt, dass genau *ein* optimales Portfolio entlang der Effizienzgrenze existiert, das die folgende Eigenschaft besitzt: Kombiniert man es in mit einer risikofreien Anlage (wobei die Inflationsrate mit null angenommen wird), so erhält man ein Gesamtinvestment, das für jedes gegebene Risikoniveau die jeweils höchste Rendite aufweist. Das Mischungsverhältnis beider Anlagen ist individuell bestimmbar: Wer keinerlei Risiko eingehen möchte, investiert sein gesamtes Vermögen in Schatzwechsel/Bundesanleihen. Wer sich an Risiko nicht stört, kann sein Vermögen zu 100 Prozent in das optimale Aktienportfolio investieren. Möchte man seine Ersparnisse dagegen auf die beiden Anlagen aufteilen, so investiert man p Prozent in die risikofreien Staatsanleihen und (100 – p) Prozent in das optimale risikobehaftete Aktienportfolio, wobei die erwartete Rendite [p × (risikofreie Rendite) + (1 – p) × (Rendite des Aktienportfolios)] beträgt. Darüber hinaus ist es möglich, eine höhere Summe zu investieren, als man besitzt, indem man zum risikofreien Zinssatz weitere Finanzmittel aufnimmt und diese dem risikobehafteten Portfolio zuführt.

Bei dieser verfeinerten Auswahlmethode wählen also sämtliche Anleger dasselbe optimale Aktienportfolio und bestimmen sodann ihr persönliches Risikomaß, indem sie den gewünschten Anteil p der risikofreien Anlage an ihrem Gesamtinvestment festlegen.

Das ist jedoch leichter gesagt als getan. Beide beschriebenen Varianten reizen die Kapazitäten moderner Rechner voll aus, da ständig unzählige Berechnungen mit den jeweils neuesten Kursdaten durchgeführt werden müssen – schließlich werden Erwartungswerte, Varianzen und Kovarianzen allesamt aus den Werten der Vergangenheit errechnet. Enthält ein Portfolio beispielsweise 20 Aktien, so müssten wir die Kovarianzen jedes möglichen Aktienpaares berechnen. Die Zahl dieser Kovarianzen beträgt immerhin (20 × 19) : 2 = 190. Bei 50 Aktien müssten bereits (50 × 49) : 2 = 1 225 Kovarianzen berechnet werden. Dies für eine größere Anzahl von Portfolios bewältigen zu können, erfordert jedoch erhebliche Rechnerkapazitäten.

Um einen Großteil des Aufwands zu vermeiden, der mit der Berechnung und laufenden Aktualisierung der vielen möglichen Kovarianzen, Effizienzgrenzen und optimalen risikobehafteten Portfolios einhergeht, entwickelte Sharpe zusammen mit einigen Mitstreitern das so genannte Single-Index-Modell. Bei dieser Variante 3 wird die Rendite eines Portfolios nicht an den Renditen sämtlicher denkbarer Aktienpaare innerhalb des Portfolios gemessen, sondern einfach ins Verhältnis zur Veränderung eines breiten Marktindex gesetzt. Weist das eigene Portfolio (oder eine Einzelaktie) statistischen Berechnungen zufolge eine höhere Volatilität als der Gesamtmarkt auf, so wird eine Bewegung des Gesamtmarktes zu einer stärkeren Bewegung des Portfolios oder der Aktie führen. Sind Letztere weniger volatil als der Gesamtmarkt, so vollziehen sie dessen Bewegungen nur in abgeschwächter Form mit.

Dies führt uns zum so genannten Capital-Asset-Pricing-Modell, einem Preisbildungsmodell für Geld- und Vermögensanlagen. Diesem Gleichgewichtsmodell zufolge entspricht die erwartete Überrendite einer Aktie oder eines Portfolios (die Differenz zwischen der erwarteten

Rendite des Portfolios R_p und der Rendite risikofreier Staatsanleihen R_f) dem berüchtigten Beta, abgekürzt β, multipliziert mit der erwarteten Überrendite des Gesamtmarkts R_m und der Rendite risikofreier Staatsanleihen R_f. Algebraisch lässt sich dies mithilfe der Gleichung $(R_p - R_f) = \beta (R_m - R_f)$ darstellen. Beträgt also zum Beispiel die risikolose Rendite von Staatsanleihen 4 Prozent und die erwartete Gesamtmarktrendite 10 Prozent, und beträgt weiterhin die relative Volatilität Beta des Portfolios 1,5, dann können wir seine erwartete Rendite wie folgt berechnen: $(R_p - 4\%) = 1{,}5\,(10\% - 4\%)$, woraus sich für R_p ein Wert von 13 Prozent errechnet. Ein Beta von 1,5 spiegelt einen durchschnittlichen Wertzuwachs (oder -verlust) des Portfolios von 1,5 Prozent für jede gleichgerichtete Veränderung des Gesamtmarkts um 1 Prozent wider.

Der Beta-Wert von Hightech-Aktien wie WorldCom liegt oft deutlich höher als 1, was bedeutet, dass diese Aktien auf Veränderungen des Gesamtmarktes mit weit stärkeren Schwankungen reagieren. Sie sind volatiler und somit riskanter. Die Beta-Werte der Aktien von Versorgern liegen dagegen oft niedriger als 1, sie reagieren somit nur in abgeschwächter Form auf Veränderungen des Gesamtmarktes. Liegt das Beta eines Unternehmens bei 0,5, so können wir wiederum die erwartete Rendite des Portfolios berechnen und erhalten $(R_p - 4\%) = 0{,}5\,(10\% - 4\%)$ und damit für R_p einen Wert von 7%. Man beachte, dass Staatsanleihen mit kurzer Restlaufzeit, deren Renditen konstant sind, ein Beta von 0 aufweisen. Nochmals: Beta misst das Ausmaß der Schwankungen einer Aktie oder eines Portfolios im Verhältnis zu den Schwankungen des Gesamtmarkts. Es ist nicht mit Volatilität identisch.

Dies hört sich alles wunderbar eindeutig an, doch mit Portfolioselektionsmodellen ist es so eine Sache. So könnte man sich insbesondere im Hinblick auf Variante 3 fragen, woher die Zahl Beta eigentlich kommt. Mit welcher Begründung stellt man fest, dass eine Aktie oder ein Portfolio um 40 Prozent volatiler oder um 25 Prozent weniger volatil als der Gesamtmarkt ist? Hier die grobe Methode zur Errechnung des Beta-Wertes: Man ermittelt die Veränderung des Gesamtmarkts innerhalb der vergangenen drei Monate (zum Beispiel 3 Prozent) sowie die Veränderung des Aktien- oder Portfoliowerts während desselben Zeitraums (beispielsweise 4,1 Prozent). Nun wiederholt man diesen Vorgang für die drei vorangegangenen Monate – wobei wir annehmen, die betreffenden Werte seien 2 Prozent und 2,5 Prozent – sowie für die drei Monate davor, diesmal mit angenommenen Werten von –1,2 Prozent und –3 Prozent. Man fährt über mehrere Perioden in dieser Weise fort und trägt schließlich seine Ergebnisse – (3%, 4,1%), (2%, 2,5%), (–1,2%, –3%) und so weiter – auf einem Diagramm ab. In der Regel genügt es, einmal kräftig auf das Diagramm zu schielen, um ein wie auch immer geartetes lineares Verhältnis zwischen den Schwankungen des Gesamtmarkts und denjenigen der Aktie oder des Portfolios zu entdecken. Mithilfe mathematischer Standardmethoden ermittelt man nun die Linie, welche diese Punkte am besten nachzeichnet. Ihr Neigungswinkel (ihre Steigung) stellt das gesuchte Beta dar.

Eine der Schwierigkeiten im Zusammenhang mit Beta besteht darin, dass Unternehmen sich im Zeitablauf verändern können, bisweilen sogar recht schnell. So sind etwa AT&T oder IBM nicht mehr dieselben Firmen, die sie vor zwei Jahren, geschweige denn vor 20 Jahren einmal waren. Warum sollte sich die relative Volatilität, also das Beta eines Unternehmens nicht ändern? Am anderen Ende der Zeitachse besteht ein ähnliches Problem: Bei einer kurzfristigen Betrachtung ist das Beta-Maß oft von sehr begrenztem Nutzwert und schwankt je nach gewähltem Vergleichsindex und betrachtetem Zeitintervall. Eine dritte Schwierigkeit liegt darin, dass zur Berechnung von Beta die Renditen des »Gesamtmarkts« herangezogen werden. Diese gründen jedoch auf einer engen Definition dieses Begriffs, die sich allein auf den Aktienmarkt beschränkt, anstatt auch Anleihen, Immobilien sowie andere Vermögensgegenstände einzubeziehen. Trotz der genannten Einschränkungen erweist sich Beta jedoch bisweilen als nützliches Konzept, solange man es nicht zum Fetisch erhebt.

Vielleicht lässt sich Beta mit der unterschiedlichen emotionalen Reaktions- und Ausdrucksfreudigkeit verschiedener Menschen vergleichen. Manche brechen bei der unbedeutendsten guten Nachricht in Jubelschreie aus und reagieren auf die geringste Härte mit lautem Wehklagen. Am anderen Ende der emotionalen Skala stehen jene, die »Aua« sagen, wenn sie versehentlich ein glühendes Eisen berühren, und sich ein »Oh, prima« abringen, wenn sie einen Sechser im Lotto verbuchen. Die zuerst genannte Gruppe weist ein hohes emotionales Beta auf, die zuletzt genannte ein niedriges. Ein Mensch mit einem Beta von null müsste schon bewusstlos sein, vielleicht nach Einnahme einer Überdosis an Beta-Blockern. Die Hoffnung, menschliches Verhalten prognostizieren zu können, krankt leider an der schlichten Einsicht, dass das emotionale Beta eines Menschen von dem jeweiligen Reiz abhängt, der auf ihn einwirkt. Auf konkrete Beispiele möchte ich an dieser Stelle verzichten, doch genau hier mag die größte Einschränkung des Nutzens von Beta als Maß für die relative Volatilität eines Portfolios oder einer Aktie liegen: Das Beta kann je nach Charakter des auf ein Unternehmen einwirkenden Stimulus schwanken.

Unabhängig von möglichen weiteren Verfeinerungen der Portfoliotheorie bleibt ein wesentlicher Gesichtspunkt unverändert gültig: Portfolios mögen zwar weniger riskant als Einzelaktien sein, risikofrei sind sie jedoch beileibe nicht (wie die Wertentwicklung fondsgebundener Rentenversicherungen in den letzten Jahren bezeugt). Modifiziert man die Varianz- und Kovarianz-Konzepte ein wenig und trifft darüber hinaus einige begründete Annahmen, so kann man zeigen, dass sich dieses Risiko in zwei Arten unterteilen lässt: Auf der einen Seite steht das systematische Risiko, das sich aus den Bewegungen des Gesamtmarkts ableitet, auf der anderen das nichtsystematische Risiko, das aus den jeweiligen in einem Portfolio vertretenen Aktien herrührt. Das zuletzt genannte, nichtsystematische Risiko kann durch eine entsprechende Auswahl von rund 30 Aktien ausgeschaltet oder, wie es in der Finanzsprache heißt, »wegdiversifiziert« werden. Ein nicht reduzierbares oder gar vermeidbares Kernrisiko, das dem Aktienmarkt innewohnt, verbleibt jedoch. Wie hoch dieses Risiko ist, hängt von der Höhe des Beta des eigenen Portfolios ab.

So heißt es zumindest. Zu der obigen Kritik am Beta-Konzept gesellen sich die Schwierigkeiten, die durch den Versuch entstehen, eine nichtlineare Welt in eine lineare Form zu pressen.

8 Mikro, Makro, Mukro – das Chaos beherrschen

Gegen Ende meines WorldCom-Engagements, als ich den täglichen Entwicklungen mit einiger Unruhe entgegenblickte, wachte ich öfters frühmorgens auf, schnappte mir eine Dose Cola light, warf meinen Rechner an und überprüfte, wie sich die Aktie an den Börsen in Frankfurt oder London entwickelte. Während der Computer hochfuhr, wuchs das mulmige Gefühl in meiner Magengrube beständig an. An der Reaktion der europäischen Börsen auf schlechte Nachrichten des Vortages konnte man oft erkennen, in welche Richtung die Wall Street tendieren würde, und mir graute vor dem Anblick einer steil abwärts gerichteten Kurve auf meinem Bildschirm. Oft genug aber bewegte sich der Kurs von WorldCom an den europäischen Aktienmärkten kaum, bis die New Yorker Börse ihre Tore öffnete. Gelegentlich sog ich Hoffnung aus steigenden Kursen jenseits des Atlantiks, nur um bald zu erfahren, dass man den dortigen dünnen Umsätzen nicht allzu viel Bedeutung beimessen sollte.

Alle Marktteilnehmer, ob von einem schlechten Investment verfolgt oder nicht, sind miteinander verbunden. Kein Anleger stellt eine Insel (oder auch nur eine Halbinsel) dar. Mathematisch gesprochen bedeutet dies, dass oft keine statistische Unabhängigkeit besteht; die Handlungen des einen Marktteilnehmers wirken sich auf den anderen aus. Zwar räumen die meisten Beobachter der Finanzmärkte in allgemeiner Form ein, dass die Marktteilnehmer voneinander lernen und aufeinander reagieren. Ein tieferes Verständnis des Börsengeschehens setzt aber voraus, dass die verwendeten Modelle die Vielschichtigkeit widerspiegeln, welche die Interaktionen der Marktteilnehmer prägt. In gewissem Sinne *ist* der Markt die Summe aller Interaktionen – »Stocks R Us«. Bevor wir uns einigen Folgen dieser Vielschichtigkeit zuwenden, wollen wir drei ebenso vielschichtige Ursachen dafür betrachten: eine davon auf der Mikro-, eine weitere auf der Makro- und eine dritte auf der Mukroebene [lateinisch/althochdeutsch »mucro« = Spitze].

In dem Mikrobeispiel geht es um Insiderhandel, ein Vergehen, das ich immer als etwas seltsam empfunden habe. Nur die wenigsten Menschen, von Psychopathen einmal abgesehen, träumen von ihrem nächsten Mord oder Einbruch, doch viele Anleger entwickeln vermutlich wilde Phantasien darüber, wie sie an Insiderinformationen gelangen und einen hübschen Schnitt damit machen. Auch ich selbst habe mir einige Male ausgemalt, plötzlich im Flieger neben Bernie Ebbers und Jack Grubman zu sitzen (einmal vorausgesetzt, beide flögen Economy Class in Linienmaschinen) und ihr Gespräch über einen bevorstehenden Unternehmenszusammenschluss oder Börsengang zu belauschen. Insiderhandel scheint das Höchste zu sein, wonach jeder Anleger und Händler ohnehin strebt: sich so gut wie nur irgend möglich zu informieren und auf diese Informationen zu reagieren, bevor andere erfahren und verstehen, was man selbst erfahren und verstanden hat.

Insiderhandel und unterirdische Informationsverarbeitung

Die Spielart des Insiderhandels, mit der wir uns beschäftigen wollen, weist eine Verbindung zu scheinbar unerklärlichen Kursbewegungen auf. Sie ist zudem mit dem Pokerspiel verwandt, was die Tatsache erklären mag, dass mindestens ein sehr bekannter Hedge-Fonds ein umfangreiches Modul zu diesem Spiel in sein Trainingsprogramm für Nachwuchskräfte integriert hat.

Wer wirklich erfolgreiche Pokerstrategien entwickeln will, muss nicht nur die relevanten Wahrscheinlichkeiten kennen, sondern er muss auch die Kunst des Bluffens beherrschen, die einen absolut notwendigen Bestandteil des Spiels darstellt. Optionshändler haben oft mit einem vergleichsweise kleinen Kreis von Berufskollegen zu tun, die sie vielfach namentlich kennen. Auf diese Weise entstehen zahlreiche Gelegenheiten für Täuschungsmanöver, das Legen falscher Fährten oder die Ausbeutung von Eigenheiten.

Unser Beispiel gründet auf dem in Kapitel 1 vorgestellten Konzept des Allgemeinwissens. Wir erinnern uns, dass eine Information Allgemeinwissen innerhalb einer Gruppe von Menschen darstellt, wenn jedes ihrer Mitglieder sie besitzt und weiß, dass auch die anderen Gruppenmitglieder sie besitzen und diese wiederum wissen, dass man selbst sie besitzt, und so weiter. Robert Aumann, der Begründer dieses Konzepts, hat ein Theorem bewiesen, das sich ungefähr wie folgt umschreiben lässt: Zwei Menschen können nicht auf Dauer beschließen, unterschiedlicher Meinung zu sein. Ihre Überzeugungen, die sich jeweils als rationale Antwort auf unterschiedliche Privatinformationen gebildet haben, verwandeln sich allmählich in Allgemeinwissen, verändern sich dadurch und fallen schließlich zusammen.

Die Umwandlung von Privatinformationen in Allgemeinwissen löst Entscheidungen und Handlungen aus. Wie jeder, der einmal eine typische Unterhaltung von Teenagern mit ihrem Gewebe von Vermutungen verfolgt hat, weiß, vollzieht sich dieser Übergang zu Allgemeinwissen gelegentlich auf der Grundlage von Rückschlüssen hinsichtlich der Überzeugung anderer. Sergiu Hart, Ökonom an der Hebrew University und einer der Forscher, welche die Erkenntnis von Aumann weiterentwickelt haben, belegt dies anhand eines Beispiels, das sich auf die Aktienmärkte anwenden lässt. Dieses Beispiel mag auf den ersten Blick kompliziert wirken, es erfordert aber keine Vorkenntnisse, sieht man einmal von der Fähigkeit ab, aus Klatsch, Hörensagen und Gerüchten auf die echten Überzeugungen anderer zu schließen.

Hart untersucht den Fall eines Unternehmens, das eine Entscheidung zu treffen hat. Um unserem WorldCom-Leitmotiv treu zu bleiben, wollen wir annehmen, dass es sich um ein kleines Telekommunikationsunternehmen handelt, das zwischen der Entwicklung eines neuen tragbaren Kombigeräts oder eines Handys mit einer neuen Funktionalität zu entscheiden hat. Wir unterstellen weiterhin, dass sich das Unternehmen mit einer Wahrscheinlichkeit von jeweils 50 Prozent für die eine oder andere Möglichkeit entscheiden wird, und zudem, dass das gewählte Produkt eine 50-prozentige Erfolgschance besitzt (ein solcher Erfolg wäre beispielsweise bei einer umfangreichen Bestellung eines anderen

Unternehmens gegeben). Somit bestehen vier Szenarien, die mit jeweils gleicher Wahrscheinlichkeit eintreten können: Kombigerät+, Kombigerät–, Handy+ und Handy– (wobei Kombigerät+ bedeutet, dass das Kombigerät zur Entwicklung ausgewählt und zum Erfolg wird; Kombigerät– bezeichnet die Wahl des Kombigeräts, das sich jedoch als Flop entpuppt; Analoges gilt für Handy+ und Handy–).

Nehmen wir nun an, es gäbe zwei einflussreiche Anleger, Alice und Bob. Beide kommen zu dem Schluss, dass sie (zu-)kaufen sollten, sofern die Erfolgschancen dieser Produktentwicklung über 50 Prozent liegen, und (weiter-)verkaufen sollten, falls sie 50 Prozent oder weniger betragen.

Darüber hinaus verfügt jeder von ihnen über eine andere vertrauliche Information in Bezug auf das Unternehmen. Aufgrund ihrer Insiderkontakte weiß Alice, welche Produktentscheidung getroffen wurde, aber nicht, ob das Produkt erfolgreich war oder nicht. Bob, der in einem anderen Unternehmen tätig ist, kann damit rechnen, die durch ein gescheitertes Handyprojekt bedingten »Ausschussartikel« zu erhalten. Er weiß daher, ob das Handy zur Entwicklung ausgewählt wurde und sich als Fehlschlag erwies oder nicht, sprich: ob das Szenario Handy– eingetreten ist oder nicht.

Unterstellen wir einmal, das Unternehmen hätte sich für die Entwicklung des tragbaren Kombigeräts entschieden. Das tatsächliche Szenario lautet daher Kombigerät+ oder Kombigerät–. Alice weiß somit, dass Kombigerät zutrifft, während Bob weiß, dass Handy– ausscheidet (denn anderenfalls hätte er die Ausschussartikel erhalten).

Nach Ablauf der ersten Periode (Woche, Tag oder Stunde) verkauft Alice, da Kombigerät+ und Kombigerät– gleichermaßen wahrscheinlich sind und man bekanntlich verkaufen sollte, wenn die Erfolgswahrscheinlichkeit 50 Prozent oder weniger beträgt. Bob kauft, da seinen Berechnungen zufolge die Erfolgswahrscheinlichkeit 2/3 beträgt. Da Handy– ausscheidet, verbleiben Handy+ sowie Kombigerät+ und Kombigerät– als mögliche Szenarien, und zwei davon sind Erfolgsfälle.

Nach der zweiten Periode hat sich die Erkenntnis, dass die tatsächliche Situation nicht Handy– ist, in Allgemeinwissen verwandelt, da Bob ansonsten in der ersten Periode verkauft hätte. Alice weiß dies bereits, und sie verkauft weiter. Bob tätigt erneute Zukäufe.

Nach Ablauf der dritten Periode hat sich die Erkenntnis, dass Handy insgesamt ausscheidet, in Allgemeinwissen verwandelt, da Alice anderenfalls in der zweiten Periode gekauft hätte. Das wirkliche Szenario lautet somit entweder Kombigerät+ oder Kombigerät–. Sowohl Alice als auch Bob rechnen mit einer Erfolgswahrscheinlichkeit von 50 Prozent und verkaufen daher, woraufhin die Aktie einen Mini-Crash erleidet. (Die Verkaufsentscheidung beider einflussreicher Investoren löst eine allgemeine Verkaufswelle aus.)

Man beachte, dass zu Beginn sowohl Alice als auch Bob wissen, dass das wirkliche Szenario nicht Handy– lautet, doch dabei handelt es sich um geteiltes und nicht um Allgemeinwissen. Alice weiß, dass Bob über das Ausscheiden von Handy– informiert ist, doch Bob weiß nicht, dass diese Tatsache Alice bewusst ist. Aus seiner Sicht könnte das tatsächliche Szenario Handy+ lauten, in welchem Fall Alice zwar wüsste, dass Handy korrekt ist, aber nicht, ob Handy+ oder Handy– zutrifft.

Das Beispiel ließe sich in mehrfacher Hinsicht variieren: Bis zum Crash könnten nicht nur drei, sondern eine beliebige Anzahl von Perioden vergehen; anstelle eines Crashs könnte es zu einer Kursrallye kommen (da Verkäufer plötzlich zu Käufern mutieren); anstatt zweier Anleger oder Investorengruppen könnten beliebig viele am Markt auftreten; schließlich könnte eine andere Frage als diejenige eines Kaufs oder Verkaufs zur Entscheidung anstehen, etwa welche von zwei alternativen Methoden zur Aktienauswahl angewandt werden soll.

In all diesen Fällen kann eine stärkere Kursbewegung eintreten, ohne dass eine externe Nachricht als Auslöser gewirkt hätte. Vielmehr führt die unterirdische Informationsverarbeitung, die Allgemeinwissen innerhalb der Anlegerschaft erzeugt, irgendwann zu jähen und unvorhergesehenen Kursbewegungen einer Aktie. Die Analysten werden angesichts des Crashs (oder Kursfeuerwerks) ihr Erstaunen äußern, da ja »nichts passiert« sei.

Dieses Beispiel lässt sich auch auf eine bestimmte Form des Insiderhandels beziehen, die ich für relativ verbreitet halte. Dabei sind »partielle Insider« mit bestimmten Insider-Informationen vertraut, nicht jedoch mit dem vollständigen Sachverhalt.

Anlagestrategien, Launen und ameisenhaftes Verhalten

Eine eher auf der Makroebene angesiedelte Wechselbeziehung, die ebenfalls regelmäßig ihren Beitrag zu Börsenrallyes und -crashs leistet, besteht zwischen Anhängern der technischen Analyse und Value-Investoren. Sie geht deutlich aus Computermodellen hervor, welche die folgende realistische Dynamik aufweisen.

Wir unterstellen zunächst, dass Value-Investoren einzelne Aktien oder den Gesamtmarkt als deutlich unterbewertet erachten. Sie kaufen daher und lösen dadurch einen Kursanstieg aus. Dieser Kursanstieg begründet einen Trend, dem technisch orientierte Anleger, wie es ihre Gewohnheit ist, folgen. Die Kurse ziehen damit weiter an. Nach einiger Zeit betrachten die Value-Investoren den Markt als überbewertet und beginnen mit ersten Verkäufen, wodurch sich der Trend langsam, aber sicher umkehrt. Die technisch orientierten Anleger folgen nach einer Weile dem veränderten Trend, und der Zyklus beginnt von neuem. Natürlich hängt sein genauer Verlauf unter anderem von dem quantitativen Verhältnis beider Gruppen ab und wird nicht die Form einer gleichförmigen Trendkurve aufweisen.

Die Hauptaussage dieses Modells lautet, dass antizyklisch handelnde Value-Investoren den Markt stabilisieren, während technisch orientierte Anleger seine Volatilität erhöhen. Letzteres gilt ebenso für computergesteuerte Handelsprogramme, die in der Regel dazu führen, dass unzählige Kauf- oder Verkaufsaufträge gleichzeitig den Markt überfluten. Zwischen weiteren Gruppen von Anlegern bestehen andere Wechselbeziehungen, die zu Zyklen unterschiedlicher Dauer führen, wobei diese sich wiederum unterschiedlich auf die anderen Zyklen auswirken, welche sie jeweils überlagern.

Über diese mehr oder weniger rationalen Wechselbeziehungen hinaus wirken allerdings Kräfte auf den Markt, die von wenig mehr als einer Laune abhängen; Fälle, wo ein Mukro genügt, um das Verhalten vollständig umzukehren. Immer wieder passiert es mir beispielsweise, dass ich gerade lustlos mit der Arbeit an einem ungeliebten Projekt beginne und mir ein unwesentliches Detail einer vollständig irrelevanten Angelegenheit in den Sinn kommt – sei es, dass ich über die Herkunft eines Wortes sinniere, an einen Kollegen denke, dessen Papiertüte während einer Institutsversammlung aufriss und ein zwielichtiges Magazin zum Vorschein brachte, oder überlege, warum mein Rufnummernerkennungsprogramm wohl die Telefonnummer eines Freundes nicht erkannt hat. Diese Gedanken führen wiederum zur nächsten Assoziationskette und zu neuen Überlegungen, sodass ich schließlich bei einem vollkommen anderen Projekt landete. Mein beim Durchstöbern der Buchhandlung Borders spontan gefasster Entschluss, meinem ersten Margin-Call auf WorldCom Folge zu leisten, kann als weiteres Beispiel dienen.

Befällt diese Sprunghaftigkeit allerdings namhafte Analysten, so wirkt sie sich deutlich stärker aus. Im November 2002 berichtete die *New York Times* über einen entsprechenden Fall, der den Telekommunikationsanalysten und besorgten Vater Jack Grubman betraf. Angeblich hatte Grubman einem Freund in einer E-Mail mitgeteilt, dass sein oberster Vorgesetzter, der Citigroup-Chairman Sanford Weill, als Dank für ein verbessertes Rating der AT&T-Aktie im Jahre 1999 seinen (Grubmans) Kindern den Weg in einen exklusiven Kindergarten geebnet habe. Die Verfasserin des Artikels, Gretchen Morgenson, berichtete weiter, Weill habe seine eigenen, sehr persönlichen Gründe für den Wunsch gehabt, das Rating zu erhöhen. Ob diese besonderen Vorwürfe zutreffen oder nicht, ist unerheblich; es fällt jedoch schwer zu glauben, dass es sich bei dieser Art von Einflussnahme tatsächlich um Einzelfälle handelt.

Episoden dieser Art erwecken in mir den starken Verdacht, dass es niemals eine exakte Finanz- oder Wirtschaftswissenschaft geben wird. Dem Kauf- und Verkaufsverhalten müssen zumindest gelegentlich Unwägbarkeiten ähnlichen Typs anhaften. Der britische Wirtschaftstheoretiker Paul Ormerod wirft in seinem Buch *Butterfly Economics* den genannten Disziplinen vor, die einleuchtende Tatsache, dass sowohl kluge wie auch unkluge Menschen sich gegenseitig beeinflussten, nicht ausreichend zu berücksichtigen.

Wie wir in Kapitel 2 gesehen haben, verfügen Menschen keineswegs über festgelegte Präferenzen, auf deren Grundlage sie kühlen Kopfes und rational ihre wirtschaftlichen Entscheidungen treffen. Die Annahme, dass Investoren nur auf Kurse und ein paar Variablen reagieren, erleichtert die mathematische Modellierung, deckt sich aber nicht mit unserer täglichen Beobachtung, dass Moden, vorübergehende Launen und das typische Nachäffen des Verhaltens anderer eine Rolle spielen.

Ormerod beschreibt ein Experiment, das zwar nicht von Affen, sondern von Ameisen handelt, aber dennoch eine nützliche Metapher bereithält. Dabei werden in gleicher Entfernung eines Ameisennestes zwei identische Nahrungsquellen aufgestellt. Jede Quelle wird automatisch wieder aufgefüllt, sodass für die Ameisen keinerlei Grund besteht, die eine oder andere zu bevorzugen. Von Insektenforschern wissen wir, dass eine Ameise, die eine Nahrungsquelle entdeckt, in der Regel dorthin zurückkehrt. Bei ihrer Rückkehr ins Nest sondert sie einen chemischen Lockstoff ab, der andere Ameisen, die womöglich die zweite Nahrungsquelle besuchen, dazu anregen soll, sie zur ersten Quelle zu begleiten.

Für welche der beiden Quellen entscheiden sich nun die Ameisen? Man könnte vermuten, dass sie sich entweder in zwei ungefähr gleich große Gruppen aufteilen oder vielleicht die große Mehrzahl sich willkürlich für eine der Quellen entscheidet. Das tatsächliche Verhalten der Ameisen überrascht: Die Zahl der Besucher beider Nahrungsquellen schwankt erheblich und pendelt sich auch nach längerer Zeit nicht ein. Ein Diagramm dieser Schwankungen ähnelt verdächtig den Kursbewegungen einer Aktie.

Und in gewisser Weise sind die Ameisen mit Anlegern vergleichbar (oder auch mit Leuten, die überlegen, ob sie einem Margin-Call folgen sollen oder nicht). Beim Verlassen des Nests hat jede Ameise eine Entscheidung zu treffen: Soll sie zur bisherigen Nahrungsquelle zurückkehren, sich dazu überreden lassen, die andere Quelle aufzusuchen, oder die Quelle aus eigenem Entschluss heraus wechseln? Diese leichte Offenheit gegenüber der Beeinflussung durch andere Ameisen genügt, um die komplizierten und volatilen Schwankungen zwischen den Besucherzahlen beider Nahrungsquellen hervorzurufen.

Ein erstaunlich einfaches formales Modell einer derartigen Beeinflussung liefert der Physiker und Computerwissenschaftler Stephen Wolfram in seinem Buch *A New Kind of Science*: Stellen Sie sich eine riesige Backsteinmauer vor, bei der jeder Ziegel auf Teilen zweier anderer, unter ihm liegender Ziegel ruht und (abgesehen von der obersten Reihe) selbst als Stütze für Teile zwei weiterer Ziegel dient. Die oberste

Ziegelreihe besteht aus roten und grünen Ziegeln, deren jeweilige Farbe sich wie folgt auf die darunter liegenden Ziegel auswirkt: Ist genau einer der beiden Ziegel, die auf einem Ziegel der zweiten Reihe ruhen, grün, so ist dieser selbst grün. Sind beide oberen Ziegel oder keiner von ihnen grün, so ist der betreffende Ziegel aus der zweiten Reihe rot.

Die Farbe der Ziegel in der zweiten Reihe bestimmt wiederum nach den gleichen Regeln die Farbe derjenigen in der dritten Reihe und so weiter bis zum Fuß der Mauer. Das ist alles.

Wenn wir nun eine Ziegelreihe als Gruppe von Anlegern zu einem gegebenen Zeitpunkt interpretieren, wobei die grünen Ziegel Käufer und die roten Verkäufer darstellen, so spiegelt die wechselnde farbliche Zusammensetzung der Ziegelreihen die plötzlichen Stimmungsschwankungen an der Börse wider. Sei P die Differenz zwischen der Anzahl der grünen und derjenigen der roten Ziegel, so lässt sich P als grobe Analogie zum Kurs einer Aktie begreifen. Tragen wir diesen Wert auf einem Diagramm ab, so erkennen wir eine willkürlich erscheinende Schwankung.

Man kann das Modell stärker an die Realität anpassen, doch auffälligerweise haftet selbst dieser abgespeckten Version, ebenso wie dem Verhalten der Ameisen, eine Art intern erzeugte Zufälligkeit an. Dies deutet darauf hin, dass die Schwankungen der Aktienkurse *teilweise* intern erzeugt werden und keine Reaktion auf irgendwelche externen Einflüsse, sondern lediglich auf die Handlungen anderer Anleger darstellen. Die hier dargestellte Hauptthese des Buchs von Wolfram lautet, dass komplexes Verhalten aus einer Wechselbeziehung erwachsen kann, die sehr einfachen Regeln folgt.

Chaos und Unberechenbarkeit

Welchen Anteil haben private Informationen, Anlagestrategien und reine Launen an der Entwicklung der Börsenkurse? Wie stark wirken sich konventionelle Wirtschaftsnachrichten (Zinssätze, Haushaltsdefizite, Bilanzierungsskandale und Handelsbilanzen), gängige kulturelle Modeerscheinungen (im Sport, Kino und in der Bekleidungsmode) sowie einschlägige politische und militärische Ereignisse, die sich aufgrund ihrer Verschiedenheit kaum in Kategorien pressen lassen, auf das Börsengeschehen aus? Eine sorgfältige Definition dieses Problems würde vermutlich zeigen, dass es sich um ein in der Mathematik so bezeichnetes Universalproblem handelt, dessen vollständige Lösung unmittelbar zur Lösung einer großen Zahl von weiteren Problemen führen würde. Mit anderen Worten: Eine schwierigere sozialwissenschaftliche Prognose ist kaum denkbar.

Mit Sicherheit wird den komplizierten Verflechtungen, die zwischen diesen Variablen bestehen, zu wenig Beachtung geschenkt. Das gilt sogar für die vergleichsweise eindeutig bestimmten wirtschaftlichen Kennzahlen. So wirkt sich beispielsweise das Zinsniveau auf die Arbeitslosenzahlen aus; Haushaltsdefizite beeinflussen Handelsbilanzdefizite, die sich wiederum auf die Zinsen und die Wechselkurse auswirken; betrügerische Praktiken in der Geschäftswelt untergraben das Verbrauchervertrauen, was die Stimmung an der Börse eintrüben und weitere Kennzahlen belasten kann; verschiedene natürliche Konjunkturzyklen unterschiedlicher Dauer überlagern sich; die Zunahme einer Größe oder der Anstieg eines Index wirken sich positiv oder negativ auf das Verhalten einer anderen Größe beziehungsweise eines anderen Index aus, dessen oder deren Veränderung selbst wiederum das Verhalten der ersten Größe/des ersten Index beeinflusst.

Nur wenige dieser Wechselbeziehungen lassen sich mithilfe einer Geraden darstellen, was den Mathematiker an nichtlineare Dynamik denken lässt, ein Konzept, das als Chaostheorie bekannt wurde. Dabei geht es nicht um anarchistische Abhandlungen oder um surrealistische Manifeste, sondern um das Verhalten so genannter nichtlinearer Systeme. Für unsere Zwecke genügt es, darunter jede Ansammlung von Einzelfaktoren zu verstehen, deren Wechselwirkungen und -beziehungen sich durch nichtlineare Regeln und Gleichungen darstellen lassen.

Dies bedeutet, dass die Elemente dieser Gleichungen miteinander multipliziert werden können, sich in Potenzen umwandeln lassen und so weiter. Die Bestandteile des Systems sind daher nicht unbedingt proportional miteinander verknüpft, wie es beispielsweise bei einer Personenwaage oder einem Thermometer der Fall ist. Verdoppelt sich das Gewicht des einen Faktors, wird sich das Gewicht des anderen daher nicht ebenfalls verdoppeln, und ebenso verhalten sich die Ausgangswerte oder -größen nicht proportional zu den Eingangswerten oder -größen. Es kann nicht verwundern, dass der Versuch, das langfristige Verhalten derartiger Systeme exakt zu prognostizieren, oft zum Scheitern verurteilt ist.

Anstelle einer technischen Definition solcher linearen Systeme möchte ich Ihnen ein physisches Beispiel präsentieren. Stellen Sie sich einen Billardtisch vor, auf dessen Spielfläche 25 runde Hindernisse willkürlich verteilt und fest verankert wurden. Wir engagieren nun den besten Billardspieler, den wir finden können, und bitten ihn, die Spielkugel auf eine bestimmte Stelle des Spieltisches zu legen und von dort auf eines der runden Hindernisse zu zielen. Nachdem dies geschehen ist, möge er mit einer zweiten Kugel von derselben Stelle aus den vorigen Stoß exakt wiederholen. Selbst wenn der Winkel seines zweiten Stoßes nur um den Bruchteil eines Grades von dem ersten abweicht, weisen beide Kugeln schon bald erheblich unterschiedliche Zugbahnen auf. Eine unendlich kleine Abweichung des Stoßwinkels wird von den nachfolgenden Berührungen mit den Hindernissen vielfach verstärkt. Bald wird eine der Kugeln an ein Hindernis stoßen, das die andere Kugel vollständig verfehlt, womit sämtliche Ähnlichkeit der beiden Zugbahnen endet.

Die Empfindlichkeit der Bahnen der Billardkugeln gegenüber kleinsten Veränderungen ihrer ursprünglichen Winkel ist typisch für nichtlineare Systeme. Die Abweichung der Laufbahnen ist den unverhältnismäßig großen Auswirkungen scheinbar belangloser Ereignisse nicht unähnlich – den verpassten Fliegern, glücklichen Begegnungen und seltsamen Fehlern und Ereignisketten, die unser Leben formen und in neue Richtungen lenken.

Diese sensible Reaktion nichtlinearer Systeme auch auf kleinste Veränderungen ist, wie schon gesagt, für verschiedene Aspekte der Aktienmärkte von Bedeutung. Sie erklärt insbesondere die bisweilen überproportional starken Ausschläge von Aktienkursen infolge scheinbar kleiner Reize wie etwa der Nachricht, dass der Gewinn pro Aktie die Erwartungen um einen Cent verfehlt hat. Gelegentlich fallen die Abweichungen natürlich weit deutlicher aus, etwa zwischen regierungsamtlichen Prognosen zur Höhe von Haushaltsüberschüssen oder den in Unternehmensbilanzen ausgewiesenen Gewinnen und den »echten« Zahlen.

Auch Aspekte des Anlegerverhaltens lassen sich zweifellos besser mithilfe eines nichtlinearen als mithilfe eines linearen Systems modellieren. Dies gilt, obwohl lineare Systeme weitaus robuster sind, da kleine Veränderungen der Ausgangsvariablen das Endergebnis hier nur unwesentlich beeinflussen. Lineare Systeme lassen sich mathematisch zudem leichter prognostizieren, was erklärt, weshalb sie – unabhängig von ihrer jeweiligen Angemessenheit – so gerne eingesetzt werden. Dies erinnert an den alten Witz von dem Ökonomen, der seine verlorenen Autoschlüssel unter der Straßenlampe sucht. »Du hast sie wahrscheinlich in der Nähe deines Wagens verloren«, wendet sein Begleiter ein. »Ich weiß, aber das Licht ist hier vorne besser.«

Die sensible Abhängigkeit nichtlinearer Systeme wird oft als »Schmetterlingseffekt« bezeichnet, eine Eigenschaft, die in Phänomenen von der Wasserströmung und dem Herzkammerflimmern bis zu Epilepsie und Preisschwankungen festgestellt wurde. Die Bezeichnung entspringt der Vorstellung, dass der Flügelschlag eines Schmetterlings irgendwo in Südamerika genügen könnte, um das zukünftige Klima zu beeinflussen, wodurch beispielsweise ein Tornado in Oklahoma ausgelöst werden könnte, der sich ansonsten nicht ereignet hätte. Dieser Effekt erklärt auch, warum es im Allgemeinen unmöglich ist, die langfristige Entwicklung nichtlinearer Systeme präzise vorherzusagen. Diese Unberechenbarkeit beruht nicht auf Zufälligkeit, sondern auf einer Komplexität, welche die Grenzen des Fassbaren übersteigt.

Ein weiterer Grund für die Annahme, dass bestimmte Aspekte des Börsengeschehens am ehesten durch nichtlineare Systeme modelliert werden können, liegt darin, dass die »Flugbahnen« derartiger Systeme oft einen fraktalen Verlauf aufweisen. Diese Flugbahnen, als deren Analogie man den Verlauf von Aktienkursen ansehen kann, erweisen sich als nichtperiodisch und unberechenbar und erscheinen umso verworrener, je näher man sie betrachtet. Bei sehr genauer Betrachtung werden kleinere Wirbel und andere Unregelmäßigkeiten sichtbar.

Im Allgemeinen sind Fraktale Kurven, Oberflächen oder mehrdimensionale Objekte, die bei zunehmender Vergrößerung einen immer höheren Grad an Komplexität aufweisen, deren Charakter sich dabei jedoch nicht verändert. Ein klassisches Beispiel eines Fraktals ist eine Küstenlinie, die unabhängig von dem gewählten Maßstab einen charakteristischen zerklüfteten Verlauf aufweist – ein immerwährendes Bild, gleich ob wir mithilfe von Satellitenbildern den gesamten Küstenverlauf skizzieren, einen kleinen Ausschnitt der Küstenlinie kartografisch darstellen oder einige wenige Zentimeter unter der Lupe betrachten. Die Oberfläche eines Berges, aus einer Höhe von 60 Metern betrachtet, unterscheidet sich nur unwesentlich von der Perspektive eines Insekts. Die Verzweigungen eines Baumes sehen für Menschen genauso aus wie für Vögel oder selbst für Würmer oder Pilze, wenn wir von dem einschränkenden Idealfall einer unbegrenzten Verzweigung ausgehen.

Von dem Entdecker der Fraktale, Benoît Mandelbrot, stammt das folgende berühmte Zitat: »Wolken sind keine Kugeln, Berge keine Kegel, Küstenlinien keine Kreise. Die Rinde ist nicht glatt – und auch der Blitz bahnt sich seinen Weg nicht gerade.« Diese und viele andere Formen in der Natur sind ihrem Wesen nach einem Fraktal ähnlich; sie weisen nahezu unabhängig von dem gewählten Maßstab charakteristische Zickzackformen und einen Wechsel von Druck- und Zugbewegungen sowie von Ausstülpungen und Vertiefungen auf, wobei sich bei zunehmender Vergrößerung ähnliche, aber komplexere Verschlingungen zeigen.

Welches Fazit ergibt sich daraus für die Aktienmärkte? Betrachtet man die beiden möglichen Grundmuster einer Kursbewegung, aufwärts-abwärts-aufwärts sowie abwärts-aufwärts-abwärts, ersetzt deren drei Bestandteile sukzessive und willkürlich durch immer kleinere Ausgaben eines dieser beiden Muster und modifiziert schließlich deren Ausschläge, um eine veränderte Volatilität der Aktie widerzuspiegeln, so erhält man das, was Mandelbrot als multifraktale »Fälschungen« bezeichnet hat: Es sind Kursmuster, die sich rein äußerlich nicht von echten Kursbewegungen unterscheiden lassen. Konventionellere Annahmen hinsichtlich der Kursbewegungen von Aktien, wie sie beispielsweise ein strikter Anhänger der Random-Walk-Theorie treffen würde, führen dagegen zu Mustern, die sich merklich von echten Kursbewegungen unterscheiden.

Bislang tragen diese multifraktalen Muster lediglich beschreibenden Charakter, sie lassen sich nicht zur Prognose einzelner Kursverläufe heranziehen. In ihrer Bescheidenheit sowie in ihrer mathematischen

Ausgereiftheit heben sie sich von den in Kapitel 3 erwähnten Elliott-Wellen ab.

Selbst dies beweist noch nicht, dass der Aktienmarkt (oder ein Teil desselben) vom Chaos (im mathematischen Sinne) regiert wird, aber es ist sicher mehr als nur ein kleines Indiz für die Richtigkeit dieser Vermutung. Traditionellen finanzwirtschaftlichen Theorien gelingt es jedenfalls nicht, die gelegentlichen Volatilitätsspitzen der Märkte hinreichend zu erklären. Mandelbrot vergleicht sie daher mit »Theorien über Meereswellen, denen es verboten ist, auf eine Höhe von mehr als sechs Fuß anzuschwellen«.

Extreme Kursschwankungen, Potenzgesetze und das Internet

Menschen sind soziale Wesen. Alle von uns sind in irgendeiner Weise miteinander verbunden, manche in stärkerer Weise als andere. Dies gilt besonders für Finanzangelegenheiten. Anleger handeln nicht nur auf der Grundlage vergleichsweise objektiver wirtschaftlicher Überlegungen, sondern reagieren auch in unterschiedlichem Maße auf Äußerungen nationaler und internationaler Regierungs- und Notenbankchefs (mit Sicherheit auf solche aus dem Munde Herrn Greenspans), die Entwicklung des Verbrauchervertrauens, Analysten-Ratings (Bah!), Berichte in der Tages- und Finanzpresse mit ihren typischen Verzerrungen, Börsenbriefe, das Verhalten von Fonds und institutioneller Anleger sowie auf die Stimmungen von Freunden, Kollegen und natürlich des viel belächelten Schwagers.

Die Verbindung zwischen Kursschwankungen und den vielfältigen Reaktionen und Wechselbeziehungen der Anlegergemeinschaft scheint mir darauf hinzudeuten, dass Kommunikationsnetzwerke, Verbundenheitsgrade und das so genannte Kleine-Welt-Phänomen (»Oh, sicherlich kennst Du den Botox-Spezialisten der dritten Ehefrau meines Onkels Paul«) zum Verständnis des Börsengeschehens beitragen können.

Zunächst das konventionelle Szenario: Bewegungen einer Aktie oder eines Index während eines kleinen Zeitintervalls fallen in der Regel leicht positiv oder negativ, seltener stark positiv oder negativ aus. In der überwiegenden Zahl der Fälle steigt oder sinkt der Kurs um einen Wert zwischen 0 Prozent und 1 Prozent, seltener liegt die Kursveränderung zwischen 1 Prozent und 2 Prozent, und nur in ganz wenigen Fällen übersteigt sie beispielsweise die Marke von 10 Prozent. Im Allgemeinen lassen sich die Kursbewegungen mit einer normalen Glockenkurve beschreiben. Die wahrscheinlichste Veränderung über ein kurzes Zeitintervall liegt vermutlich knapp im positiven Bereich, was den langfristigen (und zuletzt unsichtbaren) Aufwärtstrend der Börse widerspiegelt, aber dennoch treten extreme Kursbewegungen nach oben oder unten nur äußerst selten auf.

Seit einiger Zeit (genauer: seit Mandelbrots diesbezüglichen Erläuterungen) ist jedoch bekannt, dass Extrembewegungen weniger selten auftreten, als es die Normalverteilungskurve erwarten lässt. Misst man beispielsweise die Preisveränderungen eines Rohstoffes während einer Vielzahl kleiner Zeitintervalle und trägt die Ergebnisse dieser Messungen auf einem Histogramm ab, so stellt man fest, dass die Kurve zum Gipfelpunkt hin einen weitgehend normalen Verlauf aufweist, jedoch offensichtlich breitere »Schwänze« als die Normalverteilung besitzt. Dies weist darauf hin, dass ein Crash oder ein Kursfeuerwerk einer Einzelaktie, eines Index oder des Gesamtmarkts weniger unwahrscheinlich sind, als viele es gerne hätten. Es spricht tatsächlich einiges dafür, dass sehr kräftige Kursbewegungen sich besser mithilfe eines so genannten Potenzgesetzes (Näheres dazu in Kürze) als durch die »Schwänze« der Normalverteilungskurve beschreiben lassen.

Eine unorthodoxe Annäherung an entsprechende Hinweise ermöglichen die Konzepte der Verbundenheit und der Netzwerke. Jeder von uns hat schon einmal erlebt, wie ein anderer sich überaus erstaunt darüber zeigte, weitab der Heimat einen Bekannten getroffen zu haben. (Was mich vielmehr verblüfft, ist die Tatsache, dass man immer wieder darüber erstaunt sein kann.) Die meisten US-Amerikaner haben im Übrigen davon gehört, dass angeblich jeder von ihnen mit jedem anderen verwandt sei, wobei die verwandtschaftliche Distanz maximal bis zum sechsten Grade reiche. (Unter vernünftigen Annahmen sind zwei beliebige Amerikaner im Durchschnitt lediglich durch zwei Verbindungsglieder getrennt, die man jedoch in der Regel nicht kennt.) Eine andere beliebte Variante dieser Idee handelt von der Zahl der filmischen Verbindungen zwischen zwei Filmschauspielern, etwa zwischen Marlon Brando und Christina Ricci oder zwischen Kevin Bacon und einem beliebigen anderen Schauspieler. Wenn A und B gemeinsam in Film X auftraten sowie B und C gemeinsam in Film Y, dann sind A und C über diese beiden Filme verbunden.

Auch wenn sie Kevin Bacon und seine Filme womöglich nicht kennen, sind die meisten Mathematiker mit Paul Erdös und seinen Theoremen vertraut. Erdös, ein produktiver und umtriebiger ungarischer Mathematiker, verfasste während seines langen Lebens Hunderte von Artikeln, in denen er eine Vielzahl mathematischer Themenfelder abhandelte. Viele dieser Artikel schrieb er gemeinsam mit Koautoren, denen man daher die Erdös-Zahl 1 zuweist. Mathematiker, die gemeinsame Artikel mit Inhabern der Erdös-Zahl 1 verfasst haben, besitzen die Erdös-Zahl 2 und so weiter.

Überlegungen zu derartigen informellen Netzwerken führen auf natürliche Weise zum Netzwerk aller Netzwerke, dem Internet, und zu der Suche nach Möglichkeiten, seine Struktur, Form und seinen »Durchmesser« zu analysieren. Wie sind beispielsweise die nahezu eine Milliarde Webseiten miteinander verbunden? Was macht eine gute Suchstrategie aus? Wie viele Links enthält eine durchschnittliche Webseite? Welche Verteilung weist die Größe von Dokumentseiten auf? Gibt es viele Seiten mit – sagen wir – mehr als 1 000 Links? Und schließlich die vielleicht faszinierendste Frage: Wie viele Mausklicks benötigt man durchschnittlich, um von einer willkürlich ausgewählten Seite zu einer anderen zu gelangen?

Die vor einigen Jahren veröffentlichten Forschungsergebnisse des Physikprofessors an der Universität von Notre Dame Albert-Laszló Barabasi und zwei seiner Mitstreiter, Réka Albert und Hawoong Jeong, deuten stark darauf hin, dass das Internet weiter wächst und sich Webseiten auf eine recht kollektive Art verlinken. Dies erklärt unter anderem die erstaunlich hohe Zahl von sehr beliebten Dokumenten. Die zunehmende Anzahl von Webseiten und das »Herdenverhalten« vieler Seiten, die alle auf dieselben populären Adressen verweisen, wodurch verhältnismäßig viele Seiten zu dem gleichen Verhalten animiert werden, führen zu dem, was als Potenzgesetz bezeichnet wird.

Barabasi, Albert und Jeong wiesen nach, dass die Wahrscheinlichkeit für ein Dokument, k Links aufzuweisen, etwa $1:k^3$ beträgt, das heißt, sie ist umgekehrt proportional zur dritten Potenz von k. (Ich habe hier gerundet; der von dem Modell errechnete Exponent beträgt tatsächlich 2,9.) Dies bedeutet beispielsweise, dass rund ein Achtel so viele Dokumente mit 20 Links wie solche mit 10 Links existieren, da $1:20^3$ einem Achtel von $1:10^3$ entspricht. Die Zahl der Dokumente mit k Links nimmt also mit steigendem k rapide ab, doch nicht annähernd so schnell, wie es die Glockenkurve erwarten ließe. Dies erklärt, weshalb die Potenzgesetzverteilung breitere »Schwänze« als die Normalverteilung aufweist, Extremwerte für k dort also häufiger auftreten als in Letzterer.

Die für das Internet charakteristischen Potenzgesetze (auch als Skalengesetze oder als Pareto-Gesetze bezeichnet), scheinen auch viele weitere komplexe Systeme zu beschreiben, die von ihrem Aufbau her eine sprunghafte Reaktionsbereitschaft zeigen. Der Physiker Per Bak, der solche Systeme ausführlich erforscht hat, spürt in seinem Buch *How Nature Works* Behauptungen nach, denen zufolge derartige $1:k^m$-Gesetze (wobei der Exponent m für diverse Größen steht) für viele biologische, geologische, musikalische und wirtschaftliche Prozesse typisch seien und in einer großen Bandbreite komplexer Systeme aufträten. Selbst Verkehrsstaus, um ein völlig anderes, scheinbar unverwandtes Gebiet zu nennen, gehorchten demnach offensichtlich einem Potenzgesetz, wobei Staus, in denen k Autos verwickelt seien, mit einer Wahrscheinlichkeit von rund $1:k^m$ aufträten (bei passend gewähltem m).

Selbst in der Linguistik gilt ein Potenzgesetz. So lautet das am meisten verwendete englische Wort »the« und erhält in der Rangfolge die Rangzahl 1; die Wörter »of«, »and« und »to« belegen die Rangzahlen 2, 3 und 4. Das Wort »Chrysanthemum« nimmt dagegen einen deutlich tieferen Rang ein. Das Zipfsche Gesetz setzt die Häufigkeit, in der ein Wort in der geschriebenen Sprache auftritt, zu seiner Rangzahl k ins Verhältnis und besagt, dass diese Häufigkeit dem Wert $1:k^1$ entspricht, sich also umgekehrt proportional zur ersten Potenz von k verhält. (Auch hier habe ich wieder gerundet; die Potenz von k beträgt ungefähr, aber nicht exakt 1.) Ein relativ ungewöhnliches Wort, das die Rangzahl 10 000 belegt, wird daher immerhin noch mit einer Häufigkeit von rund

1 : 10 000 auftreten und keineswegs so gut wie nie, was der Fall wäre, wenn die Häufigkeit des Auftretens von Wörtern durch den Schwanz einer Normalverteilung beschrieben würde. Auch die Einwohnerzahl von Städten folgt einem Potenzgesetz, wobei das k nahe 1 liegt, was bedeutet, dass die Einwohnerzahl einer Stadt mit k-tem Rang (also der größten, zweitgrößten, drittgrößten Stadt und so weiter) sich proportional zu 1 : k verhält.

Eine der faszinierendsten Folgen des Modells von Barabasi, Albert und Jeong besteht darin, dass das Internet aufgrund der Potenzgesetzverteilung der Links zu und von Webseiten (der Knotenpunkte des Netzwerks) einen Durchmesser von nur 19 Mausklicks aufweist. Diese Formulierung drückt die Erkenntnis der Autoren aus, dass man mit ungefähr 19 Mausklicks von einer willkürlich ausgewählten Webseite zu einer anderen gelangen kann – weit schneller als vermutet. Vergleicht man andererseits die Zahl 19 mit der weitaus geringeren Anzahl an Verbindungsgliedern zwischen zwei willkürlich ausgewählten Personen, so könnte man fragen, warum der Durchmesser eigentlich so groß ist. Die Antwort lautet, dass eine durchschnittliche Webseite lediglich sieben Links enthält, während ein durchschnittlicher Mensch Hunderte anderer Menschen kennt.

Obwohl das Internet allen Prognosen zufolge in den nächsten Jahren um eine Potenz von 10 wachsen wird, dürfte sein Durchmesser voraussichtlich nur um einige Mausklicks anwachsen: von 19 auf 21. Aus den obigen Annahmen hinsichtlich des Wachstums und der Neigung zur Verlinkung auf populäre Webseiten lässt sich folgern, dass der Durchmesser D des Internets einem logarithmischen Gesetz folgt, wobei D einen Wert von $2\log(N)$ leicht übersteigt; N stellt hier die Anzahl von Webseiten dar, die zum jetzigen Zeitpunkt bekanntlich bei rund einer Milliarde liegt.

Sollte das Barabasi-Modell stichhaltig sein (was weitere Forschungen erweisen müssen), so ist das Internet keineswegs so unüberschaubar und undurchdringlich, wie es oft den Anschein hat. Seine Dokumente sind weitaus enger miteinander verknüpft, als sie es wären, wenn die Wahrscheinlichkeit, dass ein Dokument k Links enthält, einer Normalverteilung unterläge.

Welcher Zusammenhang besteht zwischen Potenzgesetzen, Netzwerken und Durchmessern auf der einen Seite sowie extremen Kursbewegungen auf der anderen? Die Antwort lautet, dass Anleger, Unternehmen, offene Investmentfonds, Brokerhäuser, Analysten und die Medien durch ein großes, vage definiertes Netzwerk miteinander verknüpft sind, dessen Knotenpunkte die mit ihnen verbundenen anderen Knotenpunkte beeinflussen. Es ist wahrscheinlich, dass dieses Netzwerk enger gewebt ist und mehr äußerst populäre (und somit sehr einflussreiche) Knotenpunkte besitzt, als den meisten Menschen bewusst ist. In der Regel bleibt dies ohne Auswirkungen, sodass die von den *unabhängigen* Zickzackbewegungen zahlloser Anleger ausgelösten Kursschwankungen einer Normalverteilung folgen.

Bei hohen Umsätzen jedoch werden die Entscheidungen der Anleger stark davon beeinflusst, dass die Stimmungen vergleichsweise weniger populärer Knotenpunkte – etwa von Investmentfonds, Analysten oder der Finanzpresse – auf eine gemeinsame Bahn einschwenken, und ein solcher Gleichklang kann extreme Kursbewegungen auslösen. (Während des Kursrutsches an der Nasdaq war WorldCom oft diejenige Aktie mit den höchsten Umsätzen.) Dass einige sehr populäre und einflussreiche Knotenpunkte existieren, ist wie erwähnt darauf zurückzuführen, dass ihr Aufkommen einem Potenzgesetz und nicht einer Normalverteilung unterliegt. Ein ansteckender Gleichlauf dieser Handvoll von sehr beliebten, bestens miteinander verbundenen und hoch einflussreichen Knotenpunkten tritt häufiger auf als von den Anlegern erwartet; das Gleiche gilt folglich für extreme Kursbewegungen.

Zwar legen andere Beispiele den Schluss nahe, dass der Exponent m in dem auf die Aktienmärkte anwendbaren Potenzgesetz $1 : k^m$ einen anderen Wert als 3 besitzt, doch das Argument verliert dadurch nicht an Kraft. Das Netzwerk des Aktienhandels neigt gelegentlich stärker zu Herdenverhalten und ist volatiler als in den Standardmodellen angenommen. Vermutlich sollte man den Crash von 1929, den Einbruch von 1987 sowie das jüngste Kursdebakel der Dotcom-Aktien nicht als unerklärliche Verirrungen (oder als »gerechte Strafen«) ansehen, sondern als natürliche Folgen der Dynamik von Netzwerken.

Zweifellos sind weitere Untersuchungen erforderlich, um zu ergründen, warum Potenzgesetze eine so beherrschende Rolle einnehmen. Benötigt wird ein Erklärungsmodell, das dem zentralen Grenzwerttheorem in der Statistik vergleichbar ist, welches erklärt, warum die Normalverteilungskurve in so vielen unterschiedlichen Situationen auftritt. Potenzgesetze bieten eine – wenn auch nicht wasserdichte – Erklärung für die Häufigkeit, mit der Crashs, Kursrallyes und so genannte Volatilitätscluster in der realen Börsenwelt auftreten. Sie verstärken überdies den Eindruck, dass die Börse ein anderes Tier ist als jenes, das Sozialwissenschaftler üblicherweise erforschen, oder aber, dass Letztere dieses Tier womöglich bislang auf falsche Weise erforscht haben.

Ich sollte nicht versäumen anzumerken, dass mein Interesse an Netzwerken und Verbundenheit einen deutlichen Bezug zu meinem frühen Interesse an WorldCom aufweist, das ja nicht nur MCI besaß, sondern auch, wie bereits zweimal erwähnt, UUNet, »das Rückgrat des Internets«. Alte Besessenheiten legen sich nicht so leicht ab wie alte Hemden.

Wirtschaftliche Ungleichheiten und mediale Missverhältnisse

Die Unternehmenszentrale von WorldCom mag in Mississippi gestanden haben, doch Bernie Ebbers, der einen unprätentiösen, bodenständigen Stil zur Schau trug, verfügte über einen politischen und wirtschaftlichen Einfluss, der für den durchschnittlichen Bürger Mississippis oder den gewöhnlichen WorldCom-Angestellten unerreichbar war. Er soll daher als Synekdoche für das Folgende dienen.

Die Vermutung, dass Potenzgesetze nicht nur für die Finanzmärkte, sondern auch in Bezug auf wirtschaftliche, politische und mediale »Potenz« (sprich: Macht) relevant sind, ist mehr als nur ein mathematisches Wortspiel. Die den Potenzgesetzen zugrunde liegende Dynamik könnte in verschiedenen gesellschaftlichen Bereichen öfter der Konzentrationsbildung Vorschub leisten, als man dies normalerweise vermuten würde. Dies könnte die Größe sowie die Macht der wirtschaftlichen, medialen und politischen Elite beeinflussen und in der Folge zu verschärfter Ungleichheit führen. Unabhängig von der Richtigkeit dieser Annahme sowie von der Frage, ob komplexe Gesellschaften ohne derartige soziale Unterschiede funktionieren könnten, lässt sich zweifelsfrei feststellen, dass sie im heutigen Amerika bestehen. So besitzen etwa vergleichsweise wenige Menschen einen unverhältnismäßig großen Anteil am gesellschaftlichen Vermögen, und vergleichsweise wenigen Personen wird ein unverhältnismäßig großer Prozentsatz der medialen Aufmerksamkeit zuteil.

Einem Bericht der Vereinten Nationen, der vor einigen Jahren erschien, war zu entnehmen, dass der Nettovermögenswert der drei reichsten Familien der Welt – der Familie Gates, des Sultans von Brunei und der Familie Walton – das vereinte Bruttoinlandsprodukt der ärmsten 43 Staaten der Erde übersteigt. Natürlich werden hier Äpfel mit Birnen verglichen, doch trotz der wechselnden Namen auf der Liste der reichsten Erdenbürger und der wechselhaften Schicksale von Entwicklungsländern kann man zweifellos einige sinnvoll modifizierte Schlussfolgerungen ziehen.

(Auf der anderen Seite besteht in *manchen* der ärmsten Staaten – in denen nahezu jeder Bürger als arm gelten kann – eine ausgewogenere Vermögensverteilung als in den USA, was darauf hindeutet, dass relative Gleichheit das Armutsproblem nicht lösen kann. Ich vermute, dass bedeutende Vermögensunterschiede, solange sie keine obszönen Ausmaße annehmen, die Vermögensbildung stärker beflügeln können als relative Einförmigkeit. Dies setzt natürlich voraus, dass die jeweilige Gesellschaft einige Mindestanforderungen erfüllt: Sie muss auf Rechtsstaatlichkeit beruhen, in der Bildung sowie in anderen Bereichen ausreichend Chancen bieten und ein Mindestmaß an Privateigentum gewähren.)

Die Dynamik, die dazu führt, dass die Reichen immer reicher werden, ist nirgendwo offensichtlicher als in der pharmazeutischen Industrie. Aus verständlichen Gründen investieren die Unternehmen dieser Branche weitaus mehr Geld in die Entwicklung von Lifestyle-Präparaten für die Wohlhabenden als in die Herstellung von lebensrettenden Medikamenten für die Hunderten von Millionen Armen dieser Welt. Anstatt zu versuchen, Heilmittel für Malaria, Durchfallerkrankungen, Tuberkulose und akute Infekte der unteren Atemwege zu entwickeln, wandern die Forschungsgelder in Präparate gegen Falten, Impotenz, Haarausfall und Fettleibigkeit.

Einschlägigen Untersuchungen zufolge verdient ein US-amerikanischer CEO rund 500-mal so viel wie ein durchschnittlicher Angestellter seines Unternehmens – ein Verhältnis, das ein Allzeithoch darstellt und das in keiner Weise davon abhängt, ob der CEO das Unternehmen wirtschaftlich vorangebracht hat oder nicht und ob gegen ihn Anklage erhoben wurde oder nicht. (Bei angenommenen 250 Arbeitstagen pro Jahr lässt sich leicht errechnen, dass der CEO lediglich einen halben Tag benötigt, um das gesamte Jahreseinkommen des Angestellten zu erwirtschaften.) Einer Schätzung von Edward Wolff, Wirtschaftsprofessor an der New York University, zufolge besitzt das reichste Prozent aller US-Amerikaner rund die Hälfte aller Aktien, Anleihen und sonstigen Vermögenswerte. Und der an der Cornell University lehrende Robert Frank hat aufgezeigt, wie sich das in der Sport- und Unterhaltungsbranche übliche Entlohnungsmodell, nach dem der gesamte Kuchen dem Gewinner zufällt, auf viele andere Bereiche der US-Gesellschaft ausweitet.

Solch exorbitante Vergütungen gehen oft mit kaiserlicher Arroganz einher. Das Hightech-Unternehmen WorldCom stand vor seinem Zusammenbruch im Jahre 2002 vielfältigen Problemen gegenüber. Nutzte Bernie Ebbers die geballte Kompetenz seiner vielen Top-Techniker (oder zumindest derjenigen, die noch nicht gefeuert worden oder freiwillig ausgeschieden waren)? Nein, er schaffte den kostenlosen Ausschank von Kaffee ab, um Geld zu sparen. Als sich Tyco im Abwärtsstrudel befand, leistete sich dessen CEO, Dennis Kozlowski, Privatausgaben in Millionenhöhe aus der Firmenschatulle, darunter einen Duschvorhang für 6000 US-Dollar, einen Schirmhalter für 15000 US-Dollar und eine Wohnung in Manhattan für 7 Millionen US-Dollar.

(Selbst erfolgreiche CEOs erweisen sich nicht immer als Gentlemen. Larry Ellison, Chef von Oracle und leidenschaftlicher Widersacher von Bill Gates, gab vor einigen Jahren zu, Microsoft ausspioniert zu haben. Amüsanterweise bedienten sich Oracles raffinierte Schnüffler dabei keiner hochmodernen Elektronik, sondern versuchten den Abfall einer Pro-Microsoft-Gruppe zu erwerben, um diesen auf Hinweise bezüglich des PR-Konzepts des Unternehmens zu untersuchen. Ich spreche hier von echten Keksen, nicht von den *cookies*, die Internet-Seiten auf Ihrem Computer hinterlassen; von handgekritzelten Notizen und Adressen auf zerrissenen Briefumschlägen, nicht von E-Mails und Internet-Routingzahlen; von Keimen und Bakterien, nicht von Computerviren.)

Welche Schlüsse soll man nun aus diesen Fakten ziehen? Der Kommunismus ist zum Glück diskreditiert, doch nicht oder kaum regulierte freie Märkte haben ihre offensichtlichen Schattenseiten (wie das Verhalten mancher Buchhalter, Analysten, CEOs und, jawohl, gieriger, illusionsbeladener und kurzsichtiger Investoren hinreichend belegt). Manche Reformen, die 2002 im US-amerikanischen Kongress diskutiert wurden, könnten sich diesbezüglich als hilfreich erweisen. Mir geht es hier jedoch lediglich darum, meiner Unruhe angesichts solcher enormer und noch zunehmender wirtschaftlicher Ungleichheiten Ausdruck zu verleihen.

Die gleiche steile Hierarchie und das gleiche Missverhältnis, das für die wirtschaftliche Lage der Vereinigten Staaten bezeichnend ist, gilt auch für deren Medienlandschaft. Die Prominenten werden immer prominenter, die Vielgerühmten werden immer stärker gerühmt. (Sie dürfen nun Ihre zehn Lieblingsbeispiele erwählen.) Immer öfter veranstalten Zeitschriften oder Fernsehsender Umfragen, die belegen sollen, wer gerade »in« und wer »out« ist. Sogar die Suchmaschine Google unterhält eine Funktion, die es ihren Nutzern ermöglicht, herauszufinden, welche Themen und Personen in der vorangegangenen Woche die meisten Mausklicks verbuchen konnten. Das beständige Auf und Ab auf der Berühmtheitsskala scheint eine Art Markt darzustellen, auf dem sich nahezu ausschließlich technisch orientierte »Händler« tummeln, welche die Gedanken der breiten Masse zu erraten trachten, anstatt Value-Händler, die nach echten Werten suchen.

Nicht anders sieht es bei der politischen Berichterstattung aus. Im Regelfall wird die Titelseite und der erste Teil einer US-Tageszeitung von den Aktivitäten des US-Präsidenten beherrscht. Weitere Personen mit hohem Nachrichtenwert sind Präsidentschaftskandidaten, Kongressabgeordnete und andere nationale Amtsträger.

Vor 20 Jahren berichtete der Soziologe Herbert Gans in seinem Buch *Deciding What's News*, dass 80 Prozent der von den großen Fernsehnetzwerken veröffentlichten Inlandsmeldungen diese vier Personengruppen betrafen; mit den restlichen rund 280 Millionen US-Amerikanern beschäftigte sich ein Großteil der verbleibenden 20 Prozent. Weniger als

10 Prozent aller Berichte handelten von abstrakten Dingen, Objekten oder Systemen. Viel hat sich seitdem nicht verändert (sieht man einmal von den Kabelnetzwerken ab, die sich vornehmlich mit Katastrophen, Schauprozessen oder Terrorismus-Obsessionen beschäftigen). Tageszeitungen weisen in der Regel eine breitere Berichterstattung auf, obwohl Untersuchungen zufolge bis zu 50 Prozent aller Berichte auf den Titelseiten von *New York Times* oder *Washington Post* auf Äußerungen oder Aktivitäten von Mitgliedern der US-Regierung zurückgehen. Das Internet deckt ein noch größeres Spektrum ab, doch auch hier besteht eine unverkennbare und ernst zu nehmende Tendenz in Richtung auf zunehmende Hierarchiebildung und Konzentration.

Und wie sieht es hinsichtlich der Auslandsberichterstattung in den US-Medien aus? Die Häufigkeit, mit der über bestimmte Personen berichtet wird, zeigt dasselbe Ungleichgewicht wie anderswo. Berichtet wird von Staatschefs, den Führern von Oppositionsparteien und -kräften sowie gelegentlich von anderen Würdenträgern. Die Masse der gewöhnlichen Menschen spielt kaum eine Rolle. Die journalistische Faustregel, wonach ein Amerikaner so viel Nachrichtenwert hat wie zehn Engländer oder 1 000 Chilenen oder 10 000 Ruander, gilt nicht für alle Zeiten und unter allen Umständen; sie enthält jedoch eine kaum zu leugnende Erkenntnis: Wie andere Völker auch interessieren sich Amerikaner für manche Regionen dieser Erde weitaus weniger als für andere. Selbst über den Terroranschlag auf Bali wurde in den USA kaum berichtet, und in vielen Weltgegenden gibt es praktisch keine amerikanischen Korrespondenten, wodurch sie für die US-Bevölkerung nahezu unsichtbar bleiben.

Solche Missverhältnisse mögen eine natürliche Begleiterscheinung komplexer Gesellschaften sein. Dies bedeutet jedoch nicht, dass sie notwendigerweise so extrem sein müssen wie in der Gegenwart, oder auch, dass man sie immer begrüßen müsste. Es könnte aber sein, dass die in den letzten Jahren gestiegene Volatilität der Aktienmärkte ein Vorbote noch größerer sozialer Ungleichheiten ist, die uns künftig erwarten.

9 Vom Paradoxen zum Komplexen

Groucho Marx schwor einmal, niemals einem Club beizutreten, der ihn als Mitglied akzeptieren würde. Von Epimenides dem Kreter stammt der (beinahe) widersprüchliche Ausruf: »Alle Kreter sind Lügner.« Der Staatsanwalt wettert: »Antworten Sie mit Ja oder Nein. Wird Ihr nächstes Wort ›Nein‹ lauten?« Der Talkshowgast beklagt, dass sein Bruder ein Einzelkind sei. Der Autor eines Investmentratgebers schlägt vor, dass wir seinen Zehntausenden von Lesern folgen, die gegen den Strom geschwommen sind.

Vielleicht hat mich mein Studium der mathematischen Logik, das stark auf Paradoxe und Selbstbezüge abhebt, verbogen – jedenfalls interessiere ich mich natürlich für die paradoxen und selbstreferenziellen Aspekte der Börse, insbesondere der Theorie effizienter Kapitalmärkte. Lässt sich diese Theorie beweisen? Kann sie widerlegt werden? Diese Fragen beruhen womöglich auf einer falschen Prämisse. Die Theorie effizienter Kapitalmärkte ist meines Erachtens weder notwendigerweise zutreffend noch notwendigerweise falsch.

Die paradoxe Theorie effizienter Kapitalmärkte

Würde eine große Mehrheit der Anleger an die Richtigkeit dieser Theorie glauben, so müssten alle diese Investoren davon ausgehen, dass der Kurs einer Aktie neue Informationen in kürzester Zeit widerspiegelt. Insbesondere müssten sie glauben, dass sich Kursbewegungen nicht prognostizieren ließen, da Nachrichten, die ja nicht vorhergesagt werden könnten, unmittelbar in den Kurs einer Aktie eingingen. Anhänger der Theorie effizienter Kapitalmärkte müssten folglich die Auffassung vertreten, dass die Suche nach Trends und die Analyse der Fundamentaldaten eines Unternehmens reine Zeitverschwendung seien. Somit würden sie neuen Entwicklungen kaum Beachtung schenken. Doch wenn nur vergleichsweise wenige Investoren versuchen, den Markt zu schlagen, wird dieser nicht rasch auf neue Informationen reagieren. Damit sorgt ein überwältigender Glaube an die Richtigkeit dieser Theorie für ihre Widerlegung.

Um diesen gedanklichen Salto fortzusetzen, wollen wir uns nun einer logischen Grundregel entsinnen: Aussagen der Form »Aus H folgt I« sind äquivalent zu Aussagen der Form »Aus Nicht-I folgt Nicht-H«. So ist beispielsweise der Satz »Starker Regen führt zu nasser Erde« logisch äquivalent zu dem Satz »Trockene Erde bedeutet, dass es nicht stark geregnet hat«. Mithilfe dieser Gleichwertigkeit können wir die Behauptung, dass ein überwältigender Glaube an die Theorie effizienter Kapitalmärkte zu deren Widerlegung führt, wie folgt neu formulieren: Trifft die Theorie effizienter Kapitalmärkte zu, so folgt daraus, dass die Annahme, wonach die meisten Anleger sie für richtig hielten, nicht zutrifft. Mit anderen Worten: Trifft sie zu, so halten die meisten Anleger sie für falsch (einmal unterstellt, nahezu sämtliche Anleger hätten dazu eine eindeutige Meinung und lehnten die Theorie entweder ab oder stimmten ihr zu).

Betrachten wir nun die unelegant benannte Theorie träger Kapitalmärkte, der zufolge die Märkte recht gemächlich auf neue Informationen reagieren. Glaubt die große Mehrheit der Anleger an die Richtigkeit dieser Theorie, so würden alle Investoren die Suche nach Trends und die Unternehmensanalyse für eine sehr lohnende Beschäftigung halten und durch ihre Aktivitäten für einen effizienten Kapitalmarkt sorgen. Der überwältigende Glaube an die Richtigkeit der Theorie träger Kapitalmärkte führt also zur Bestätigung der Theorie effizienter Kapitalmärkte. Sollte Letztere nicht zutreffen, können wir somit darauf schließen, dass die Annahme, die meisten Investoren glaubten an die Theorie träger Kapitalmärkte, nicht zutrifft. Anders formuliert: Trifft die Theorie effizienter Kapitalmärkte nicht zu, so halten die meisten

Anleger sie für richtig. (Vielleicht möchten Sie die letzten Sätze noch einmal in Ruhe lesen.)

Zusammengefasst bedeutet dies: Trifft die Theorie effizienter Kapitalmärkte zu, so werden die meisten Investoren sie für falsch halten; trifft sie nicht zu, so werden die meisten Investoren sie für richtig halten. Anders formuliert trifft die Theorie effizienter Kapitalmärkte dann (und nur dann) zu, wenn sie von einer Mehrheit als falsch erachtet wird. (Dasselbe gilt übrigens für die Theorie träger Kapitalmärkte.) Das sind äußerst seltsame Hypothesen!

Natürlich habe ich einige wichtige Annahmen getroffen, die womöglich nicht berechtigt sind. Eine dieser Annahmen lautet, dass ein Investor, der an die Richtigkeit einer der beiden Theorien glaubt, die andere gleichzeitig ablehnt; eine zweite, dass nahezu jeder Investor einer der beiden Theorien anhängt. Ich habe weiterhin unterstellt, dass die Bedeutung des Begriffs »große Mehrheit« klar definiert ist, und die Tatsache ignoriert, dass bisweilen schon eine sehr kleine Gruppe von Investoren den Markt bewegen kann. (Man könnte die gesamte Argumentation auf den Kreis der kenntnisreichen Anleger beschränken und damit relativieren.)

Ein weiterer Einwand könnte lauten, dass die Theorie effizienter Kapitalmärkte sich schon deshalb nicht überzeugend widerlegen lasse, weil jede vermutete Abweichung von dieser Theorie auf fehlerhafte Kapitalmarkt-Gleichgewichtsmodelle zurückgeführt werden könne. Vielleicht sind manche Aktien oder Gruppen von Aktien tatsächlich riskanter, als unsere Preisbildungsmodelle dies anzeigen, und weisen daher höhere Renditen auf. Ungeachtet dieser Kritik gilt meines Erachtens nach wie vor, dass die Theorie effizienter Kapitalmärkte nicht stets richtig oder stets falsch ist, sondern ihre Richtigkeit oder Falschheit von den Überzeugungen der Anleger abhängt. Und da der prozentuale Anteil der Anleger, der an diese Theorie glaubt, selbst veränderlich ist, verändert sich umgekehrt proportional dazu auch das Ausmaß, in dem sie zutrifft.

Alles in allem glauben die meisten privaten und gewerblichen Investoren an der Wall Street und anderswo nicht an diese Theorie, weshalb sie nach meinem Dafürhalten zutrifft – doch nur annähernd und nur in der Regel.

Das Gefangenendilemma und die Finanzmärkte

Sie glauben also nicht an die Theorie effizienter Kapitalmärkte. Dennoch: Es genügt nicht, dass Sie handliche und erfolgreiche Anlagestrategien entdecken. Sie müssen gleichzeitig vermeiden, dass andere Ihnen auf die Schliche kommen, sei es durch geeignete Rückschlüsse oder durch die Lektüre Ihres prahlerischen Porträts in einer Finanzzeitschrift. Der Grund für diese Geheimniskrämerei liegt natürlich darin, dass anderenfalls bislang einfache Strategien immer komplizierter werden müssen, um noch zu funktionieren, bis irgendwann die Überrendite auf null sinkt und man vollständig auf sein Glück vertrauen muss.

Dieser unerbittliche Marsch in Richtung Komplexität entspringt den Aktivitäten Ihrer Mitinvestoren. Diese werden, sobald sie bemerken (oder darauf schließen oder erfahren), dass Sie mithilfe einer einfachen technischen Anlageregel überlegene Renditen erzielen, versuchen, dieses Vorgehen nachzuahmen. Um dieser Reaktion zu begegnen, müssen Sie Ihre Regel verkomplizieren, was vermutlich Ihre Überrendite einschränkt. Auch Ihre neue, kompliziertere Regel wird natürlich andere zur Nachahmung anregen, sodass Sie weitere Komplikationen einführen müssen, bei wiederum reduzierter Überrendite. Bald nimmt Ihre Regel eine beinahe willkürliche Komplexität an, die Überrendite strebt gegen null, und Sie sind auf Ihr Glück zurückgeworfen.

Natürlich verhalten Sie sich nicht anders, falls Sie derjenige sind, der von der erfolgreichen Strategie eines Mitinvestors erfährt. Die hier beschriebene Situation gleicht nämlich der klassischen und sehr nützlichen Parabel des »Gefangenendilemmas«, das ursprünglich von dem Problem handelt, das sich zwei Gefängnisinsassen stellt.

Die beiden, die unter dem Verdacht stehen, eine schwere Straftat begangen zu haben, werden bei einem kleineren Delikt festgenommen. Jeder von beiden wird nun einem Einzelverhör unterzogen und vor die folgende Wahl gestellt: Entweder er gesteht und belastet damit seinen Partner, oder er schweigt. Wenn beide schweigen, werden sie jeweils zu einem Jahr Gefängnis verurteilt. Gesteht der eine, aber der andere nicht, wird der Geständige zum Dank freigesprochen, während der andere zu einer fünfjährigen Haftstrafe verurteilt wird. Gestehen beide, erhalten sie jeweils drei Jahre Gefängnis. Die kooperative Option (»kooperativ«

in Bezug auf den Mitgefangenen) besteht darin zu schweigen, die nichtkooperative Option in einem Geständnis. Nach Maßgabe der jeweiligen Vorteile und der menschlichen Psychologie ist es am wahrscheinlichsten, dass beide gestehen werden; das bestmögliche Verhalten für beide *als Paar* besteht darin zu schweigen; und das optimale Ergebnis für *jeden Einzelnen* tritt ein, wenn er selbst gesteht und der andere schweigt.

Der Charme des Gefangenendilemmas beruht in keiner Weise auf seiner Relevanz für die rechtliche Situation von Gefangenen. (Tatsächlich hat es ungefähr so viel mit dem Kriminalrecht zu tun wie das Vier-Farben-Theorem für Landkarten mit der Geografie.) Vielmehr bildet es das logische Gerüst für eine Vielzahl von Alltagssituationen. Ob bei geschäftlichen Verhandlungen, ehelichen Auseinandersetzungen oder zwischenstaatlichen Konflikten: Die jeweiligen Optionen lassen sich oft analog zum Gefangenendilemma darstellen. Wenn beide (alle) Parteien ausschließlich ihr Eigeninteresse verfolgen und nicht kooperieren, ist das Ergebnis für beide (alle) Seiten nachteiliger; gleichzeitig gereicht es jeder Seite zum Vorteil, wenn nur sie nicht kooperiert. Die unsichtbare Hand des Adam Smith, die dafür sorgt, dass die Einzelnen, indem sie ihr Eigenwohl verfolgen, für das Gemeinwohl sorgen, ist zumindest in diesen Fällen (wie auch in einigen anderen) von Arthritis befallen.

Auf die vielköpfigen Finanzmärkte angewendet, stellt sich das Dilemma wie folgt dar: Anleger, die eine ausbeutbare Anomalie an den Aktienbörsen bemerken, können entweder entsprechend handeln (die nichtkooperative Version) oder sie ignorieren, wodurch sie sich die Mühe ersparen, die weitere Entwicklung zu verfolgen (die kooperative Version). Wenn einige die Anomalie ignorieren, andere jedoch handeln, werden Letztere den größten Vorteil erzielen, Erstere den geringsten. Aus logischen Gründen wird jeder Spieler wie im Standard-Gefangenendilemma die nichtkooperative Option wählen und eine Anomalie, die einen Renditevorteil verspricht, auszubeuten versuchen. Diese Reaktion führt zu dem »Rüstungswettlauf« immer komplexerer Anlagestrategien. Die Marktteilnehmer versuchen Spezialwissen zu erlangen, das sich schließlich in Allgemeinwissen verwandelt, und die Dynamik, die sich zwischen beiden entfaltet, treibt den Markt an.

Dieses Vorteilsstreben führt uns zu dem gesellschaftlichen Nutzen von Aktienanalysten und gewerblichen Anlegern. Obwohl in den letzten Jahren von den Medien viel gescholten, leisten sie einen überaus wertvollen Dienst: Mit ihren Aktivitäten tragen sie dazu bei, dass Spezialwissen in Allgemeinwissen umgewandelt wird, und sorgen dadurch für eine vergleichsweise effiziente Börse. Da mit einem drastischen Wandel der menschlichen Psychologie und (in der Folge) unseres Wirtschaftssystems nicht zu rechnen ist, muss dies als eindrucksvolle und unverzichtbare Leistung angesehen werden. Wenn dies bedeutet, sich gegenüber anderen Investoren »unkooperativ« zu verhalten, dann ist dem eben so. Natürlich ist Zusammenarbeit an sich wünschenswert, doch partnerschaftliche Entscheidungsfindung unter Anlegern hat einen Hauch von Totalitarismus an sich.

Die Ausdehnung des Komplexitätshorizonts

Anlagestrategien weisen ganz unterschiedliche Komplexitätsgrade auf. Die meisten Regeln, denen Menschen folgen, sind einfach gestrickt; sie beruhen beispielsweise auf Unterstützungslinien, Kurs-Gewinn-Verhältnissen oder Rockhöhen. Andere hingegen sind recht verschlungen und von vielen Bedingungen abhängig. Aufgrund der Vielzahl an möglichen Regeln möchte ich hier einen etwas unorthodoxen und abstrakten Ansatz verfolgen und hoffe, dass dieser zu Einsichten führt, die bei einer prosaischeren Betrachtung verschlossen blieben. Sein Hauptbestandteil ist die formale Definition (einer Art) von Komplexität. Ein intuitives Verständnis dieses Konzepts führt etwa zu der Erkenntnis, dass es dumm ist, ein achtstelliges Passwort mithilfe einer komplizierten Verbindung von Telefonnummern der besten Freunde, Geburtstagen der eigenen Kinder und Gedenktagen behalten zu wollen. Mnemonische Regeln sind nur sinnvoll, wenn sie kürzer sind als der Gegenstand, an den sie erinnern sollen.

Treten wir nun ein paar Schritte zurück und überlegen wir, wie wir einem Bekannten die folgenden Sequenzen, die er nicht sehen kann, beschreiben würden. Die Zahl 1 könnte dabei für einen Aufwärtstick oder einen Tag mit Kursanstieg stehen, die Zahl 0 für einen Abwärtstick oder einen Tag mit Kursrückgang.

1. 0101010101010101010101010...
2. 0101101010101101010101011...
3. 1000101101101100010101100...

Die erste Sequenz, ein stetiger Wechsel aus Einsen und Nullen, ist die einfachste. Die zweite Sequenz weist eine gewisse Regelmäßigkeit auf; sie besteht aus einzelnen Nullen, die mal durch eine Eins, mal durch zwei aufeinander folgende Einsen abgelöst werden. Die dritte Sequenz scheint hingegen überhaupt keinem Muster zu folgen. Beachten Sie, dass die präzise Bedeutung der Fortsetzungszeichen »...« in der ersten Sequenz eindeutig ist; für die zweite Sequenz trifft das weniger und für die dritte Sequenz in keiner Weise zu. Unabhängig davon wollen wir annehmen, dass jede dieser Sequenzen eine Billion Bits umfasst (ein Bit ist eine 0 oder 1) und sich »in der gleichen Weise« fortsetzt.

Angeregt durch solche Beispiele, entwickelten der US-amerikanische Computerwissenschaftler Gregory Chaitin und der russische Mathematiker A. N. Kolmogorov folgende Definition: Die Komplexität einer Sequenz aus Nullen und Einsen ist gleich der Länge des kürzesten Computerprogramms, das sie generieren (das heißt ausdrucken) kann.

Ein Programm, das die erste der obigen Sequenzen ausdruckt, kann einfach aus dem folgenden Befehl bestehen: Drucke eine 0, dann eine 1, und wiederhole diesen Vorgang 500 Milliarden Mal. Ein solches Programm ist recht kurz, insbesondere im Vergleich zu der langen Sequenz, die es generiert. Die Komplexität dieser ersten 1-Billion-Bit-Sequenz könnte lediglich einige Hundert Bit umfassen, wobei die genaue Länge auch von der verwendeten Programmiersprache abhängt.

Ein Programm, das die zweite Sequenz generiert, müsste folgende Anweisungen enthalten: Drucke eine 0, gefolgt entweder von einer Eins oder von zwei Einsen, wobei die zwischen den Nullen auftretenden Einsen sich an dem folgenden Muster ausrichten: eine, zwei, eine, eine, eine, zwei, eine, eine und so weiter. Jedes Programm, dass in der Lage wäre, die gesamte Sequenz zu generieren, müsste recht lang sein, um das »Und-so-weiter«-Muster der zwischen den Nullen liegenden Einsen genau zu beschreiben. Da die Nullen jedoch regelmäßig entweder von einer Eins oder von zwei Einsen abgelöst werden, wird das kürzeste derartige Programm deutlich kürzer als die 1-Billion-Bit-Sequenz sein, die es generiert. Die Komplexität dieser zweiten Sequenz könnte somit beispielsweise lediglich eine Viertel Billion Bits betragen.

Anders verhält es sich bezüglich der dritten Sequenz (die den häufigsten Fall darstellt). Nehmen wir an, diese Sequenz bliebe in ihrem gesamten 1 Billion Bit langen Verlauf so ungeordnet, dass kein Programm, das wir zu ihrer Generierung verwenden könnten, kürzer wäre als die Sequenz selbst. Sie zeigt keinerlei Wiederholung oder Muster. In diesem Fall kann ein Programm nichts anderes tun, als stupide die Bits, welche die Sequenz ausmachen, aufzuführen: Drucke 1, dann 0, dann 0, dann 0, dann 1, dann 0, dann 1, ... Es gibt keinerlei Möglichkeit, den Ausdruck »...« zu komprimieren oder das Programm zu verkürzen. Ein solches Programm wird genauso lang sein wie die Sequenz, die es ausdrucken soll, und besitzt somit eine Komplexität von ungefähr einer Billion Bits.

Eine Sequenz wie die zuletzt beschriebene, die zu ihrer Generierung ein Programm benötigt, das ebenso lang ist wie sie selbst, bezeichnet man als Zufallssequenz. Zufallssequenzen weisen keinerlei Regelmäßigkeit oder Ordnung auf, sodass die Programme, die sie ausdrucken sollen, lediglich anweisen können, sie zu kopieren: Drucke 1 0 0 0 1 0 1 1 0 1 1 ... Diese Programme lassen sich nicht verkürzen; die Komplexität der Sequenzen, die sie generieren, entspricht der Länge dieser Sequenzen. Geordnete, regelmäßige Sequenzen wie die erste können dagegen von sehr kurzen Programmen generiert werden und weisen eine Komplexität auf, die ihre Länge weit unterschreitet.

Kehren wir nun zu den Aktienmärkten zurück: Je nach Standpunkt werden die einzelnen Finanzmarkttheoretiker das wahrscheinliche Muster, in dem Nullen und Einsen (Abwärts- und Aufwärtsticks) an der Börse auftreten, unterschiedlich prognostizieren. So werden strikte Anhänger der Random-Walk-Theorie vermutlich die Auffassung vertreten, dass die dritte Sequenz typisch für Kursverläufe ist und die Börsenentwicklung daher den »Komplexitätshorizont« menschlicher Prognosen übersteigt (also komplexer ist als wir beziehungsweise unser Gehirn, würde es als Sequenz aus Nullen und Einsen dargestellt). Technische sowie Fundamentalanalysten werden dem Glauben zuneigen, dass die Börsenentwicklung sich eher durch eine Sequenz des zweiten Typs darstellen lässt und sich inmitten des Durcheinanders kleinere Nischen finden lassen, in denen Ordnung herrscht. Kaum vorstellbar ist dagegen, dass irgendjemand den Kursverläufen an der Börse eine solche Regelmäßigkeit zuschreibt, wie sie die erste Sequenz widerspiegelt – vielleicht mit Ausnahme derer, die bereit sind, »nur 99,95 Euro für eine vollständige Sammlung von CDs, die dieses revolutionäre System erklären«, auszugeben.

Diese Herangehensweise an die Kursbewegungen von Aktien mag, wie schon gesagt, etwas eigenartig sein, bringt die Debatte jedoch auf den Punkt. Wer glaubt, dass die Kurse einem bestimmten Muster folgen, gleich ob dieses ausbeutbar ist oder nicht, wird gleichzeitig vertreten, dass die Marktbewegungen von Sequenzen bestimmt sind, deren Komplexität irgendwo zwischen denen des zweiten und dritten obigen Sequenztyps liegt.

Eine grobe Umschreibung des berühmten Gödelschen Theorems zum Problem der Unvollständigkeit, die wir dem oben erwähnten Gregory Chaitin verdanken, beleuchtet dieses Problem auf andere, interessante Weise. Sollte die Börse tatsächlich vom Zufall regiert werden, so Chaitin, ließe sich dies womöglich nicht beweisen. Der Grund: Ein vom Zufall bestimmter Markt, als Sequenz von Nullen und Einsen dargestellt, weist einer plausiblen Annahme zufolge eine höhere Komplexität als unsere eigene auf, wären wir in gleicher Weise kodiert. Damit überstiege diese Komplexität unseren eigenen Komplexitätshorizont. Aus der Definition von Komplexität folgt wiederum, dass eine Sequenz niemals eine andere Sequenz von höherer Komplexität generieren kann. Wollte jemand also den genauen Verlauf der dem Zufall unterworfenen Börse prognostizieren, müsste dieser Verlauf weniger komplex als der Prognostiker sein, was unserer Annahme widerspricht. Selbst wenn die Börse nicht vom Zufall bestimmt sein sollte, besteht die Möglichkeit, dass ihre Ordnung so komplex ist, dass sie unseren Komplexitätshorizont übersteigt.

In jedem Fall spricht nichts dagegen, dass sich die Komplexität von Kursbewegungen oder von Investoren beziehungsweise Computern im Zeitablauf ändert. Je ineffizienter die Kapitalmärkte sind, desto geringer ist die Komplexität der Kursbewegungen und desto höher ist die

Wahrscheinlichkeit für einen Nutzen der technischen oder der Fundamentalanalyse. Umgekehrt gilt, dass mit zunehmender Effizienz der Kapitalmärkte auch die Komplexität der Kursbewegungen steigt und sich immer stärker einer vollkommen zufälligen Sequenz annähert.

Wer den Markt schlagen (im Börsenjargon: outperformen) möchte, muss sich am Rand unseres kollektiven Komplexitätshorizonts bewegen. Er oder sie benötigt schnellere Computer, bessere Daten sowie überlegene Modelle und muss mathematische Hilfsmittel intelligenter nutzen können – Hilfsmittel, die von konventioneller Statistik bis hin zu neuronalen Netzen reichen. (Letztere sind computerisierte lernende Netzwerke mit einer Vielzahl von Knotenpunkten, deren Verbindungen während einer Trainingsphase gestärkt oder geschwächt werden.) Gelingt dies einer Einzelperson oder einer Gruppe, ist es unwahrscheinlich, dass dieser Vorsprung lange Bestand hat.

Spieltheorie und Investoren/Psychologen mit übernatürlichen Fähigkeiten

Doch was wäre, wenn es anders als in der Wirklichkeit eine Instanz gäbe, die über eine ausreichende Komplexität und Geschwindigkeit verfügte, um mit hinreichender Wahrscheinlichkeit die Entwicklung der Aktienmärkte und das Verhalten der Marktteilnehmer zu prognostizieren? Die schiere Existenz einer derartigen Instanz führt zum Newcombeschen Paradox, einem Verwirrspiel, das einige Grundprinzipien der Spieltheorie infrage stellt.

Meine persönliche Variante des Newcombeschen Paradox handelt von dem Weltklasse-Optionshändler WCOMM* (World Class Options Market Maker), der sich der Fähigkeit rühmt, mit einiger Genauigkeit vorherzusagen, für welche von zwei gegebenen Alternativen sich eine Person entscheiden wird. Zur Demonstration seiner Fähigkeiten eröffnet WCOMM an der Wall Street einen eindrucksvollen Stand.

---

* Das Akronym ist eine schelmische Anspielung auf das Börsenkürzel von WorldCom, WCOM [A. d. Ü.].

Wie WCOMM erläutert, testet es Anleger mithilfe zweier Portfolios. Portfolio A enthält einen Schatzwechsel im Wert von 1 000 US-Dollar, während Portfolio B (das entweder aus Calls oder aus Puts auf die WorldCom-Aktie besteht) entweder nichts oder aber 1 Million US-Dollar wert ist. Für *jeden* Freiwilligen am Stand hat WCOMM je ein Portfolio beider Typen reserviert und bietet nun folgende Alternative an: Jeder Proband kann entweder nur Portfolio B oder aber Portfolios A *und* B entgegennehmen. Jedoch, und dies ist entscheidend, verkündet WCOMM weiterhin, dass es seine unermesslichen Kräfte dazu verwandt hat, die Mentalität, die Anlegervergangenheit und den Investmentstil der Anwesenden sowie die allgemeine Marktsituation zu analysieren. Vermutet es daher, dass sich eine Person für beide Portfolios entscheidet, sorgt es dafür, dass Portfolio B wertlos ist. Glaubt es dagegen, dass eine Person der Weisheit von WCOMM vertraut und nur Portfolio B wählt, sorgt es dafür, dass dieses Portfolio 1 Million US-Dollar wert ist. Nach diesen Verlautbarungen verabschiedet sich WCOMM inmitten eines Wirbels von Zahlen und Börsenkürzeln, und die Demonstration nimmt ihren Lauf.

Die versammelten Wall-Street-Investoren können nun beobachten, dass eine Person aus der langen Warteschlange, die beide Portfolios wählt, in der Regel (vielleicht in 90 Prozent aller Fälle) ein wertloses Portfolio B erhält, sodass ihr lediglich der Schatzwechsel aus Portfolio A im Wert von 1 000 US-Dollar verbleibt. Ebenso stellen sie fest, dass die ausschließliche Wahl von Portfolio B in den meisten Fällen zu einem Gewinn von 1 Million US-Dollar führt.

Nachdem ich eine Weile den Entscheidungen meiner Mitprobanden und deren Folgen zugesehen habe, ist die Reihe an mir. Trotz meiner Beobachtungen erkenne ich keinen Grund, der dagegen spräche, beide Portfolios zu nehmen. WCOMM ist längst über alle Berge, vielleicht um Anlegern an den Börsen in London oder Frankfurt ähnliche Angebote zu unterbreiten, und Portfolio B ist entweder 1 Million US-Dollar wert oder nichts – warum also nicht beide Portfolios nehmen und womöglich 1 001 000 US-Dollar gewinnen?

Leider jedoch hat WCOMM das skeptische Grinsen auf meinem Gesicht zutreffend interpretiert, und ich verlasse den Schauplatz des Geschehens mit lediglich 1 000 US-Dollar in der Tasche. Mein Portfolio

B ist wertlos – es enthält Kaufoptionen auf WorldCom zum Ausübungspreis von 20 US-Dollar, während der Kurs der Aktie bei mageren 1,13 US-Dollar dahindümpelt.

Das Paradox, das auf den Physiker William Newcombe zurückgeht (nicht zu verwechseln mit dem Newcomb des Benfordschen Gesetzes, obwohl auch dieser Name die spöttischen Buchstaben WCOM enthält) und das durch die Arbeiten des Philosophen Robert Nozick bekannt wurde, wirft weitere Probleme auf. Es stellt die Testpersonen vor die Frage, welche von zwei spieltheoretischen Prinzipien sie zur Entscheidungsfindung anwenden sollten – Prinzipien, die normalerweise nicht im Widerspruch zueinander stehen.

Das »Dominanz-Prinzip« fordert dazu auf, beide Portfolios zu wählen, da unabhängig davon, ob Portfolio B Optionen im Wert von 1 Million US-Dollar enthält oder nicht, der Wert der vereinten Portfolios mindestens so hoch ist wie derjenige eines einzelnen. (Ist Portfolio B wertlos, so sind 1 000 US-Dollar größer als 0 US-Dollar; ist Portfolio B 1 000 000 US-Dollar wert, so sind 1 001 000 US-Dollar größer als 1 000 000 US-Dollar.)

Folgt man dagegen dem »Prinzip der Maximierung des Erwartungswerts«, so wählt man ausschließlich Portfolio B, da der Erwartungswert über dem einer alternativen Entscheidung liegt. (Da WCOMM in etwa 90 Prozent aller Fälle richtig liegt, beträgt der Erwartungswert bei ausschließlicher Wahl von Portfolio B (0,90 × $ 1 000 000) + (0,10 × $ 0) oder 900 000 US-Dollar, bei Wahl beider Portfolios dagegen (0,10 × $ 1 001 000) + (0,90 × $ 1 000) oder 101 000 US-Dollar.) Das Paradox liegt darin begründet, dass beide Prinzipien rational sind und dennoch zu unterschiedlichen Entscheidungen führen.

Dies wirft andere philosophische Fragen allgemeiner Art auf, doch ich fühle mich insbesondere an meinen Widerwillen erinnert, der Masse der WorldCom-Flüchtlinge zu folgen, deren Portfolio B in der Regel Verkaufsoptionen auf die Aktie im Wert von 1 000 000 US-Dollar enthielt.

Einen Schluss dürfen wir aus der obigen Episode vermutlich ziehen: Investoren/Psychologen mit übernatürlichen Fähigkeiten wird es niemals geben. Wir sind daher auf Gedeih und Verderb uns selbst ausgeliefert.

Absurde E-Mails und der Ausgang des WorldCom-Dramas

Eine natürliche Reaktion auf die Launen des Schicksals besteht in dem Versuch, dieses zu beeinflussen. Das bringt mich zu den E-Mails, die ich mit Bezug auf das Unternehmen WorldCom an verschiedene einflussreiche Personen versandte. Ich war es leid, einseitige Diskussionen mit der immer kecken CNBC-Journalistin Maria Bartiromo und ihrem stets vor Wut schäumenden Kollegen James Cramer zu führen, während diese ihren Zuschauern die unablässige Flut an Hiobsbotschaften über WorldCom übermittelten. Im Herbst 2001, fünf oder sechs Monate bevor das Unternehmen endgültig ins Koma versank, schrieb ich daher eine Reihe von Online-Börsenexperten an, die der bisherigen Leistung des Unternehmens und seinen Zukunftsaussichten kritisch gegenüberstanden. Da ich zu viel Zeit in WorldCom-Chatrooms mit ihren gängigen Übertreibungen verbracht hatte, griff ich sie für ihre Kurzsichtigkeit heftig an – wenn auch mit freundlichen Worten – und forderte sie auf, das Unternehmen mit anderen Augen zu betrachten.

Schließlich, frustriert durch den anhaltenden Kursrückgang der WorldCom-Aktie, schrieb ich eine E-Mail an den damaligen CEO des Unternehmens, Bernie Ebbers, in der ich andeutete, dass sich das Unternehmen vielleicht nicht effektiv genug präsentiere, und weltfremd-idealistisch anbot, seine Außendarstellung mit eigenen Texten zu unterstützen. Ich betonte, stark in WorldCom investiert und auch Familienmitglieder und Freunde zu einem Engagement überredet zu haben. Weiterhin strich ich meine Fähigkeit heraus, Menschen von etwas zu überzeugen, an das ich glaubte, und WorldCom sei zweifellos gut aufgestellt, aber drastisch unterbewertet. UUNet, das »Rückgrat« wesentlicher Teile des Internets, sei, so informierte ich den CEO des Unternehmens törichterweise, in jeder Hinsicht ein Juwel.

Schon beim Abfassen dieser elektronischen Epistel war mir die Absurdität meines Handelns bewusst, doch immerhin konnte ich mich in der vorübergehenden Illusion wiegen, etwas anderes zu unternehmen, als diese widerspenstige Aktie zu entsorgen. Die Investition in dieses Papier war mir ursprünglich als klare Angelegenheit erschienen, für die es keinerlei Gehirnschmalzes bedurfte. Die Erkenntnis, dass ich tatsächlich keinerlei Gehirnschmalz darin investiert hatte, ereilte mich in schneckenähnlichem Tempo. Während des akademischen Jahres 2001/2002 hielt ich im Rahmen eines Lehrauftrags zum Thema »Zahlen und Nachrichten« einmal wöchentlich eine Gastvorlesung an der Columbia School of Journalism in New York. Die zweieinhalbstündige Zugfahrt ohne Kontakt zu den Achterbahnfahrten der WorldCom-Aktie war jedes Mal eine rechte Tortur, und sobald ich den U-Bahn-Schacht verließ, rannte ich hinauf zu meinem Dienstcomputer, um die neuesten Entwicklungen zu verfolgen. Nicht gerade das typische Verhalten eines klugen Langzeitinvestors – selbst damals schien mir dies eher auf das Verhalten eines unterbelichteten Süchtigen hinzudeuten.

Auch die Erinnerung an die zwei oder drei Gelegenheiten, als ich beinahe aus der Aktie ausgestiegen wäre, ist niederschmetternd. Der letzte derartige Vorfall trug sich im April 2002 zu. Erstaunlicherweise war ich selbst zu diesem Zeitpunkt noch gewissermaßen Sklave des Averaging-down-Konzepts, sodass ich beim Fall der Aktie unter die Marke von 5 US-Dollar nachkaufte. Gegen Monatsmitte jedoch war ich felsenfest und endgültig zum Verkauf entschlossen. Bis Freitag, den 19. April, hatte sich der Kurs auf über 7 US-Dollar erholt, wodurch ich zumindest einen kleinen Teil meiner Verluste kompensiert hätte. Doch an jenem Morgen hatte ich keine Zeit, meine Verkaufsorder zu platzieren, da ich mich auf dem Weg zu einem College im nördlichen New Jersey befand, wo ich mich lange zuvor für einen Gastvortrag verpflichtet hatte. Nach dessen Beendigung überlegte ich, ob ich nach Hause zurückkehren und von dort aus meine Aktien verkaufen oder einfach den Computer des College nutzen sollte, um mich bei meinem Online-Broker einzuloggen. Ich entschied mich für den Heimweg, doch auf der verfluchten Autobahn herrschte an diesem Nachmittag so viel Verkehr, dass ich erst um 16.05 Uhr zu Hause eintraf, kurz nach Schließung der Börsen. Mir blieb keine Wahl, als bis zum Montag zu warten.

Viele Anleger werden nervös, wenn sie volatile Aktien über ein Wochenende halten müssen, und mir erging es nicht anders. Meine Ängstlichkeit erwies sich als wohlbegründet. Noch am selben Abend wurde gemeldet, dass eine Herabstufung des Bonitätsratings der WorldCom-Anleihen bevorstehe, und die Börsenaufsichtsbehörde SEC gab eine erneute Erklärung ab, in der sie eine umfassende Untersuchung des Geschäftsgebarens der Firma ankündigte. Am darauf folgenden

Montag verlor die Aktie mehr als ein Drittel ihres Werts, und ich verkaufte mit hohem Verlust. Einige Monate später brach der Kurs nach der Enthüllung massiver Bilanzfälschungen völlig zusammen und ging auf 0,09 US-Dollar zurück.

Warum nur hatte ich die eiserne Grundregel jeder Aktienanlage verletzt: Verfalle niemals der Euphorie und einem unbegründeten Enthusiasmus; tust du es dennoch, dann lege niemals zu viele Eier in dasselbe Körbchen; tust du es dennoch, dann vergiss nicht, dich gegen plötzliche Kursrückgänge abzusichern (soll heißen: mit Puts, nicht mit Calls); tust du es dennoch, dann spekuliere nicht auf Kredit. Nach dem Verkauf meiner Aktien erschien es mir, als wachte ich allmählich und benommenen Hauptes aus einem selbst herbeigeführten Trancezustand auf. Seit langem wusste ich von einer der frühesten bekannten »Aktien«-Hysterien, dem Tulpenzwiebelkaufrausch, der Holland im 17. Jahrhundert erfasste. Nach dem Zusammenbruch dieser Spekulationswelle hatten die Betroffenen ebenfalls davon berichtet, wie sie aufgewacht seien, nur um festzustellen, dass sie auf nahezu wertlosen Tulpenzwiebeln und völlig wertlosen Optionen auf den Kauf weiterer Zwiebeln sitzen geblieben waren. Reumütig dachte ich daran, mit welcher Selbstgefälligkeit ich früher auf Menschen wie die Tulpenzwiebel-»Investoren« hinabgeblickt hatte. Ich war ebenso empfänglich für vorübergehende Anfälle von Wahnsinn wie der dümmste Zwiebelkäufer.

Das sich nun entfaltende Drama um WorldCom – die Ermittlungen wegen Betrugsverdachts, die verschiedenen strafrechtlichen Verfolgungen, Managerwechsel, Reformversprechen und Gerichtsentscheide – habe ich verfolgt, und der Medienrummel, der die Skandale und deren Auswirkungen begleitete, hat es mir (vielleicht überraschenderweise) erlaubt, einen gewissen Abstand zu meinen Erfahrungen zu gewinnen. Jedenfalls nahm die Intensität meiner Erinnerungen allmählich ab, und meine Verluste sind inzwischen weniger ein kleines persönliches Drama als vielmehr Teil eines großen Medienereignisses geworden, weniger die Folge meiner Fehler als vielmehr die Konsequenz des Verhaltens, welches das Unternehmen an den Tag legte. Diese Verlagerung von Verantwortung ist weder angenehm noch berechtigt. Aus Gründen, die sowohl in der Faktenlage als auch in meinem Temperament zu suchen sind, glaube ich immer noch, dass mir vorübergehend der Kopf verdreht wurde, und nicht, dass ich ungerechterweise bestraft wurde. Kleinere Spuren meiner Gefühlsbindung sind verblieben: Noch heute frage ich mich bisweilen, was wohl geschehen wäre, wenn das Geschäft zwischen WorldCom und Sprint nicht vereitelt worden wäre, wenn Ebbers keinen Kredit über 400 Millionen US-Dollar (oder mehr) aufgenommen hätte, wenn Enron nicht implodiert wäre, wenn vor meinem Verkauf der Aktie sich dieser oder jener Vorfall nicht zugetragen hätte. Mein Draufgängertum wäre in diesem Fall vielleicht als wagemutig erschienen. Rückblickend betrachtet erscheint der Verlauf von Ereignissen immer folgerichtig, gleich wie sich die möglichen Szenarien zuvor dargestellt hatten.

Eine Tatsache bleibt unbestreitbar: Fabeln und Kurse sprechen an der Wall Street nicht unbedingt die gleiche Sprache. Finanzmärkte sind ebenso wie Menschen weitgehend rationale Wesen, die gelegentlich durch ihre schlummernden tierischen Instinkte provoziert und aufgewühlt werden. Die in diesem Buch vorgestellte Mathematik ist oft nützlich, um den Aktienmarkt zu verstehen (nicht, um ihn zu schlagen), doch ich möchte mit einem psychologischen Vorbehalt schließen. Die Anwendung der hier besprochenen mathematischen Instrumente beruht auf den trügerischen und stets wechselnden Stimmungen der Anleger. Da diese psychologischen Zustände weitgehend unwägbar sind, ist alles, was auf ihnen gründet, weniger exakt, als es den Anschein hat.

Das Ganze erinnert mich ein wenig an die Fantasiegeschichte über das Wiegen der Kühe im Alten Westen. Dabei suchten sich die Cowboys zunächst ein langes, dickes Brett und legten dieses mittig auf einen großen und hohen Felsen. Nun banden sie die zu wiegende Kuh an einem Ende des Brettes fest und befestigten am anderen Ende einen schweren Stein. Sorgfältig maßen sie jeweils die Entfernung von der Kuh sowie von dem Stein zum Felsen. Befand sich das Brett nicht im Gleichgewicht, so versuchten sie es mit einem neuen schweren Stein und maßen erneut. Dieser Vorgang setzte sich so lange fort, bis ein Stein gefunden war, der die Kuh exakt aufwog. Nach Lösung der Gleichung, die das Gewicht der Kuh als Verhältnis der Entfernungen und des Gewichts des Steins ausdrückt, verblieb ihnen eine letzte Aufgabe: Sie mussten das Gewicht des Steins erraten. Wieder einmal zeigt sich, dass man mathematisch exakt arbeiten kann, ohne dass die zugrunde liegenden Bewertungen, Mutmaßungen und Schätzungen auch nur im Mindesten genau wären.

Einen engeren Bezug zu dem selbstreferenziellen Charakter des Aktienmarkts wiese eine Variante auf, in der die Cowboys das wechselnde Gewicht der Kuh erraten müssten, das von ihren jeweiligen kollektiven Schätzungen, Hoffnungen und Ängsten abhinge. Um zum Keynesschen Schönheitswettbewerb zurückzukehren und damit den Kreis zu schließen – wenn auch auf eine etwas erzwungene, schwerfällige Weise: Mein Fazit lautet, dass ich trotz aller widerlichen Bestien wie WorldCom noch immer recht fasziniert bin von dem Wettbewerb, der das Wesen der Börse ausmacht. Ich wünschte mir nur, über eine bessere (und geheime) Methode zu verfügen, um den Bullen zu wiegen.

Literaturempfehlungen

Das gemeinsame Terrain und die Schnittmenge von Mathematik, Psychologie sowie den Finanzmärkten ist eine sonderbare interdisziplinäre Nische (auch ohne Beigabe persönlicher Erinnerungen). In ihr tummeln sich viele mathematische Wälzer und Theorien, die angeblich für das Geschehen auf den Aktienmärkten relevant sind. In den meisten Fällen ist diese Behauptung falsch. Es gibt unzählige Techniken und Strategien zur Aktienauswahl, die sehr mathematisch wirken. Nur wenige sind es tatsächlich. Schließlich findet man einige psychologische Untersuchungen des Anlegerverhaltens sowie (seltener) mathematische Annäherungen an psychologische Fragestellungen. Viel bleibt somit weiteren Forschungen vorbehalten. Hier einige Hinweise auf Bücher und Artikel, die sich mit diesem unvollkommenen sowie unscharf definierten, aber faszinierenden Gebiet beschäftigen:

Bak, Per: *How Nature Works*, New York 1996.

Barabasi, Albert-Laszló: *The New Science of Networks*, New York 2002.

Dodd, David L.; Graham, Benjamin: *Geheimnisse der Wertpapieranalyse*, München 1999 (*Security Analysis*, New York 1934).

Fama, Eugene F.: »Efficient Capital Markets«. In: *Journal of Finance*, Dezember 1991.

Gilovich, Thomas: *How We Know What Isn't So*, New York 1991.

Hart, Sergiu; Tauman, Yair: »Market Crashes Without Exogenous Shocks«, The Hebrew University of Jerusalem, Center for Rationality DP-124, Dezember 1996 (erscheint in Kürze im *Journal of Business*).

Kritzman, Mark P.: *Puzzles of Finance*, New York 2000.

Lefevre, Edwin: *Jesse Livermoore – Das Spiel der Spiele*, München 1999 (*Reminiscences of a Stock Operator*, New York 1923).

Lo, Andrew; MacKinlay, Craig: *A Non-Random Walk Down Wall Street*, Princeton 1999.

Malkiel, Burton: *Börsenerfolg ist kein Zufall*, München 2000 (*A Random Walk Down Wall Street*, New York 1973).

Mandelbrot, Benoît: »A Multifractal Walk Down Wall Street«. In: *Scientific American*, Februar 1999.

Paulos, John Allen: *Once Upon a Number*, New York 1998.

Ross, Sheldon: *Probability*, New York 1976.

Ross, Sheldon: *Mathematical Finance*, Cambridge 1999.

Siegel, Jeremy: *Stocks for the Long Run*, New York 1998.

Shiller, Robert J.: *Irrationaler Überschwang*, Frankfurt/New York 2000.

Taleb, Nassim Nicholas: *Narren des Zufalls*, München 2002.

Thaler, Richard: *The Winner's Curse*, Princeton 2002.

Tversky, Amos; Kahnemann, Daniel; Slovic, Paul: *Judgment Under Uncertainty*, Cambridge 1982.

Register